Mountainous Cities, Architectures and Sculptures
The Spatial Cognition of Human Settlements

山地城市·建筑·雕塑
人居环境的空间认知

龙 宏 /著　Long Hong

中国建筑工业出版社

图书在版编目（CIP）数据

山地城市·建筑·雕塑　人居环境的空间认知/龙宏著. —北京：中国建筑工业出版社，2014.2

ISBN 978-7-112-16431-8

Ⅰ.①山…　Ⅱ.①龙…　Ⅲ.①居住环境－环境设计－研究

Ⅳ.①TU-856

中国版本图书馆CIP数据核字（2014）第030602号

责任编辑：唐　旭　张　华
责任校对：陈晶晶　刘梦然

山地城市·建筑·雕塑
人居环境的空间认知

龙　宏/著

*

中国建筑工业出版社出版、发行（北京西郊百万庄）
各地新华书店、建筑书店经销
北京锋尚制版有限公司制版
北京方嘉彩色印刷有限责任公司印刷

*

开本：787×1092毫米　1/16　印张：13¾　字数：400千字
2014年5月第一版　2014年5月第一次印刷
定价：98.00元
ISBN 978 - 7 - 112 - 16431 - 8
（25111）

序一

　　山地人居环境的理论研究与实践是科学与人文的综合，也是技术与艺术的结合。山地人居环境的空间美学问题首先是一门应用型的大地艺术，其主要关注点在聚居行为的表象，旨在解决人们聚居过程中物质空间建设的表现和形式问题，同时，也不忽视它蕴含着的艺术普遍规律和共性技术矛盾。因而，从聚居的外在物质形式去理解或领略聚居的文化本质，并实现理想的栖居，其意义显得十分重要。近年来，国家和地区对生态文明工作的推进，"美丽中国"建设等现实课题，进一步证明了这一研究领域的重要意义，也为相关的研究工作提出了新的高度和学术内涵。

　　《山地城市·建筑·雕塑　人居环境的空间认知》一书，是龙宏在其博士论文基础上改写而成的学术专著，是作者通过大量研究与实践工作后，对当代山地人居环境空间艺术发展认知的积极探索和学术思考。改革开放以来，国家快速推进城镇化进程，城乡人居环境建设取得了长足的进步，但也出现了一些新现象和新问题，比如城乡建设忽视地域文化传统，不顾城镇既有的特色而照抄照搬流行的建筑和空间形式，城镇风貌良莠不齐，"千城一面"，城市缺少艺术品质等，针对这些现象和问题，作者从城市空间艺术的研究角度，综合运用人居环境学、城乡规划学、建筑学与形态美学等学科的交叉知识，在实践工作中逐步提炼、总结和认知。

　　作者较为系统地梳理和分析了西南山地城镇人居环境建设中的空间艺术现象和矛盾，讨论有关空间美学问题与人及其聚居环境的构成关系，提出山城乡建设的美学认识应该在传统"真—善—美"认知基础上，推论"真—善—悟"三位一体的审美存在方式的学术观点，并进一步外延出"意—象—形"三位一体的人居环境空间艺术思维与建构思路。作者明确指出，人居环境空间艺术"形"与"意"的耦合机制是通过"象"的"式—势"关联及其"数、图、色"的和谐统一构建的，山地人居环境空间艺术具有"观物取象、以形写意"等建构逻辑，并探索了"立意—成象—构形"的山地城市雕塑与空间环境的建构方法，具有较好的学术探索性和观点开拓性。

　　龙宏同志在跟随我进行山地人居环境学的博士学习与研究过程中，在四川美术学院担任雕塑艺术的教学和研究工作，积累了一定的美学理论基础和实践经验，这篇论文也是基于他的学科背景，努力面对科学与艺术二元分立的现实情况，尝试从跨学科的角度研究山地人居环境空间艺术的问题。尽管存在较大的研究难度，并且部分研究认识和理论总结尚待深化和逐步实践，但整体而言，其思维的创新性和学科交叉的探索价值仍然值得称赞，研究视角有其独特性。从学科发展的角度对山地人居环境科学在空间形态艺术研究方面具有一定的开拓性。

　　目前，龙宏博士回到四川美术学院任教，继续进行西南地域人居环境空间艺术方面的研究、教学与实践工作。龙宏专业基础扎实、知识面广，学术开展方面不畏困难，乐于进取，为人真诚谦虚。我相信，以本书的著述为开端，保持与团队和朋友们的紧密联系，开阔眼界，提升学术水平，龙宏将会在今后的学术事业中不断上升到新的水平，为山地人居环境的建设工作作出可喜的开拓与贡献。

赵万民

重庆大学建筑城规学院院长

2013年11月

序二

　　本书作者龙宏先生是一位在公共艺术领域里业绩颇丰的雕塑家，近年潜心攻读理论，面壁数载终得破壁，著作了《山地城市·建筑·雕塑　人居环境的空间认知》，当属跨学科的研究成果，也为自身除公共艺术家身份之外初步确立了他进而拥有的学者身份。

　　面对我国城镇化建设进程的加速，负面产物也不断呈现，以致到无可忽视的程度，正如作者正确地指出：人居环境空间艺术的发展出现了神形分离、审美低俗、价值错位等诸多矛盾。面对此情况，需站在相应的理论高度上，从学理角度梳理问题，建构山地人居环境科学的空间艺术与实践体系，提出有指导意义的有见地的新观点、新视野。这正是作为理论研究者的一项当代使命。这一课题具有强烈的现实针对性，但它对于原本只具备单一学科背景的任何人而言都是勉为其难的，因为它本身是建立在城乡规划学、建筑学、美术学等多学科共同支撑的构架上，而龙宏原本只是一位雕塑家、一位公共艺术家，如果不是在他的导师赵万民教授的悉心指导下坚持数年的理论修炼，涉足这一课题是不可思议的。

　　然而，我们欣喜地看到在这篇洋洋洒洒二十万字的论文中真不乏新颖的角度和新颖的见解，作者提出了人居环境空间艺术审美的基本规律、基本思路与逻辑方法，在反思"真、善、美"传统审美价值体系与实践的基础上，指出"先验即经验，是经验的内化、物化、观念化的主客合一、辩证统一"，进而提出"真、善、悟"的价值核心理论体系，"真、善"与"悟"本不属于同一词类，而作者将其并列提出，其意在强化人的主观认识与体悟的重要性。同时，作者在研究中国传统文化中"意象"说的基础上，结合山地城市空间、建筑、雕塑的课题，提出了"式—势"关联及其"数—图—色"和谐统一，进而提出人居环境空间艺术三种类型六种组合的建构逻辑，实际上是对"意"、"象"、"形"三者作不同次序的组合排列，以应对不同事物的千差万别和艺术思路生成的不同方式。以上这些都是作者对这一课题所作的具有建设性的思考。某些问题在学界可能引起某些争议，或者并非无懈可击，但争议本身确能推进人们对事物认识的深度，而人类的进步正是从不完备但具有建设性的思考中获得的，尤其是跨多种学科命题的研究正如攻克一座大山，不同的队伍是从不同的方位带着各自的长处和局限性向同一目标进发的，拿下这座大山是大家共同努力相互配合、互为补充的结果。因此，本人认为龙宏先生的这本书的理论探究价值和对国家城镇化建设良性发展的意义是值得充分肯定的。

马一平　2013.6月

马一平
四川音乐学院美术学院　院长

目　录

第1章 绪论

人的基本态是智慧、艺术和科学。

——英国浪漫主义诗人、画家威廉·布莱克

《耶路撒冷》序言

人创造空间环境，空间环境反过来影响人，美好的生活离不开宜居的空间环境。"宜居"大致体现在两个方面：基于科学发现与创造的环境生态（美）和基于艺术发现与创造的环境体验（审美），它们共同构成了人类空间美学的基本内涵。环境生态促使人与自然和睦共处、协调发展，环境审美促使人与人互助友爱、携手并进。两者相互交织。

人居环境是人类聚居最基本、最重要的空间载体，它既是文化的容器，又是艺术的温室。但凡宜居环境中的人造物或人为预留的自然物都有着科学的痕迹，也渗透着艺术的美感。如果说城市是音乐的殿堂，建筑是凝固的音乐，那么雕塑就是乐章的音符，三者以共同的目的、不同的方式塑造着城市，也塑造着人的思想和行为，并在蔓延与嬗变中演化着同一个主题——生命与秩序。

中国有2/3的土地、森林、矿产、水能等资源集中于山地，[1]山地人居环境是人口、民族、资源、地域文化丰富且多样的典型区域。在国家统筹区域发展和城镇化西部推进战略中，山地区域的人居环境建设均是重中之重。长期以来，山地人居环境空间建设过程中存在重技术轻艺术、重物质轻人性、重功能轻形式等观念惯性误区，导致山地城乡环境艺术、地域文化特色、物质空间形态受到极大的破坏和损失。在理论方面，关于山地人居空间美学的专项研究未成体系，成果稀微，显露出理论指导乏力和基础研究薄弱的弊病。着手进行山地人居环境空间美学理论与方法的研究，既是提升山地人居环境品质，满足居民身心需要的空间艺术追求，也是填补当前国内知识体系空白，具有战略高度和学术价值的重要科学问题。本书针对山地区域空间建设审美不足与人文环境严重缺失的现实状况，带着对和谐生态环境及场所精神品质的追求，从"城市—建筑—雕塑"的多维空间视角出发，完成山地人居环境空间美学的理论体系构建及实践方法探索。

1.1 研究背景与选题意义

哲学家谢林宣称："艺术是哲学的完成：在自然界，在道德界，在历史界，我们都还仍然只是处在哲学智慧圣殿的入口，在艺术中我们才真正进入了圣殿本身。"[2]

20世纪80年代以来，随着系统科学、信息科学的发展和生态科学的崛起，人的生存状态、人与自然的协调、人与居住环境的关系越来越成为关注的焦点，科学中的美感、科学与艺术的关系以及艺术自身的问题再次成为人们讨论的重点。美国科学家、评论家阿·热的著作《可怕的对称》对现代物理学中的美作了富有成效的探索；伦纳德·史莱茵的《艺术与物理学》着重探讨了艺术与科学在创造性思维、艺术审美和创造方法等方面的相通之处；我国学者徐纪敏先生的《科学美学思想史》对自然法则的美及其表达形式以及美感直觉在科学发现过程中的指导作用作了较为全面的梳理、归纳和总结。对科学研究与艺术创造中美与审美的发掘，使人们进一步认识到，美不仅存在于研究对象和研究成果之中，而且还存在于研究主体及其研究过程中。宇宙秩序所具有的和谐、圆满和自洽这三个条件，是空间美学及其美与审美得以存在的基石。[3]

1.1.1 研究的背景

随着城市化的推进，经济体制、社会结构、利益关系等发生的深刻变化，一元与多样、传统与现代、先进与落后、本土与外来相互交织，相互影响，社会思潮更加纷呈复杂。显然，经济规模的不断扩大、物质财富的持续累加并非有中国特色社会主义建设唯一和终极的目标，必须把文化建设纳入经济社会发展的总体规划。当前，文化强国已经成为科学发展的重要内容，而作为文化主要分支之一的人居环境空间美学的继承与创新自然也在其中。

1.1.1.1 人居环境现状发展的情感混乱与价值缺失

通常，人们认为艺术不过就是美化空间环境，提供一种赏心悦目的表象，而往往忽略其更为重要的精神意蕴——即人的情感、观念、理想和愿景。纵观历史，一个城市最让人难忘的不仅是它的空间形态，更在于市民的生活功能与理想愿望被考虑、被采纳和被表达。人居环境空间艺术的外部特征成为把感情及态度传递给公众的手段，建筑师、艺术家的任务就是反映人类的精神追求和理想愿望，为人居环境建立空间秩序和相互关系。人居环境建设不仅需要满足人类对遮风避雨、行为生活的物质需求，而且还应满足人类对伦理、心理、审美等方面的精神需求。人居环境涵括特定时期集中而多元的人文精神，体现出当时丰富而生动的艺术风貌。在人居环境的空间营造过程中，无论是建设城市、建造建筑，还是打造与环境融为一体的景观雕塑，都不只是单纯的技术工程，而是一种文化艺术活动，更是亟需进行美学研究并合理引导的空间创造过程。

人居环境空间形态、艺术品质是长期积累、层叠的结果。巴黎至今之所以还保持着浓郁的古典风格，得益于其悠久的城建规划历史，得益于人们较早理性地认识到尊重传统、保护文物的重要性，并为此制定了一系列规划、建设原则。反观我国，传统城市空间艺术在历经十年"文化大革命"后的近30年改革开放进程中，因急功近利再次遭遇"建设性破坏"，而且随着面积的延伸和功能需求的不断扩大，城市空间已逐渐失去了视觉的整体性，变得越来越无序和混乱，城市新建筑缺乏必要的规划和要求是中国城市化进程太快的结果。综观世界名城的形成过程，在城市形象方面都有一个长期探索、调整、磨合的过程，使新与旧和谐一致，而这正是我们缺少的。事实上，每当涉及具体项目，隐藏在工具理性背后的往往是基于市场经济的看不见的物欲和利益，速度、效率都理所当然地成了城市空间设计的前提。与此同时，伴随强势经济而来的强势义化，如"麦当劳"、"情人节"、"圣诞夜"等不仅从视觉上，而且从意义体系和价值观念上正在改变年轻一代的生活方式……价值理性与人文关怀的缺失、文化特质与空间形态的趋同、艺术形式的单一无特色等弊端尽显，已成为我国当下人居环境建设中的最大问题。

1.1.1.2 重技术、轻艺术的规划设计策略导致技术决定一切，城市变成机器

20世纪以来，在我国城市规划设计理念以及人居环境空间的发展更新过程中，主要还是以物质功能的营造为主要目标，而精神状态以及艺术形态的设计与规划还未受到应有的重视，对城市空间与视觉艺术的相互影响、联系研究较少，取而代之的是技术决定论，城市迅速成为工具理性支配下的"技术成果"。思想观念和体制因素的制约，导致缺乏人居环境科学所强调的全局统筹和必要关联，艺术品质和艺术个性的忽视使城市形态千篇一律，缺乏应有的美感和独特的城市意象。市民往往沉浸在物质上追求中而难有精神上的享受和升华，加上盲目无序的建设，很难创造出完整有序、富有地域文化特征、可持续的环境景观视觉形象。一个最直接、最强烈的空间建设现象便是失去控制、遍地开花、形态单一的现代"建筑丛林"，拔苗助长、急功近利的主观因素导致来不及研究甚至忽略城市的历史发展规律和地域文化背景，并且已经正在破坏性地改变往日的自然山水格局和地域风貌特色。不仅如此，巨大的社会需求导致了大量缺乏美学修养和审美特质的"新城"、"开发区"，人们的生活一方面被限制在高密度的狭小空间和巨大的建筑阴影中，另一方面又不得不借助交通工具在巨大的城市中往返穿行，到处是马达的轰鸣和五花八门的视觉资讯符号，城市本身也成了一个巨大的机器，人们被迫成为机器上的一个零件或传送带上的某件商品，单调、枯燥、紧张乃至无所追求的大众低俗以及网络的虚拟梦幻成为某些人生活的常态。某种程度上可以说，当今的城市在建设的同时也意味着破坏，正如《台劳斯宣言》所言："城市化既是发展的结果，也常常是发展的负担。"

西方当代的城市规划、建筑设计已经意识到科技发展下的技术决定论所带来的某种人文思想的缺

失，其设计的外延也在有意识地朝向更为艺术化的方向拓展，设计已经成为连接艺术世界与技术世界的边缘领域。这意味着设计产品正在转化为艺术作品，设计的过程正在与艺术创作相接近，设计本身逐渐成为一个技术的艺术活动。对照西方先进国家的经验和教训，我们应该有所启示。

1.1.1.3 以导师的国家级课题为平台，结合自身的学术背景，展开人居环境空间美学的专门研究

笔者所在的山地人居环境学术团队长期从事西南山地地区的城乡规划学、风景园林学以及建筑学的融贯综合研究，以"科研、教学、工程实践"三位一体的学术理念和国际化视野，扎根西部地域，多年来承担了"西南山地城市（镇）规划适应性理论与方法"等国家自然科学基金重点项目、"国家重大工程移民搬迁住宅区规划设计技术标准集成与示范（2008BAJ08B19）"等国家科技支撑计划以及其他多项国家级和省部级课题。

在导师的带领下，笔者从美术学的研究和工作背景切入山地人居环境科学研究领域，并利用自身在雕塑与建筑设计创作上的研究与实践经验，展开人居环境空间美学的专门研究。

1.1.2 选题的意义

1.1.2.1 价值取向：回归人居环境建设的原点，审视美与审美的基本伦理

"人之为人乃是一种艺术"。[4]人文学发出的宣言就是，人们值得去维护道德上的纯洁。先进的科学技术在面对自然灾害时的无能为力，人性异化、道德沦丧所产生的情感淡漠、诚信丧失、环境恶化以及对诸如核能利用、人工智能、克隆技术等的可能失控促使我们回到原点，回到美和审美的命题，重新审视自我，审视环境。科学追求真，而"美是真理的光辉"；宗教追求善，善即美德，要求人人自觉觉他。科学本质上的无理性（它在根源上源于欲望与好奇）需要艺术直观的警示和监督，反过来，人居环境空间艺术直观的感性形式又离不开科学技术的支撑，而自觉觉他的善行更是离不开"人类情感的表现性形式"，三者可谓相辅相成。

作为巨大的人工场所和社会活动空间，人因要素是其不可分割的动态因子。城市建设所面临的诸多问题，皆可归结为人与人、人与自然的关系问题，城市的功能和目的是为了使人们生活得更好。为此，吴良镛院士从人居环境科学的广角确立了城市建设、经营和发展的生态、经济、技术、社会、文化艺术五大原则，[5]要求通中外之变、古今之变，充分发挥城市空间艺术的独创性，强调科学的追求与艺术的创造相结合，理性的分析与诗人的想象相结合，追求长远的、永恒的感染力，其目的都在于提高人居环境的空间艺术质量，给居民以生活情趣和美的享受。因此，空间形态与空间环境的审美认知及艺术打造是人居环境功能结构科学化、生态化、人性化以及可持续发展研究中不可或缺的重要环节。

科学是抽象的，表现出纯粹的法则性，而生命是有机的，不可能拘泥于纯粹法则。人类的情感和精神也需要空间，需要在空间里延伸自己、扩大自己并在审美的过程中使自己得到真正的快乐。不仅如此，人们来自不同的地域，有着全然不同的社会背景和文化背景，特别需要公共交往，人居环境空间艺术可以成为交往、交流的最佳媒介。今天的幸福指数所衡量的不再仅仅是物质满足，更注重精神生活的轻松愉悦和丰富多彩。因此，研究如何审美并塑造美的城市空间形态变得尤为重要。美好的公共生活空间还将有助于人的身心健康和道德情操的提升，有助于公民意识和公共意识的培养，有助于个人对群体的认同感和责任感，最终将有助于社会的整体和谐。

1.1.2.2 理论建构：丰富人居环境科学的人文框架，融贯理性与感性的辩证关系

城市规划、建筑与环境设计等人居环境建设相关学科既是科学，也是艺术，是广泛的科学技术与多种艺术类型的错综交织。作为时间和空间的综合表现体，人居环境空间艺术涉及自然生态环境和人文社会环境的各个领域。它不仅与许多审美因素密切相关，比如意象、形式感、表现等；同时还与许多非审美因素密切相关，比如政治、经济、技术等方面。人们对人居环境空间艺术的认识已不再是个体的、三维的、四维的，而是环境的、群体的、城市的和大地的。尽管美的多样性和审美的时代性使得生活环境斑驳灿烂，各具特色，但是，在客体环境的万千变化与审美主体的个体差异中，仍然存在着某些规律性和统一性，多样与统一仍然是美和审美的基本原则。这是由生命的本质所决定的——一方面要建立并维持秩序（寻求统一）；另一方面又要实现创造性的生命意志和自我价值（追求多样）。具体说来，人居环境空间艺术的最终实现离不开人的感知和体验，而感知和体验是一种运动意识和行为过程，需要通过感觉系统对"形"的感知，知觉系统对"象"的树立，结合记忆和经验，最终合成、生发具有"意义"的综合认知。由于环境感知的视觉信息约占全部感知信息总量的85%，所以直接的视觉感受和体验成为人居环境空间艺术形象欣赏与建构的重要基础。视觉形象不是对感性材料的机械复制，而是一种创造性把握。正因为如此，研究空间感及其创造是非常必要的，而人居环境空间的艺术化随着经济持续发展，以及人们对生活环境、生活品质要求的不断提高，必将越来越受到应有的重视。

全球化背景下的中国社会与城市在与西方的对接与交流中，越来越认识到自身文化的博大精深，要求民族文化的自强与独立。中国人居环境空间艺术的推进，不仅要追寻自身继承与发展的脉络和借鉴他人的融合与创造，更多地还必须从塑造民族灵魂、提升民族精神、激发民族创造力的角度去实现。

1.1.2.3 实践策略：落脚在人居环境的空间艺术思维与建构上，缝合技术与艺术、物质与精神的鸿沟

在各种城市规划与设计理论百家争鸣的今天，面对具有跨学科、综合性的研究对象，本书总结先哲思想，回归基本原理，借鉴传统理论，从外在的、历时性的人居环境空间艺术演进脉络与内在的、共时性的人居环境空间艺术形式规律两个方面进行梳理、归纳和总结，并结合近现代哲学、心理学研究成果，从思维与建构的角度，深入探讨空间艺术审美的意、象、形三位一体，特别是其中关于"象"的突出与强调以及相对于数、图、色的"式—势"关联的讨论有助于更进一步理解"形"与"意"在人居环境空间艺术中的耦合机制，而这恰恰正是创造者与观赏者得以交流并产生共鸣的关键。再者，必要的换位思考和多角度的审视不仅能够建立跨学科的联系，而且往往更利于空间艺术设计的创造性发挥。比如，从雕塑形体的角度设计和欣赏建筑以及从建筑空间的角度创作和审视雕塑不仅能够于相互借鉴、融汇中生成更多"有意味"的建筑艺术样式，而且能够创造更加合理的雕塑艺术空间。

自古以来，山地就是人类聚居繁衍的天然摇篮。"人之居处，宜以大地山河为主"并"以山水为血脉、以草木为毛发，以烟云为神采。"（郭熙，《林泉高致》）从丰富多变的地形地貌、生动有趣的山水格局、紧凑活力的空间结构、错落有序的建筑环境，人们能够感受到山地人居环境自身所具有的整体协调美和富于变化与动态美。在自然美的基础上，山地人居环境空间艺术的研究与建构进一步涉及大多数人的身心健康和精神愉悦，关系着"山、水、人、城"的有机协调与和谐共生。人居环境空间艺术的终极目的就在于创造使人趋于高尚文明、彼此和睦共处的空间环境。本书试图在宏观群体审美与微观个人创造、在物质空间与 精神空间之间搭建一座相互渗透、融汇的桥梁，寻求适合山地环境的空间艺术建构方法，从而为山地人居环境科学的空间环境艺术化添砖加瓦。

1.2 国内外相关研究综述

1.2.1 国外相关研究

现代空间美学更加注重社会实践，针对具体问题具体分析并寻求问题的解决之道。

1.2.1.1 现代城市规划与设计

随着西方社会经济高速发展以及城市化水平的迅速提高，规划师一方面忙于工程实践，另一方面亟需形态设计的理论指导和可操作的分析方法。城市形态的实用美观成为人们的主要关注点之一。

简·雅各布斯在《美国城市的消亡与生长》一书中评述了当时流行的某些规划设计观念，探索城市生活的真谛，其著作对社会产生了很大影响。吉伯特的《市镇设计》和凯文·林奇的《城市形态》、《城市意象》分别从不同的角度研究了城市（镇）的形态构成要素和空间景观特征。林奇认为城市空间景观中边界、路径（道路）、节点、区域和地标是最重要的构成要素，并有基本规律可以把握，在塑造城市空间景观时应从这些要素的形态把握入手。挪威建筑理论家诺伯特·舒尔茨的《存在·空间·建筑》基于人的存在角度，将空间定义为人所形成的、具有稳定形态（节点、路径、领域）的存在空间，城市设计的主要任务是基于城市功能前提下对城市整体形象和空间环境的创造，其《场所精神——迈向建筑现象学》从现象学出发，侧重从使用者角度阐述空间存在的向度，将空间场所的要素及其背后隐藏的意义与人文精神作为一个整体，将空间体验作为一种现象来考察空间中不可量度的文化因子，即空间与人（社会文化）的关联，并强调作为城市个性的城市历史文脉和场所精神。"场所"是一个人记忆的物体化和空间化，"场所精神"则是"对一个地方的认同感和归属感"。"场所精神"注重象征性的探讨，认为人不能仅仅由科学的理解获得一个立足点，还需要通过空间艺术来象征性地表达"生活情景"，并认为空间艺术及其作品同样是"生活情景"的具现。20世纪80年代中期，由布罗西编著的《论新技术对城市形态的未来的影响》和格里斯的《美国景观桂冠》研究了新思维和新技术对城市物质形态设计的巨大推动作用，而雅各布斯与阿普亚德的《走向城市设计的宣言》更是以积极的态度强调人在城市中的生活体验并确定了城市设计的新目标——良好的都市生活，创造和保持城市肌理，再现城市生命力，使城市设计在新的层面上成为解决城市社会问题的有效工具。

各国设计师和理论家尽管角度不同，但归纳起来不外乎城市认识、城市分析和城市设计方法三个方面，均普遍注意到城市是一个复杂的有机体，受多种因素制约，特别是人与城市的互动关系并在此基础上产生了以社会学、心理学、生态学、系统论、控制论、信息论等学科为借鉴的新的城市空间和物质环境分析方法和设计方法。

1.2.1.2 山地城市空间艺术

由雅典卫城（菲底亚斯）、卡比多山景观（米开朗琪罗），圣彼得广场（贝尔尼尼）以及近现代的朗香教堂（勒·柯布西耶）、圣家族教堂（高迪）、古根海姆博物馆（弗兰克·盖里）、吉芭欧文化中心（伦佐·皮亚诺）等，不难看出建筑与艺术，建筑界与艺术界千百年来的历史渊源和血缘关系，空间美是建筑师和艺术家共同的向往与追求。

古罗马维特鲁威的《建筑十书》可以说是西方关于建筑美学、建筑结构以及制作工序的最早专著，它归纳、总结了古代希腊建筑及其空间美学的方方面面。文艺复兴、浪漫主义使空间美学从静态走向动态，从英雄走向大众。19世纪末，维也纳建筑师卡米洛·西特在《根据艺术的原则设计城市》一书中，对城市空间的实体与空间的相互关系及形式美规律进行过深入的探讨。在仔细研究、对比和分析了中世纪许多成功的城市空间以及19世纪末的工业化城市空间后，他尖锐地批评了新的城市空间在艺术质量方面的严重退步，认为工业化城市空间是纯粹机械性的，不具有任何艺术感染力。卡米洛·西特主要是从视觉及人们对城市空间的感受等角度来探讨城市空间和艺术组织原则，其艺术原则是基于城市物质空间形态中各实体要素之间的功能关联及组合关系而得出的，核心表现在注重整体性、注重关系、注重关联的内在性。虽然卡米洛·西特的城市空间艺术原则有其历史的局限性，但面对当今城市的某些非人性特征、城市建设中的种种乱象以及由现代化的功能至上和方便原则所导致的城市人的贪婪、懒惰和异化使得我们有必要重新看待西特。

C·亚历山大的《建筑的永恒之道》认为，有生气的城市空间存在着"一个可限定的活动顺序"，这种顺序便是一种无法表达的事物的结构模式和运演方式，一种事物发展、变化的客观规律，所谓"道"便是一种永恒的日常生活事件的秩序和规则。模式语言强调生理和视觉感受上的体验，并落实在"形"的具体层面。"每一事件模式和它所出现的空间模式之间有着基本的内在联系"，"每一个要素都与特殊事件的模式相关联。"[6]然而，除了这些的具体的形，其形成机制有必要进行更为深入的探讨。

此外，意大利建筑师布鲁诺·赛维在《建筑空间论》中提出建筑的"主角"是空间，并主要考察和分析了历史上各种风格的建筑空间及其意味。日本建筑师芦原义信的《外部空间设计》、英国建筑学家克利夫·芒福汀的《街道与广场》等都从不同角度、不同程度地对城市公共空间及其局部形态的尺度、比例、均衡等形式及其意蕴进行了深入细致的研究与探讨。英国作家阿兰·德波顿通过《幸福的建筑》试图唤起人们对历史、文化，尤其是体现在建筑、家具及各种环境设施中的"美"的重视。《负建筑》的作者隈研吾则反对将建筑当作"物"，在其上画满各种符号，刻意追求象征意义。他所向往和寻求的是与自然环境更加相融，居住更加自然的建筑。丹麦建筑学家扬·盖尔的《交往与空间》从人的心理、人与人的关系角度探讨了城市公共空间的活力与质量。

在实际操作层面，被称为"城市上建造的城市"——巴黎的发展在城市设计史上是一个成功的案例。许多事件不仅引起巴黎人、法国人的关心，而且惊动了全世界，例如早期的埃菲尔铁塔、20世纪中叶后的蓬皮杜国家文化艺术中心以及卢浮宫改造工程等，从尊重城市文化生态的角度应该说巴黎城是传承历史和创新发展的典范。1954年美国最高法院宣告：国家建设的层面应该物质与精神兼顾，要注重美学，创造更宏观的福利。这项前瞻性的宣言将公共艺术纳入到城市的整体需求之中，提升了公共艺术的城市职能。1980年巴塞罗那市以公共艺术理念为指导开始了大规模的城市改造和开发，它打破了城市综合开发中规划、建设、艺术品填空的"纵向机制"，以市政人员、建筑师、艺术家、工程师的横向协作为基础，以继承历史遗产为理念，强调大规模系统的艺术性、整体性。近年来，在欧美正发生着一场深刻的城市革命。这场运动的核心是将"城市复兴"（Urban Regeneration）的理论在社会的各个领域、各个层面、各个地区进行不懈的实践。

从上述研究和案例可以看出，人们开始从更为宏观的角度重新审视艺术与城市的关系，越来越强调城市整体设计的核心作用，也更注意历史文化与文脉的保存并重新重视城市形态的大视景观营造。城市是新与旧的综合体，城市的发展是一个动态的和不断更新的过程，城市景观环境的协调与美感不仅在于科学地尊重城市的历史文脉和内在秩序，而且也是视觉美学研究的一个主要课题。

1.2.2　国内相关研究

1.2.2.1　现代城市规划与空间美学

中国是最早以"天人合一"的思想指导城市规划设计的文明古国，尊重自然，依照天、地之道树立人道成为千百年来修身、齐家、治国、平天下的不二法则。中国的现代化启蒙于西方，新中国成立初期至20世纪70年代末，在借鉴和沿袭苏联计划经济体制下的现代城市规划与设计基础上，我国逐步建立起了适应中国具体国情，具有中国特色的规划设计体系。改革开放30年，学习、吸纳了不同国家、不同民族的不同文化价值观和城市空间设计的思想、方法。新时期的主流价值观无疑是西体中用的现代化精神与审美判断体系，"现代性"成为当今学界的主题词和价值建构的核心，但这并不意味着放弃自身传统价值观及其延伸。中国特色的现代性必须与传统性、本土性形成内在的关联，否则就是无根之木，无源之水。清华大学吴良镛院士在《人居环境科学导论》中将以建筑、地景、规划三位一体的广义建筑学概念，突出环境，提倡基本原理的一致性与形象世界的多样性，强调科学与艺术、理性追求与激情想象相结合，既"审势"，又"造形"。同济大学建筑城市规划学院刘滨谊教授在《现代景观规划设计》一书中，对城市景观设计方法及国际上的理论与实践进行了系统的论述和总结，并根据中国古典园林物境、情境、意境三境一体总结出现代景观规划设计三元素——视觉景观形象、环境生态绿化、大众行为心理。北京大学景观规划设计中心教授俞孔坚博士始终关注地理景观生态和历史文化遗产并多次呼吁：景观规划应以协调人地关系为宗旨。东南大学齐康院士主编的《城市环境规划设计与方法》提出了城市视觉环境的研究范畴及控制规划方法。东南大学王建国博士在《城市设计》一书中结合中外城市设计理论，归纳出"空间—形体分析法"、"场所—文脉分析法"、"生态分析法"等多种城市空间分析方法。重庆大学建筑城规学院赵万民教授的《三峡工程与人居环境建设》从城市规划专业角度，讨论世人瞩目的三峡人居环境移民和建设问题，为我国山地人居环境科学理论的提出和框架的建立作了系统的探索，其中专门研究了山地城市环境美学及其空间形态。黄光宇教授的《山地城市学》通过不同地区、不同规模、不同类型的山地城市规划设计的实例分析，阐述了山地城市规划理念和设计方法。

此外，过伟敏、史明编著的《城市景观形象的视觉设计》从设计艺术学的角度，融合多种学科，并结合相关研究成果和实践经验，以环境艺术设计的方法探讨和总结了城市景观环境设计的理论与方法。清华大学美术学院郑宏主编的《中国城市艺术发展战略》丛书将城市作为艺术设计的研究对象，以"大艺术"的意识和观念，结合艺术设计的方法，综合研究、思考、摸索城市空间艺术的相关问题……

随着城市化进程的加快，关注和研究城市景观、城市空间形态的专家、学者越来越多，城市中的广大市民对他们赖以生存的城市环境生态、景观质量、文化氛围的认识和要求逐年提高，这一切都有助于我们共同努力创造美好的明天。中国当代的城市空间艺术，只有切入中国当下广阔的文化现实，链接博大精深的历史文脉，才能建立真正满足中国当代社会审美需求的现时代的城市空间艺术。

1.2.2.2 现代城市雕塑

城市雕塑这个概念由刘开渠先生于20世纪80年代初提出，是中国特有的、约定俗成的一个概念，一般指置于室外公共空间的雕塑。当雕塑开始服务于皇权，阵列于皇家花园和陵园神道，或服务于宗教，耸立于宗庙殿堂和半山之上，便开始了作为城市雕塑的第一步。但这还不是真正意义上的城市雕塑，真正的城市雕塑应该是服务大众、服务城市，与公众的生活相联系的作品。严格意义上说，我国城市雕塑的发展始于新中国成立后，但由于受时代背景的影响，题材多为歌颂革命英雄人物或反映社会主义建设的，处于一种受政治氛围影响的不成熟状态。真正的兴起则是改革开放以后，雕塑作为景观塑造的重要元素之一被广泛引入城市空间中，由此开始了城市雕塑空前的繁荣。

如果说20世纪80年代的城市雕塑还处在延续古典形式传统和摸索新的现代表现的承上启下过程中，那么，20世纪90年代以后，文艺理论界相当一批学者面对来自外部的强势文化和国内无处不在的物质诱惑，面对随处可见的城市"更新"和本土文化的渐渐模糊，出自本能地对人的终极关怀和自觉的社会责任感，对以城市雕塑为主的城市空间艺术展开了理性的反思。四川美术学院王林教授是最早介入重庆城市空间形态和公共艺术研究，提出"公民意识"、"文化意识"、"环境意识"的艺术界学者。中国城市雕塑艺术委员会副主任、深圳雕塑院院长孙振华博士长期以来一直呼吁公共艺术对大众的人文关怀，其亲自策划、组织和实施、有众多深圳普通百姓参与共同创作的《深圳人的一天》，从过程到结果充满了强烈的公共意识和公民参与意识，并为当代中国公共艺术的自觉写下了浓重的一笔。清华大学美术学院教授邹文博士长期关注国内外城市空间形态及公共艺术，他指出："需要对每一个城市的单元、局部、末梢，加以特别的人文关怀，进行有针对性的处理，只有这样，才会使城市更加耐看、更有血有肉。"[7]马钦忠的《雕塑·空间·公共艺术》对中国城市雕塑、公共艺术与城市空间、建筑的关系及其生态环境、文化语境、发展战略作了全面的梳理与探讨，强调指出不能仅仅从美化城市、点缀环境的传统观点看待城市雕塑，而应该站在经营城市的人文生态高度，通过公共艺术和城市雕塑创新城市空间，放大城市价值。如果说现代艺术关注的主要是审美问题，那么，当代艺术则更多地关注文化问题和社会问题。公共艺术在当代的崛起不仅是艺术向大众的回归，而且为市政人员、建筑师、艺术家、工程师的横向协作提供了契机，同时还为建筑、环境、雕塑在表现形式、表现手段等诸多方面的相互借鉴、融合提供了多种可能。环境本身就是艺术，这既是美学视野的扩大，也是艺术生命的回归。城市雕塑自古以来就是城市空间艺术的重要构成要素和"点睛之笔"，对提升城市空间艺术品质具有极其重要的作用。城市雕塑的作用在于艺术地凸现空间的场所特征。借鉴城市规划、建筑设计和环境艺术等领域对生态意识、环境意识、文化意识的理论成果和实践经验，促进城市雕塑与城市空间的协调、对话至关重要。

总的来说，上述国内外相关研究的主要方向要么集中于城市物质形态，要么强调形而上的城市意象。尽管角度不同，各有侧重，但大都忽略了"存在空间"如何生成和存在，缺少对连接形和意的中介——空间艺术思维的"象"的分析研究，而这恰恰正是艺术审美和建构的基础和关键，也是回答存在空间乃至人如何存在的途径。中国早期"观物取象，立象尽意"的古老思想随着时代的变迁和生活方式、价值观念的改变以及传承过程的间断或者传承过程中的断章取义，早已面目全非，亟待重新梳理和研究。而康德-皮亚杰的"先验结构"和整体的格式塔止于哲学、心理学；阿恩海姆的知觉思维也只是用于对艺术作品本身的分析，缺乏与环境空间的互动……

1.3　本书的内容与结构

建筑师用空间来造型，正如雕塑家用泥土造型一样，他们把空间作为艺术品来设计，力求通过空间手段促使进入该空间的人们激起某种情绪。事实上，空间就是活动的自由，这也是它的价值所在。本书正是站在空间的角度，通过空间的虚实辩证和人自身的心物辩证，结合山地城市的地形地貌，来探讨空间艺术意—象—形三位一体的思维特征和建构方法，而城市、建筑、雕塑以其明显、独特的形式构成了城市空间艺术现象的三位一体。

1.3.1　本书的逻辑构成

本书的逻辑构成详见图1-1。

1.3.2　本书的内容构成

第2章"山地人居环境空间艺术的基本构成"以人居环境科学为导向，综合城乡规划学、建筑学与美术学等学术领域，指出山地城市空间艺术是城市总体规划统摄和指导下发生在山地人居环境空间中的艺术创造和审美行为及其物化成果。具体来说就是通过知觉思维，结合"山地"意象对人居环境空间所进行的因应山地自然地理的艺术性建构。本书结合自身学术背景，以山地城市·建筑·雕塑为节点、标志展开人居环境的空间美学研究。

人类文化总的来说反映了人与自然（包括人自身）的关系，表现为人与自然的亲和与疏离。第3章"山地人居环境空间艺术的审美演进与文化脉络"将人居环境空间艺术历程概括为既发展演进，又相互渗透的自然、自觉、自主三种状态，并结合山地城市、建筑、雕塑进行考察、归纳与总结，目的在于通过对古往今来有代表性的山地空间艺术现象及其文化背景的审美关照和直观分析，为后续的山地人居环境空间艺术思维、建构提供有益的前辈经验和历史坐标。

第4章"我们如何审美——关于空间的美学思辨"回归基本原理，以"美是真理的光辉"为据，从

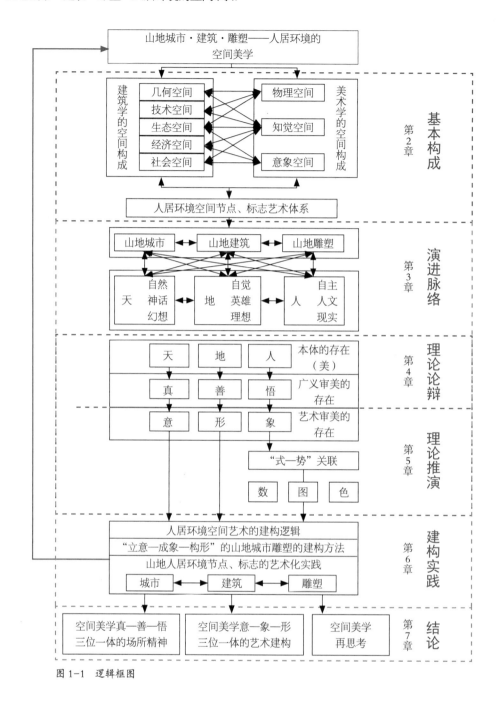

图1-1　逻辑框图

哲学、心理学等方面出发，由空间存在的"天—地—人"三位一体推演出相应的广义审美的"真—善—悟"三位一体，进而由"悟"衍生出人居环境空间艺术"意—象—形"三位一体的审美认知、建构思路。

第5章"艺术如何表现——关于空间美学的艺术建构"从艺术审美的视角，对空间艺术的意—象—形三者分别进行了讨论，特别对连接"形"和"意"的中介——知觉思维的"象"，通过"式"与"势"关联，具体到"数、图、色"三个方面，进行了较为深入的探讨。进一步理清了意—象—形三位一体在空间艺术创造、观赏过程中不可分割的有机联系。

第6章"人居环境空间的艺术化建构与山地实践"根据人居环境空间艺术意—象—形三位一体的建构思路，推演出三种类型六种组合山地人居环境空间艺术建构逻辑以及"立意—成象—构形"的山地城市雕塑建构方法并付诸山地城市、建筑、雕塑三个方面的艺术实践。

第7章从"空间美学真—善—悟一体的场所精神"、"空间美学意—象—形三位一体的艺术建构"、"空间美学再思考"三个方面对本书进行了最后的总结。

至此，面对跨学科、综合性的研究对象，本书基于人对空间环境内在的审美需求，站在思维与建构的角度，从"天、地、人"三位一体的存在出发，通过以城市、建筑、雕塑为节点、标志的山地人居环境空间艺术的审美演进与文化脉络的考察、梳理，结合哲学、心理学、美术学等学科的综合分析、论证，提出了主客、内外合一的"真—善—悟"三位一体的广义审美方式和"意—象—形"三位一体的空间艺术审美、建构方法，从而完成由认识论到方法论的贯穿与转化。

1.3.3 本书的技术构成

人居环境空间美学融贯审美与建构，而审美离不开直觉想象与理性逻辑，建构离不开艺术形式与社会伦理。因此，研究方法应该是上述几个方面的综合。

本书的重点在于人居环境空间的艺术形式、文化内容及其艺术化建构。因此，本书综合人居环境科学理论，融汇城乡规划学、建筑学与美术学等学术领域，采取实际考察调研、理论分析论辩与具体艺术实践相结合的方法。另外，在研究的过程中摒弃非此即彼的传统二分法，坚持三位一体的认识观。所谓"三位一体"指构成完整事件的三个相互联系、彼此包容、缺一不可的方面。在本书中体现为心物、主客、内外的相互辩证。

总而言之，多学科融会贯通，科学的理性与艺术的想象、统一的理论与多样的实践是本书撰写的主要的特点。

1.3.4 创新点与不足

1.3.4.1 创新点

1. 运用人居环境科学理论，融汇城乡规划学、建筑学与美术学等学术领域，提出了人居环境空间艺术审美的基本规律、基本思路和逻辑方法。对应人居环境科学人与自然相互作用的理论基础，从空间"存在"的哲学意义出发，构建了人居环境科学空间艺术"天、地、人"三位一体的本体存在，完成了空间艺术"真、善、美"传统审美价值体系与实践的反思。从人居环境空间"如何存在"的角度，在前人"先验结构"基础上初步提出"先验即经验，是经验的内化、物化、观念化的主客合一、辩证统一"的理论判断。以此为据，进一步提出两点结论：（1）人居环境的空间艺术具有"真—善—悟"为价值核心的审美理论体系和基本规律；（2）构建了人居环境空间艺术审美的"意—象—形"实践模式和逻辑方法。

2. 针对当代人居环境空间艺术经验事实与逻辑概念相互脱节的发展矛盾，构建了人居环境空间艺术"形"与"意"的耦合机制："式—势"关联及其"数、图、色"的和谐统一。本书梳理了传统山地人居环境空间艺术的审美演进与文化脉络，总结了人居环境空间艺术自然—神话、自觉—英雄、自主—人文的演进过程，指出了当代空间艺术在经验事实和逻辑概念上的脱节与错位。揭示了当代人居环境空间艺术发展的基本矛盾。在此基础上，重点讨论了知觉思维的"象"，并以知觉空间为纽带，进一步挖掘了人居环境空间艺术"形"和"意"之间的构成关系，建立了"形"如何载"道"、"式—势"怎样合一的理论框架。

3. 在山地城市空间、建筑、雕塑艺术实践的基础上，提出了人居环境空间艺术"观物取象、以形写意；直觉潜行、意象交织；抽象秩序、公理推定"等三种类型六种模式的建构逻辑和"立意—成象—构形"的山地城市雕塑建构方法。

1.3.4.2 不足

以人居环境科学为理论基础，尝试以"城市·建筑·雕塑"为不同尺度的空间节点，构建山地人居环境科学的空间艺术审美与实践体系。这一命题跨越了城乡规划学、建筑学和美术学等学科领域，限于作者的美术学学科背景，本书重点以雕塑为核心，从空间艺术学的角度展开研究，而在城乡规划学以及建筑学等方面的阐述相对比较薄弱，这是跨学科研究对作者提出的主要研究难点，也是本书主要的不足之处。

另外，本书还必须面对科学与艺术学科二元分立发展的客观事实。这使得部分研究结论和判断在科学角度的完备性与精确性显得不够，比如，在"先验结构"以及建构在"先验结构"之上的"知觉思维"的分析为例，尽管其作为一种心理现象是非常明显的事实，且近年来的科学发展也在不断为其提供新的证据，但其混沌、模糊的非主、非客、非量化的性质决定了许多方面只能是定性的分析。也正因如此，空间艺术的逻辑建构等方面存在事实上的多样性特征，有审美价值与实践模式的不同标准和结果，这也是后续研究需要不断完善的方向。

1.4 研究的困难

针对论题，既要站在艺术审美的角度，以多样性的态度审视科学理论统一的有限性，试图为艺术思维拓展无限的想象空间，又反过来站在科学的角度，以统一的观点，试图为人居环境空间艺术的建构寻求具有规律性的一般方法，这本身就是一个充满矛盾的过程。具体表现在以下几个方面：

1. 研究需要突破重理性、轻感性的惯性思维

按照理性主义的观念，人的认识机能分为高级和低级两个部分：前者叫思维，后者是感觉；前者是明晰的、完善的，而后者则是朦胧的、不完善的。古典哲学家认识真理的唯一途径是理性思维而非感性认识。这一惯性思维在当今最为明显的表现是对事物的因果性和逻辑性的强调。然而，如果说理性逻辑意味着一般与普遍，具有统一性、确定性和可把握性；那么感性直觉就意味着个别与特殊，具有多样性、或然性和某种不可把握性，前者是"共通的"、"语言的"，而后者是"个体的"、"言语的"。严格地说，对客观世界的认识活动分为直觉与逻辑两个维度。直觉基于想象，逻辑依靠理智。直觉具有自主性，在直觉中想象，在想象中直觉，任由来去，体验和享受创作的自由。显然，这种自由一方面意味着艺术表现的自由，另一方面彰显为审美鉴赏的自由。另外，这种自由不仅是直觉想象的结果，而且为逻辑、伦理等其他人类认识、创造活动奠定了基础。艺术应该是理性与感性的交织，而常态的、理性的惯性思维是难以给予完全的、恰当的解释的。因此，突破重理性轻感性的惯性思维对空间美学进行剖析不仅是本书研究的特点，也是本书面临的主要困难之一。

2. 研究需要对理性思辨中"不可说"的形而上的问题进行"言说"

艺术创造和艺术审美中的直觉与想象犹如分子的布朗运动或更为基本的量子行为，充满了或然性而不是必然性。具体涉及"天赋能力"、"先验结构"、"心物辩证"、"意象"等问题，这是任何试图深入讨论空间艺术都不能也无法回避的问题。这里的"意象"或"意象空间"就属于维特根斯坦的"神秘东西"、朗格脱离现实的"他性"（包括艺术形式在的内术"透明的幻象"）[8]，这些只可意会，不能言传，但却可以依附于艺术形象，人们凭直觉和想象可能感觉得到，然而，不能给予充分且有效的说明。

现代逻辑语言哲学认为，在科学的领域内，在知识问题上，对于确定的外界对象，可以通过语言和逻辑的形式陈述和表达，而且要求陈述清楚和逻辑明晰。但对于形而上学的问题、艺术高峰体验的问题这些科学和逻辑所不能解决、不能表达的非名言之域的问题，则不要求表达和论证。在这方面，

现代语言哲学的一些观点和中国古代的"言不尽意论"有相契合之处。对于形而上思辨的语言学表述，包括维特根斯坦在内的许多哲学家都认为，我们不可以说那些不可说的，爱因斯坦同样不知道该如何向人们讲述他的理论，他曾写道："文字和语言，不管是写下来或者是说出来，在我的思想机制中似乎都不起任何作用。"[8]这也是本书撰写过程中常常出现的困境，然而，在第4、5章讨论"存在"、"如何存在"以及空间艺术"意、象、形"三位一体时又不能不涉及。

人类的认知水平直接受制于自身的进化程度，不能证明并不意味着不能提出问题和进行合理的假设。研究空间美学必涉及且超出语言界限，不可能完全说清楚，尽管如此，却可以通过浓缩的表现——城市、建筑、雕塑等空间艺术，来体验、考察这种把握。总之，艺术研讨中有太多的形而上的"不可说"，本书从某种程度上可以说是"明知不可为而为之"。不过，就如科学理论永远不能被证明而只能被证伪，相信艺术的直觉亦如此，且通过形而上的思辨和形而下的体验，同样能够体悟"真理的光辉"。

3. 研究需要面对艺术评判的多元属性

艺术通过作品抒发人类情感。然而，情感或情绪的偶然性和复杂性以及由此引起的各种艺术现象却不是理性的逻辑思维所能完全把握得了的。再者，艺术创造的"灵感"显现作为一种不可预测的"量子跃迁"，其本身具有随机的或然性，这也不是由逻辑前提所能把握和直接推导得出来的。另一方面，审美鉴赏还取决于审美主体当时当地的心情。对象的形式美与不美，与主体的情感尺度关系极大。众口难调，空间艺术作品也不可能迎合所有人的审美取向，艺术及其品位的高下也不完全随时间箭头按一般从低级到高级、从简单到复杂的规律发展演进，艺术作为人类情感的生命性表现更为重要的还在于形式与意味的匹配关系。解读人居环境空间艺术，不仅是要解读"自我"，更在于透过"自我"进而解读我们所置身的这个场所及其精神，与美的多样性相对应的必然是审美及其评判的多样性。

正如中国古典绘画的散点透视观念，古人把这种不断游移变动的透视法则概括为"三远"法。看山如此，看问题同样如此。每个人都可能以他不同的个性，不同的阅历、不同的视点和不同的角度而对问题有着不同的侧重和不同的解读。因此，尽管本书力求回归基本原理和基本规律，但也只能是一孔之见，肯定还会有不同的视角和不同的结论以及相同视角下的许多值得商榷之处。

第2章
山地人居环境空间艺术的基本构成

求知是人类的本性。
在求知的过程中，
除了理性，我们首先求助于感性，
而在诸感觉中，尤重视觉。

——亚里士多德

广义的人居环境空间美学融贯自然科学、社会科学与人文科学，是环境生态、环境行为和环境审美的综合。狭义的空间美学主要指以人居环境审美为主的空间艺术，是对聚居环境的空间艺术创造和体验，是集艺术美学与技术美学于一体的综合美学，具体到本书主要涉及城市、建筑、雕塑及其相应的艺术形式、场所特质、精神意蕴等方面。

人居环境空间艺术涉及建筑学和美术学两大学科领域，因此，"空间环境"与"空间艺术"是理解城市空间艺术的关键，而"空间"则是概念的起点或者说是元概念。这里，有意强调以往空间概念所忽略的虚拟的想象空间，也就是将要涉及的"意象"或"意境"。正是纯粹想象中的"意象"或"意境"使得人的生命更富诗意，也使人居环境空间的艺术创造和体验得以升华，它可以说是人们心目中潜在的艺术空间，与实存的空间环境构成一虚一实的理想与现实，并通过知觉空间相互关联。黑格尔认为，人类精神以三种形式把握理念：艺术、宗教、哲学。对空间的认识与塑造也如此。哲学是对空间的概念性解释，宗教是对空间的表象性（感性形式加虔诚态度）期望，艺术是对空间的情感性表现。无论是科学、宗教还是艺术，它们都是对世界的"觉悟"，都共同遵循着美的法则和审美的意愿。三种形式相互渗透，殊途同归。可以说，科学是抽象的艺术，艺术是形式的科学，而宗教则是对真理和美德的信仰。

2.1 "空间"释义

空间既是物质和生命的存在形式，也是生命体验、认知的对象。站在人居环境的角度，可以说空间乃是各种模型及其相应的秩序——既是客观的秩序，也是主观的秩序。所谓城市、建筑、雕塑就是赋予人类共同体以空间秩序及具体的形态，其基本作用是培养并维护人与自然、人与人之间的关系。

2.1.1 空间体验的缘起

对空间的感知一开始就伴随着生命同时存在，空间基本上是一个物体同感觉它的人之间产生相互关系所形成的。原始人把空间看成是感性具体的东西，是以"我"为中心向外扩散和将人包围起来的形式出现的。在他们看来，空间是身体的延伸，是人的手和眼所及的范围。对空间的方位、距离意识是多数灵长类动物都具备的本领，因为它直接关系到生命的安全。人类早期对空间的认识就是针对对象的具体定位而形成的一种空间经验。由日出日落到甲骨文的"四方"再到"两仪生四象，四象生八卦"，方位概念不断累积，结合作为认识主体的自我（"中"），最终形成中国与数字五、九相对应的平面空间观和西方与数字七相对应的立体空间观。[10]

想象力是人们把握事物本性时所用到的重要工具之一。"想象"意味着"想出图像"来。因此，图像成为人类思考的出发点与归宿。空间可以说是最原始的宗教体验，它在绝大多数情况下以图像的方式呈现于我们的知觉，而我们用知觉思维构筑的图像是客观实在经过意识过滤、筛选的结果，同时也是概念、思想得以形成的基础。图像可以说就是对空间最直观地反映和表现。

2.1.2 抽象的空间概念

空间概念是对空间经验的观念性表述。在汉语词汇的构成规律中，常常将事物的对立方面合二为一。空间作为复合词由"空"和"间"构成，是虚与实、无与有、用与利的合一。"空"，是虚无而能容纳之处，但又不是绝对的"虚无"。唐朝刘禹锡在《天论》中说："若所谓无形者，非空乎?空者，形之希微者也。"意思是说："空"并非无形，只是非固体之形。明清之际，王夫之在《张子正蒙注·太和》中说："凡虚空皆气也，聚则显，显则人谓之有；散则隐，隐则人谓之无。"把"空"说成是"气"，实质是说"空"乃为一充实体。明末清初学者宋应星《天工开物》中的"论气·气形"篇说：

"盈天地皆气也。"其指出动物、植物、矿物都是"同其气类",都是"由气而化形,形返于气",并说:"有形必有气"。"气"是中国风水学的核心,今天看来,气应该是对应着各种不可见的、无形的能量场以及暗物质、暗能量,它们与有形物体一样,也是一种存在。中国古代认为它们产生在"天地之始",有能量,故为"万物之母"。"间"即"空隙"、隔开、不连接的意思(如"间断"、"间接"、"间或");"间",还可以指两桩事物的当中或其相互关系(如"天地之间")。宇宙因能量的密聚生出物质,生出"间"。"间"以形而下的"器"显现、界定"空"并使人们透过它认识宇宙中形而上的"道"。古希腊德谟克利特认为世界就是原子和虚空。中国汉朝的《淮南子》一书关于空间的理解与此相似,《淮南子·俶真训》把有形的万物称为"有有者",把空间称为"有无者",说"有无者,视之不见其形,听之不闻其声,扪之不可得也。"战国时期尸佼《尸子》云:"天地四方曰宇,往来古今曰宙",这里的"宇"即空间,"四方上下"或"六合",乃虚空的大容器,万物纳于其中。

由此可见,空间本身具有两重性:一方面,它是物质形态的一般广延;另一方面,它又是各种不同的物质形态的并存系列。前者说明空间本身是统一的,后者说明它又是有内在差别的。空间本身固有的这两个方面是我们对不同物质形态之间的联系与区别进行分析的客观前提。就空间环境而言,空间与实体相互依存,互为表里。实体从范围和意义上界定、生成、创造空间;反过来,空间使实体得以显现和突出,两者共同形成"无有"之用。"空"是本,是"气"(即空间力);"间"是质,是"空"之形藏。本者,原也;质者,本之所依。

2.2　不同语境下的空间构成

2.2.1　建筑学语境下的空间构成

2.2.1.1　人居环境科学的空间概念

1. 人居环境科学的释义

1993年清华大学吴良镛教授提出:"应该对中国人居环境发展的现状进行认真的思考;面对今天中国这样一个发展机遇和挑战,应该努力从事宏观的人居环境科学的学术探讨上。"根据我国的具体情况,吴良镛先生正式公开提出建立"人居环境科学"的设想。[5]并指出人居环境是与人类生存活动密切相关的地表空间(自然生态环境空间和人工构筑空间),是人类在大自然中赖以生存的基地,是人类顺应自然、利用自然、改造自然的主要场所。"人"是人居环境的主体与核心,人居环境研究也是以满足"人类居住"需要为其目的。现代城市规划的理论发展与实践表明:城市的存在与发展离不开腹地自然环境的支持以及人类社会文化的历史积累。

吴良镛先生将人居环境划分为五个系统(图2-1)并指出人居环境科学是一个开放的系统,从不同的研究方面有不同的学科核心和学科体系(图2-2)。在"广义建筑学"的基础上,吴良镛先生指出建筑、地景、城市

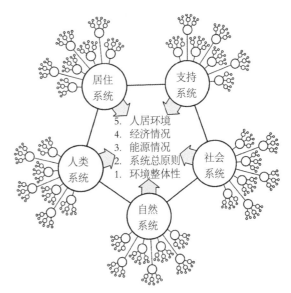

图 2-1　人居环境系统模型

(资料来源:吴良镛. 人居环境科学导论. 北京:中国建筑工业出版社,2001:40.)

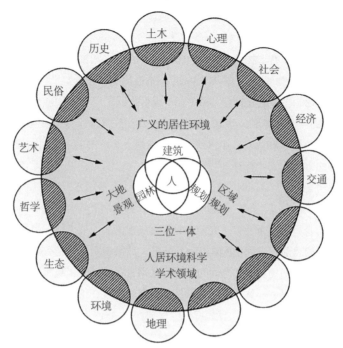

图 2-2 开放的人居环境科学创造系统示意

（资料来源：吴良镛.人居环境科学导论.北京：中国建筑工业出版社，2001：82.）

规划三个学科的融合构成人居环境科学大系统的"主导专业"（Leading Discipline）。人居环境科学的发展离不开相关学科的有机融合与借鉴，只有系统地借助相关学科的理论成果与实践经验，才能创造性地解决人居环境建设中的复杂问题。[5]

2. 当代人居环境的空间构成

人居环境主张将聚居问题落实到具体的时间、空间中进行研究。人们在考察城市、体验城市生活的时候，所看到的城市空间形态，所体验到的城市生活氛围与文化观念，无不是历史与现在的共时呈现。然而，由于现代化过程中的时空变异，传统的时空关系正在逐步被解构与重构，并直接影响到社会生活模式、文化价值观念以及城市的外在空间形态。

前现代社会，地域聚居单元一直以来都是现实空间和时间的共同界定的存在。全球化的脉动改变了这种生存状况。首先，统一化、标准化的时间与信息技术，为人们提供的是单一和抽象的时空维度。概念化的时间取代不同地域空间中以社会生活为基础的"自然时间"，人们开始共享同一个全球化时间维度下的空间。其次，统一的时间维度打开了不同地域彼此相对封闭的时空体系，并使之逐渐重构。在时间没有被统一之前，不同地域的空间是相对独立封闭的，而时间、空间的统一性和标准化提供了这样一种可能性：使原来相对独立、无法复制的空间具备了被强行改造、修整的可能性，从而变成能够不断地被生产、复制，交换到不同地方的空间。时间的统一导致空间以及生活模式、思维方式、文化观念的可复制属性，使其并在可流动范围内不断复制。反过来，空间在不同地域的不断复制形成越来越多雷同的城市空间，不断强化时间的统一性和标准化。社会成员逐渐习惯根据概念化的统一时间，而不是现实场景中的自然时间展开日常生活，具有地域特征的自然时间逐渐不再具有被感知和体会的意义。随着这种"结构"被进一步标准化和量度化，以及网络、语言等交往技术的发展与普及，"缺席交往"进一步取代"在场交往"。这种"在场性"失效的空间复制，使社会成员与其聚居空间之间心理一体化的过程被割断。

作为工业化或者说全球化的过程和必然结果，时间和空间重组所具备的广泛统一性、延伸功能，深刻影响着地域文化观念和城市建设思想的发展。在这个过程中，人们的日常生活模式发生了巨大的变化，在场事物的直接作用越来越为在时间——空间意义上缺席的事物所取代。地域性、特殊性的空间地理特征和由此演绎而成的丰富的聚居模式越来越受外界强势的资本、生活习惯、思维方式、文化观念等因素的支配，前者在空间中的地位不断下降，最终被消解、遮蔽和抛弃。因为只有这样才能使城市空间具备更加广泛的统一性和延伸性，对资本更加具有吸引力和竞争力，大规模的城市空间建设活动更加加剧了这种活动的产生。

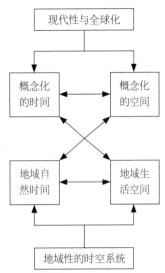

图 2-3　现代社会地域时空系统构成示意图
（资料来源：自绘）

因此，简单而言，现代社会我国城市在全球化的发展过程中的时空系统，由全球化的时空系统（概念化的时间和概念化的空间的时空系统）与地域性的时空系统（地域自然时间和地域生活空间的时空系统）叠合构成。在这一时空的纠集过程中，出现了如图2-3所示的时空组合模式。

第一种：概念化的时间和概念化的空间的时空系统——时空关系一致；

第二种：概念化的时间和地域生活空间的时空系统——时空关系错位；

第三种：地域自然时间和概念化的空间的时空系统——时空关系错位；

第四种：地域自然时间和地域生活空间的时空系统——时空关系一致。

2.2.1.2　人居环境空间的多维本质

人居环境空间的多维本质，可以从几何的、技术的、生态的、经济的、社会的维度展开。

1. 几何学的人居环境空间

几何学的城市空间，是就城市的空间形体的考察，指从城市实体内容抽象表现出来的几何空间体量和形态，包括空间大小组合、整形与非整形、封闭与开放、集中与分散、紧凑与疏松等几何的二维和三维的空间形态。这是对城市表象形态的考察，不涉及空间背后的意义，不过是展示了城市空间结构形式的多样性。对城市空间形态的几何学研究展现了丰富多彩的成果，即从整体到局部、从外部到内部、从宏观到微观、从单维到多维、从整数维到分数维的研究。从城建史上看，雅典卫城建筑布置、入口与各部分的角度都有一定的关系，合乎毕达哥拉斯的数学分析。古希腊时代的米利都城（Milletu），开创了方格网道路系统骨架的"希波丹姆（Hippodamus）模式"，几何规整的城市空间形态对现代城市规划的影响是巨大的。空间句法理论、分形理论是从几何学切入当代的规划理论。对规划设计来说，几何学是重要的，但为了追求构图形式而决定城市空间的几何形式，忽视了相应的技术、经济、社会、生态的效应则会付出巨大的代价。过于强调形式美和忽略了本身与自然环境的呼应，便落入一种危险的形式主义泥潭。

2. 技术学的人居环境空间

从空间的技术要求来构造或评价城市空间，实际上包含了许多学科的要求。比如物理学的城市空间，主要是指城市空间（也就是建筑学和城市规划学所指的城市空间本体）的力学、材料质地、声、光、热、电磁辐射等物理学性质。这种物理效应既有自然因素，更主要是人为活动造成的，特别是城市化过程中土地资源的开发所带来的自然条件的急剧变化，即物理作用引起的环境效果。又如化学的城市空间，指城市空间地面、空气、水体等环境的环境化学品质。如城市中的污水、工业的三废、小汽车尾气排放带来空间的污染问题等。从现代城市居民的生存条件来说，现代城市空间是通过城市交通工具和交通流的组织、给水与排水及污水处理、能源供应、垃圾处理、信息传输手段等维持运转的复杂技术系统。

3. 生态学的人居环境空间

从生态学的视角看，城市是一个复杂的人工化的生态系统。城市作为一个容纳大量聚居人口的有机体，与所依托的环境，包括生物与非生物环境，存在着相互作用。生态因子、物种、种群、群落，生态系统的格局及其通过相互作用而呈现的动态变化，是构建城市空间必须考虑的出发点。工业革命之后，特别是第二次世界大战后城市化的快速发展所带来的一系列严重的城市生态问题，诸如人口拥挤、环境污染、生态破坏等使人们开始意识到，未来的城市发展模式应该是生态化的发展。"生态足迹"概念等表明我们许多城市的现有运行模式都是不可持续的。正是基于人类生态文明的觉醒和对传统工业城市的反思，国际社会从生态学角度建立了一个崭新的城市发展目标——生态城市。至1992年联合国环境与发展大会召开之后，生态城市理念得到全世界的普遍关注与认同。

4. 经济学的人居环境空间

城市空间的经济学本质在于将城市空间作为以第二和第三产业为主运行的经济实体的载体。城市从诞生之日起就反映出其空间的经济内涵。"空间经济学"是当代经济学对人类最伟大的贡献之一，它是在区位论的基础上发展起来的多门学科的总称，研究空间的经济现象和规律、生产要素的空间布局和经济活动的空间区位。空间经济学研究经济活动的空间差异，从微观层次上探讨了影响企业区位决策的因素，在宏观层次上解释了现实中存在的各种经济活动的空间集中现象。

5. 社会学的人居环境空间

社会学的城市空间是就城市空间的社会属性而言的。城市作为人的活动场所，包括个体的行为、社会的组织、社会组织权力群体和机构的活动等，必然会导致形成社会阶层、邻里与社区组织以及土地利用、建筑环境的空间分异。土地利用与建筑环境的分异是社会分异的空间表征，社会空间统一体内隐性组织结构分异则是空间分异的内在原因。城市空间的社会学本质就是作为城市社会的空间载体，从空间上显现社会结构的各种特征。

西方社会学比较重视社会分层现象的研究。转型时期的中国社会同样面临着社会分层问题。值得指出的是，20世纪60、70年代，英国伦敦大学教授比尔·希列尔研究了空间与社会这个课题，认为抽象性的社会结构中应该考虑空间因素，而物质性的空间结构中应该考虑社会因素，开创性地提出空间结构中的社会逻辑以及其中的空间法则，并于1984年与其同事朱莉安·汉森合著《空间的社会逻辑》。同年，社会学大师安东尼·吉登斯也在《社会的构成》中，首次提出物质空间在社会结构形成中起到重要的作用。可以说，希列尔在建筑、规划学方面的研究与吉登斯在社会学方面的研究相呼应，明确了空间因素在社会学研究中的重要作用。这是城市规划学科的一个重大的突破。

2.2.2 美术学语境下的空间构成

文化是对人的存在方式的描述，简单地说就是"符号—象征"体系，具体到美术学就是"形象—意象"，涉及相应的物理空间、知觉空间和意象空间。

2.2.2.1 意象空间

这里提出和将要在第5章讨论的意象空间与凯文·林奇的意象有所区别：相同点在于都是对具体城市形态的形式抽象，归结为点、线、面、体等造型基本要素；不同点在于，林奇所强调得更多的是体验者对城市环境的感官"印象"，而这里所要强调的除了令人难以忘怀的美好印象，更注重由城市空间艺术体验所引发的对天道、地道、人道的感悟和对生命的关怀、对生活的热爱——一种超越一般物像的自由联想和想象。审美不仅需要向形式倾注情感，对形式作出价值判断，而且还要创建不同于形象空间的、与拟人化的宇宙精神相呼应的意象、意境空间。

　　根据马克思主义物质决定精神和精神能动反作用于物质的哲学思辨，城市空间艺术研究的"意象"，可以建立在生活方式（Lifestyle）和价值观念（Values）这两个互动的要素之上。生活方式决定了价值观念，价值观念反过来又不断影响着生活方式。它们一方面潜移默化地影响着建筑师、设计师和艺术家对城市空间的艺术塑造；另一方面又反过来在体验中引起人们对生命、生活的反思并生发新的"意象"。约翰·拉斯金把意象称为"没有所见对象的看"[11]，认为意象是一种行为的形式，意象空间由行为的符号化产生，具有不确定性。

　　既然意象空间所关联的是人的生活方式和价值观念，这就注定了伴随不同个体或群体所带来的多样性和或然性。不仅如此，意识的随意性和偶然性也必然导致意象空间超出因果逻辑的不确定性。这就好比物理学上关于"量子涨落"（量子在能级上出现，在能级之间的涨落过程中消失或者说不存在）中对"无"的想象超出了传统的逻辑思维，其孕生的推论性符号—语言—在这里被"瓶颈"所阻止，对人类认识来说不起作用。维特根斯坦在《逻辑哲学论》中正是基于语言能够表达的范围指出："除可说者外，即除自然科学的命题外不说什么……对于不可说的东西，必须沉默。"[12]维特根斯坦之所以要给语言设限，是因为这个世界及其丰富多彩，必有一些东西是我们所不能了解的。当然，维特根斯坦这里所谓的保持沉默乃是一种哲学上的意思，即不能将某些东西当作哲学分析的对象。在哲学以外的领域，譬如艺术、音乐、诗歌、小说等领域，则允许形而上的玄思神游，即或如此，仍然免不了"词不达意"，"言有尽而意无穷"。这里的"意象"、"意象空间"就属于维特根斯坦的"神秘东西"、朗格脱离现实的"他性"（透明性）、中国的"象外之象"。

　　超现实主义（Surrealism）是个明显的例子，它虽然使用人们可以辨认的形状和形式，但却会把这些可以辨认的形状和形式放置到一个无法辨认的语境中。这在很大程度上要归功于西格蒙德·弗洛伊德和卡尔·荣格所进行的先驱性的心理学研究，他们对于位于意识下面那个陌生区域的探索激发了视觉艺术家。西班牙艺术家萨尔瓦多·达利特别迷恋弗洛伊德关于性和死亡（因遭受神经症痛苦而产生对于死的欲求）两种内驱力的观念。他的超现实主义创造的是一个梦幻的世界，这个世界虽然由可辨认的图像组成，但是这些图像却不是按照理性的方式组合到一起的。它们是心智的产物而不完全是纯粹的经验所致（如柔软的手表、悬挂的人等），它们超越了知性，是对相对于视觉思维惯性的陌生化和"解构"，意图在游戏中将观者引入更深层次的思考（图2-4）。同样地，由实体的雕塑空间所想象、引申出来的虚拟空间、精神空间也属"他性"、"虚幻之象"。如吴为山的《天人合一——老子》（图2-5），

图2-4　《记忆的持续性》——达利

（资料来源：（美）H·H·阿纳森. 西方现代艺术史. 邹德侬等译.

天津：天津人民美术出版社，1986，12：350）

图 2-5　意象雕塑《天人合一——老子》

（资料来源：抽风文化网）

以满腹经纶的"空"，蕴涵着无穷的文化力量，"空"是宇宙乾坤之象，是大境界，它吐故纳新，包罗万象。智者得空则思接千古，天、地、人于此对语，时间在这里汇聚。

人对事物的认知关乎意象，即便是最抽象的科学理论也离不开意象。意象是对"形式"的把握，艺术通过作品及其想象创建了一个与拟人化的宇宙精神相呼应的意象空间——一种存在者的"无蔽状态"，存在者的"真"，它是一种美的幻象，更是一种美的境界，这也是艺术与其他精神生产活动的区别。

2.2.2.2　知觉空间

美术学语境下的更为全面的空间概念是指以物理空间为媒介，以意象空间为目的，融心物、内外于一体的知觉空间的生成与扩展。就空间艺术而言，知觉永远在先，而解释或表现在后。直观是艺术存在的必要前提。空间知觉（Space Perception）指动物（包括人）意识到自身与周围事物的相对关系的过程。它主要涉及空间中的相对位置、方向以及对事物的深度、形状、大小、运动、颜色及其相互关系的知觉。空间知觉凭借感官的协同活动并辅以经验而实现，是感觉、经验、先验的综合。

知觉空间是通过空间知觉将客观的物像经先验结构、观念由外向内和由内向外双向筛选处理，甚至能动地解构、重构后转化并最终表象出的心理空间。根据洛克的经验主义哲学，经验包括内部经验（间接经验）和外部经验（直接经验），洛克将其统称为"观念"——思维的直接材料，它是两种经验的复合——源于外部的感官感觉和内部的反省，是对感性认识的概括和总结。显然，这里的"反省"或者说"观念"与康德的"先验直观"相关联，它不是一个简单的生理过程，而是涉及使光感神经传递的刺激信息产生意义的更高级的心理过程。就空间艺术而言，它所反映的是物与物之间的心理联系，即由紧张关系所引起的负的量感——建立在知觉心理学基础上的"先验图式"空间。"图式（Schema）"这一概念最初由康德提出，他把图式看作是一种先验的范畴。皮亚杰通过实验研究，赋予图式概念新的含义，认为"图式"是包括动作结构和运算结构在内的从经验到概念的中介。康德站在认识论的角度，从欧氏几何与牛顿空间出发，把空间同事实现象加以区别，并看作独立的、基于人类理解力的一个基本的"先验"范畴。他认为空间是人类感性的先天形式，19世纪中期以后，由于实验心理学和人类学的兴起，空间成为实证性的问题。心理学通过对个体空间知觉的实验研究，证明各种空间形式是人与周围环境互动的结果。阿恩海姆在《视觉思维》一书中指出，知觉与思维并不能各自分离地行使其职能，思维所具有的那些能力——区别、比较、选择等——在最初的知觉中也行使着作用。尽管思维是在头脑中生成的已然不复存在于感官中的实在，但一切思维都要求一个感性基础。阿恩海姆运用格式塔心理学的原理对艺术——主要是视觉艺术中的一系列重要问题，如艺术的平衡、光色、空间、运动、表现等问题，作了系统的研究和科学的说明。其观点继承了克罗齐美学理论中的积极因素，并在视觉问题上大大发展了克罗齐的理论，通过揭示视知觉的理性本质，弥合了感性与理性、艺术与科学的裂缝。可以说，空间艺术是通过（创造）空间符号来显现人类智能，传达人类情感的文化行为。只要考察的是空间艺术，知觉及其经验就始终是最后的目的和最后的评判者。

今天的空间科学同样走到了一个主客、内外合一的境地。德国量子物理学家海森堡（Wemer Heisenburg）认为："把世界分为主观和客观、内心和外在、肉体和灵魂，这种常用的分法已经不再适用了。""自然科学不是简单地描述和解释自然，它乃是自然和我们人类之间相互作用的一个组成部分。"[93]可见，现代物理学中，观察者与被观察者是以某种方式连在一起的，而主观思维这一属于内心范畴的东西，如今则同客观事实这一外在范畴联结在一起。相对论和不确定性原理意味着科学研究的对象已经不再是自然本身，而是包括了人类对自然的研究行为。

2.2.2.3 物理空间

人居环境空间艺术种类繁多，形态纷
呈，在美术学中最典型的莫过城市建筑与城市
雕塑。

1. 城市建筑

建筑为人类创造空间并赋予空间秩序。这
里的城市建筑泛指一切具有实用功能和艺术品
位的城市人工构筑物。"每一个建筑物都会构
成两种类型的空间：内部空间，全部由建筑物
本身所形成；外部空间，即城市空间，由建筑
物和它周围的东西所构成。"[13]因此，建筑既
是为自身而建造的（内部空间），也是为他人
而建造的（外部空间）。城市建筑在形态上体
现出特定历史时期的社会、经济、政治、文
化、自然环境条件等具体的综合性的形象特
征，以及外部形态所彰显的城市特色，它潜移
默化地影响着人们的行为模式及社会状态。在
历史的推演过程中，城市建筑根据其发展演变
规律，实现着新与旧的交替和沉积，是一个逐
渐积累生长的生命性过程。

通常，在空间中相对独立的、集中型的建
筑其整体拥有庞大的体量，外观"以'三向'
（three dimension）的'塑像体'（Plastic）形式
出现"，[14]这种"塑像体"的建筑形态，具有
一般雕塑所无法企及的尺度、体量冲击和组群
规模效应。建筑的体量感、形体美起着主导作
用，侧重实体美的表现。这时的建筑犹如巨大
的雕塑（图2-6）。

就城市公共空间而言，建筑主要是以二维
的"围合面"的形式出现，成为城市公共空间
的构成因子，这时的建筑所侧重的是空间美的
表现，而建筑的外立面设计可以看作是城市这
个大家庭的"室内装饰设计"（图2-7）。同时，
建筑的空间站位关系、疏密有序的排列、高低
错落的彼此互衬以及新与旧的并置等空间组合
关系决定了城市公共空间的整体氛围和艺术个
性（图2-8）。

建筑是"最崇高的宗教行为"。[15]除了实
用性、效率等，人们拥有的共同的记忆、共同
的愿望，这些也是秩序。建筑与人类的心灵深

图2-6 桃坪羌寨
（资料来源：作者自拍）

图2-7 重庆洪崖洞山地建筑
（资料来源：作者自拍）

图 2-8 重庆的山地肌理
（资料来源：作者自拍）

图 2-9 哥特教堂内部
（资料来源：作者自拍）

处有着密切的联系，在各种不同的艺术和技术当中，建筑以其综合性和全面性而突出于其他门类。法国雕塑家罗丹在其随笔《法国的教堂》中写道，"建筑是最具脑力性的艺术，同时也是最为感性的艺术。在所有的艺术当中，建筑是最为全面地要求人的整体能力的艺术……同时建筑也是一定要绝对严格地服从营造气氛法则的艺术，这是因为建筑物常常淹没在环境气氛当中。"[15]这里的氛围即场所感或场所精神，它具有规范人类生活及意识的综合能力。

建筑不只是要表示出人们的居住空间，还要表示出是怎样艺术地居住的。作为文化符号，它还要传递并表现出居住在城市中的人们的感情和思想，进而使人震撼和感动。哥特式大教堂并不仅仅只是为了引人注目、为了娱乐而建造，更为重要的是它还承载着向人们诉说、教导、传递的目的，大教堂的整体空间是以天国为模式进行设计的（图2-9）。而教堂建筑中的雕刻、彩色玻璃的图案以及其他各种各样的建筑细部所反映的都是圣经中的故事和关于圣人的传说。法国美术史学家爱弥尔·马勒更是认为："大教堂是一本书籍……圣母大教堂作为肉眼能够看得见的物体,表现出来的是中世纪的思想。"[15]可见,建筑的确是一直在向我们倾诉、与我们交谈。

2. 城市雕塑

城市雕塑是指在社会结构秩序中,在城市的公共空间环境里,以天然或人工材料加工、合成,占有三维空间的、蕴涵精神功能的人工制品,借以反映社会生活、表达艺术家审美情感和审美理想。雕塑又称雕刻,是雕、刻、塑三种创制方法的总称,雕、刻通过减少可雕性物质材料,塑则通过堆增可塑性物质材料来达到艺术创造的目的。就城市外部空间而言,雕塑与建筑一样,都是用形体、材质说话。城市雕塑与近几十年世界上流行的"公共艺术"、"景观雕塑"、"环境雕塑"等概念,有着不同侧重但又相通的含义。

城市雕塑代表着一个城市的文化内涵和品位,反映了一个城市的精神气质。作为城市公共空间艺术的类型之一,城市雕塑配合建筑烘托场所氛围,宣示共同体的审美趣味和价值观念,其功利性体现在记录历史事件、纪念历史人物、寓教于乐等方面,是艺术地记录国家和城市的历史文化的最有效方式(图2-10)。优秀的城市雕塑与城市广场、街区、建筑、绿化等各种因素相协调,可以起到装饰、美化城市的作用,是"城市的眼睛"(图2-11)。城市雕塑根据其造型特征有圆雕、浮雕和透雕(图2-12);根据其功能可分为纪念性、主题性、装饰性和娱乐性四大类(图2-13)。城

图 2-10　佛罗伦萨山冈上的《大卫》
(资料来源:作者自拍)

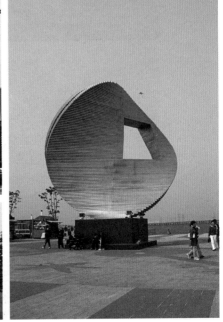

图 2-11　上海浦东新区雕塑《日晷》、苏州新区雕塑《城市的眼睛》
(资料来源:作者自拍)

图 2-12　圆雕、浮雕、透雕
（资料来源：作者自拍）

图 2-13　纪念性、主题性、装饰性、娱乐性雕塑
（资料来源：陈绳正. 城市雕塑艺术. 沈阳：辽宁美术出版社，1998 年 1 月。）

市雕塑艺术有其独特的审美特点，诸如空间环境的独特性、使用材质的永久性、欣赏方式的大众性、视觉条件的特殊性、制作工艺的技术性等，它们直接关系到城市雕塑艺术的构思、构图、艺术处理等方面。另外，城市雕塑离不开城市的人文内涵和城市的文化功能。优秀的城市雕塑大多有一个共同特点：在创作、设置的时候，它们或许会有某时某地或某事件的因素制约，但它们总会以其人文的价值内涵而超越这些因素的制约而具有人类文明的普遍意义。

在中西美学思想的比较研究中，一般认为西方雕塑写实为主，兼有写意，于直观现实中追求寓情于形的物理理想；而中国雕塑写意为主，兼有写实，于艺术想象中寻求以形写意的精神理想。尽管前者偏重实证，后者偏重玄思，

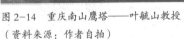

图 2-14　重庆南山鹰塔——叶毓山教授
（资料来源：作者自拍）

但总的来说都是通过理想的写实或写意来寻求物质与精神、符号与象征、形象与意象的统一。

综合看来，城市雕塑属于环境艺术，与一般的雕塑作品只追求作品自身的艺术性和完整性不同，它必须以城市环境为背景，从时间、空间、文化内涵和艺术形式上与城市空间环境形成相互联系。今天的空间艺术各个学科、门类的界限变得越来越模糊，建筑与雕塑之间不再有明显的区别。雕塑家将其对实体的敏感转向空间，在向建筑艺术学习的同时其身份也在向公共艺术靠拢；反观建筑界，则是以更为全面的综合素质和雕塑家般的形体敏感游刃有余地"把玩"着更为巨大且多元的空间艺术形式。如果说古希腊神庙建筑是因其实体的敦厚和体量而富于雕塑感，那么，今天的主题则是雕塑空间。亨利·摩尔的雕塑作品以空间为主题；盖里的建筑不仅有空间，更有自由、震撼人的雕塑形式。雕塑家叶毓山教授的重庆南山《鹰塔》（图2-14），其初衷是雕塑般的建筑……实体与虚空结合阳光、大地、河流还有声音，共同发挥着巨大的作用，这就是作为表象的人居环境空间艺术的力量。

2.3　山地人居环境空间节点、标志的艺术体系

2.3.1　山地人居环境空间艺术概念的界定

所有被称为人居环境的地方，都是人类对于地形的呼应和文化覆盖。地形的力量支配着人类的命运，不论是东方还是西方，也不论是佛教、基督教还是其他宗教，特殊的地形都会给予人类以特殊的含义。

人地关系通常是作为一种不分因果、不分彼此、具有象征意义和价值倾向的整体被把握的。以阴阳

五行、八卦为代表的中国风水学最早开始了依天地之象选择吉祥地形聚居的人类地理学理论与实践。

19世纪中期人类学古典进化论学派代表人物巴斯蒂安（Adolf Bostian）把民族特质看作特殊地理环境的产物，把人类共同具有的基本观念称为"原质观念"（Elementargedanken），把民族特有的心理特征称为"民族观念"（Volkergedanken）。他认为，由于各民族生活的地理环境条件不同，因此人类共同的"原质观念"就变成了具有地域性的"民族观念"。各民族不同的文化是因为地理分布的不同而产生的，是历史发展过程中的支流，是地理环境因素使然。[16]

相对于平原地区，山地地貌环境的多变性、差异性以及相对封闭所得以保存的地方文化的独特性，使得山地人居环境"天生丽质"，显示出更为丰富多彩的形态特征和文化特征（图2-15，图2-16）。山地人居环境空间艺术最大的特点就在于山地环境的山水地貌既可以通过

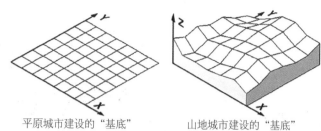

平原城市建设的"基底"　　　山地城市建设的"基底"

图 2-15　平原与山地聚居空间发展的不同"基底"

（资料来源：作者自绘）

图 2-16　重庆洪崖洞

（资料来源：作者自拍）

创造者的努力融入作品中，成为独特的、有机的审美对象，又可以构成有别于平地的空间艺术环境，烘托出别具一格的场所氛围。又因为山地总体格局、局部地形地貌的千变万化，各显特色，所以，若利用得当，则完能够创造出具有地域文化特征的、独具一格的人居环境空间艺术。

山地由于其自身形态上的丰富多变，与水体的交互辉映以及为人们带来更多的观赏视角等，而在空间艺术的表现形式和表现手法上具有天然的优势。充分挖掘和有效利用这些独特的自然因素和地域文化，因地制宜地结合艺术表现的多样化手法，对塑造独特的山地人居景观，实现山地城市在文化多元下的生态可持续发展，无疑具有重要的现实意义和历史意义。

根据上述分析，对山地人居环境空间艺术的概念范畴进行如下界定：是指城市总体规划统摄和指导下发生在山地人居环境空间中的艺术创造和审美行为及其物化成果。具体来说就是通过知觉思维，结合"山地"意象对人居环境空间造型媒介（形态、色彩、材质）和形态要素（点、线、面、体）所进行的因应山地自然地理的艺术性建构，目的在于宜居前提下的山地人居空间审美，借此提高人们的生活格调和精神享受。山地人居环境空间艺术在空间形态方面涉及自然与人工，在艺术表现方面涉及"山地"审美的主体与客体，在符号意义方面涉及地域性的生活理想与追求。

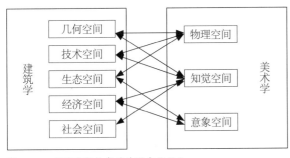

图 2-17　不同空间构成的共同文化认知

（资料来源：作者自绘）

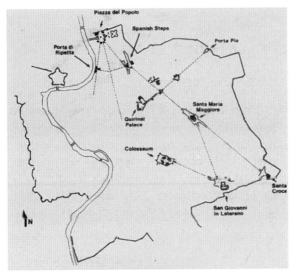

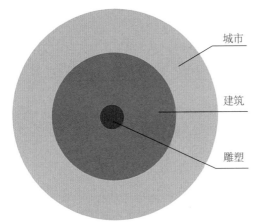

图 2-18　文艺复兴时期罗马城作为节点和对景的七座教堂的空间分布（上图）。城市、建筑、雕塑的节点、标志概念（下图）

（资料来源：（英）克利夫·芒福汀.街道与广场.张永刚，陆卫东译.北京：中国建筑工业出版社，2004，6：88——上图；作者自绘——下图）

2.3.2　山地城市—建筑—雕塑：人居环境空间节点、标志的艺术体系

2.3.2.1　不同空间构成的共同文化认知

尽管由于学科不同导致其空间构成的分类及其关注点各有侧重，但共同的认知结构和文化关联注定了空间构成的同一性和相似性。前述建筑规划学科几何的、技术的、生态的、经济的和社会的人居环境空间与美术学物理的、知觉的和意象的人居环境空间具有广义的同一性和相似性。其中，建筑规划学科的几何空间、技术空间、生态空间与美术学的物理空间相互对应；建筑规划学的生态空间、经济空间、社会空间与美术学的意象空间互有交叉；而美术学的知觉空间原则上可以囊括建筑规划学的所有空间构成（图2-17）。既然山地人居环境空间艺术是在城市总体规划统摄和指导下发生在山地人居环境空间中的艺术创造和审美行为及其物化成果，那么就有必要进一步从学科的交叉、融汇的角度研究、探讨问题。

2.3.2.2　节点、标志概念下的人居环境空间艺术

站在规划专业的角度，城市、建筑、雕塑在空间形态上均具有节点、标志特征（图2-18）。以区域和整体的视野看，城市就是二维的"点"或三维的"体"，只不过城市更注重结构布局、功能划分，但并不排除对形式的编排和利用，尤其对于山地城市，合理的形式编排和利用还会有助于对功能的强调；就空间艺术而言，城市可以说是一个巨大的雕塑。建筑介于城市和雕塑之间，当其以单体示人时类似雕塑，当其以组群示人时则

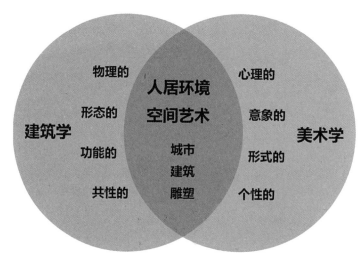

图 2-19 人居环境空间艺术——建筑学、美术学的交叉
（资料来源：作者自绘）

蔓延为城市；建筑更加强调功能与形式的协调统一，任何强调功能的优秀建筑无不具有非凡的形式，"无"与"有"在优秀的建筑中达成完美的统一。雕塑作为城市的标志意在突出城市形象，升华城市意境，因此其形式的美与不美显得尤为重要，其功能也主要体现在对形式的审美中。

就建筑学而言，空间偏重于物理、形态、功能与共性；但站在美术学的角度，空间又是偏重于心理、意境、形式与个性，前者重物质，后者重精神；前者强调公共意识、共性特征，后者在意独创意识、个性特征。本书从建筑学和美术学两大学科体系出发，阐述山地人居环境空间艺术的基本构成，简言之就是形态—意境、物理—心理的空间链接，涉及形式与功能、共性与个性等方面的融会贯通（图2-19）。

从空间艺术的直观感知、知觉思维和隐喻象征三个方面出发，结合自身学术背景，沿用美术学的概念将空间划分为物理空间、知觉空间和意象空间三个既相互关联、又相互区别的层面，它们分别对应着空间艺术审美与建构的形、象、意三个方面；而人居环境空间艺术体系的构成在论文中主要是城市规划节点、标志概念下不同方位、尺度、比例、节奏以及超尺度、超规模的山地城市、建筑、雕塑艺术形式。

以往的空间艺术研究往往在形象—意象之间来回跳跃，忽视或者说较少关注作为物理—心理中介的"象"，而这恰恰是空间艺术审美与建构的关键。因此，论文将努力弥补这一不足。

2.4　小结

作为天地之中介和生命的代言者，人被赋予了创造、体验空间的能力，创造空间也就是创造人类自身的生活环境。同一个物理空间可以生成不同的知觉空间和意义空间，反之，同样的意象空间也可以用不同的物理空间予以表现，这取决于我们的态度和意识。要获取对实在的直观性把握，创造性呈现人的生活和内心世界，就要依赖艺术。科学中的量子或然性和不能完全证明似乎正好应对着艺术的多样性和变幻莫测，而科学的形而上和主观性又似乎应对着艺术的直觉与想象。无论从哪个方面看，它们皆指向真理的多面性，指向某种有限与无限，而有限的是理性逻辑、小心求证，无限的是感性思维、大胆想象。或许，通过对"尽在不言中"的人居环境空间艺术的关照，同样能够于纯粹的感性直观和大胆的直觉想象中，如数学渐近线般地接近真理。

第3章
山地人居环境空间艺术的审美演进与文化脉络

如果对历史有了深刻的了解，
对那些至今依然控制着人类的古老决定有了高度的自知，
我们就有能力正视如今人类面临的迫切抉择，
这一抉择无论如何终将改造人类。

——刘易斯·芒福德

人居环境空间艺术是人类文化的标识与注脚。而文化是人类对包括人自身在内的天地自然的认识与表达，是人类意识、觉悟的符号化及其过程。广义的文化涵括行为方式、价值体系及其物化成果。

"人之为人"必然带来意识的能动和对自然及自身命运的抗争，理性抗争作为离心力与自然作用于人的向心力之间的此消彼长决定了人类与自然的三种状态：自然的同一、自觉的和谐与自主的独立（图3-1）。本书以此为基本线索，从城市、建筑、雕塑的角度，回顾山地人居环境空间节点（标志）的审美演进与文化脉络，从而为后续的讨论寻找前辈的经验和历史的坐标。

3.1　自然的人居环境空间艺术

在"自然"的状态下，意识的萌动促使人类开始了对生存环境——日月星辰、山河大地以及生命现象的体验。"在野蛮期的低级阶段，人类的高级属性开始发展起来……想象，这一作用于人类发展如此之大的功能，开始于此时产生神话、传奇和传说等未记载的文学，而业已给予人类以强有力的影响。"[18]"想象"一词源自希腊语Phantasia，其词根是Phaos，也就是"光"的意思。没有光，便没有像，也就没有想象。想象力是心灵的一种能力，人类正是基于想象超越惯性，冲破局限，以大胆、新奇的方式进行创造性地探索。在向心力大于离心力的人类早期，自然成为一个巨大的社会——生命的社会，以巫术礼仪为代表的主观意志囿于不可抗拒的自然生命力，仍停留在感性占主导的生命一体化状态。在这样的状态下，空间艺术形式具有很大的随意性和自由发挥余地，应该说这是观念的匮乏和超凡的想象所导致的结果。

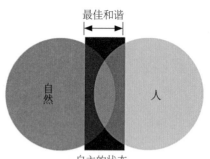

最佳和谐

自然　人

自主的状态
向心力＜离心力

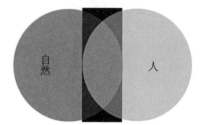

自然　人

自觉的状态
向心力＝离心力

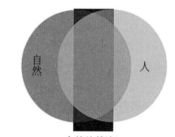

自然　人

自然的状态
向心力＞离心力

图 3-1　人与自然的三种关系
（图片来源：作者自绘）

3.1.1　空间艺术的神话背景

3.1.1.1　神话的源出与内涵

原始人交感的（Sympathetic）生命观认为自然界的一切都具有生命，且生命意识之间可以相互沟通、感应和转化。中国古代医学认为人的生命是自然生命的一部分并且与自然变化之道紧密结合，"故阴阳四时者，万物之终始也，死生之本也，逆之则灾害生，从之则苛疾不起，是谓得道。"[19]黄帝通过问"素"阐明天人合一之道，太素浑元之理，五行变化之缘由，性情生死之征兆。这种万物有灵、交感相通的生命一体化信仰成为原始人最强烈的情感，神话就是这种情感的产物。神话的原型不是自然，而是社会。事实上，神话是人类社会历史的折射，宗教、哲学、艺术，原始人和古代人的社会形式，还有科学技术的重大成果，都源出于相同或相似的神话。作为非推论性的象征表达，神话是原始人类认识和愿望的理想化，是人借助于幻想和想象企图融入甚至征服自然的表现。或者换句话说，它是心理意愿对历史事实的"改编"，或体现的不是历史的真实，也是一种心理的真实。

图3-2　希腊德尔菲神庙

[资料来源：翁凯旋供稿（四川美院油画系教授）]

图3-3　自由女神像局部

（资料来源：作者自拍）

1. 共同的渊源和崇拜

东西方文化在其滥觞时期不仅有着明显的相似性，而且研究表明它们有着共同的源头——原始神话与巫术礼仪。人类早期在与天体自然的辩证对立中从两个方面不断印证自己：一是对天体自然的敬畏与模仿；二是对自身生命延续的强烈愿望。前者演化为自然崇拜，后者演化为生命（殖）崇拜。

没有阳光就没有生命。对于宇宙光明神（日神、月神等）的崇拜是普遍存在于世界许多民族中的宗教文化现象（图3-2）。朝出夕落的太阳、盈亏圆缺的月亮以及生与死的循环等等现象启示人们形成阴阳对立统一的宇宙观，为人类建立空间意识和时间意识提供了最主要的天然尺度。

"sun"的原始语义为：生殖者——太阳。中国《易经》中有"乾知大始，坤作成物"，意思是说万物生于"乾"，成于"坤"；"乾"者，阳也，无形之能量，主动；"坤"者，阴也，能量之聚合，主静。可见，那时的人已经朦胧地意识到万物产生的终极能量源——（阳）光。在中国上古新石器时期的陶器和殷商周、秦汉的青铜器上大量出现的"十"字、"亚"字，以及"皇"、"帝"、"伏羲"等，犹如西方古希腊的阿波罗，

均有"日神"的内涵。"所谓华族，就是崇拜太阳和光明的民族。"[20]几乎所有的统治者都认为自己的宗主权力来自于至高无上的太阳，而王冠的羽冠状头饰所象征的就是太阳的光芒（图3-3）。

生殖崇拜是人类对世界普遍的生殖力的崇拜，主要是对人口增殖的渴求，当然，也包括五谷的丰饶、六畜的兴旺等。原始人类艰苦的生活条件、低下的生存能力以及较高的死亡率等，导致人口增长缓慢，这不仅影响到应对环境挑战的族群力量，更直接关系到人类社会能否延续下去，这才是原始人类生殖崇拜的重要原因。[21]除此之外，借交媾的高峰体验进入无上、无我的神秘境界也是原始教造像的一大特征。藏传佛教在无上瑜伽修持过程中，色情的象征始终处于控制地位，女伴的存在变成了仪轨的基本内容，精液等于菩提心这一等式主宰了整个仪轨过程。（图3-4）。

2. 东西方神话的不同隐喻

在人类的早期神话中，真正具有宗教意味的并不是神灵，而是命运。"命运"说到底就是不以人的意志为转移的自然规律和社会规律。这命运发展到高级宗教就是上帝。低级宗教把非人的力量人格化，是一种自然崇拜，而高级宗教则是把人的本质力量非人化，属于精神宗教。

图3-4 早期的生殖崇拜（左），印度佛教的性崇拜（右上），位于西藏巴松湖六百年前明代的阴阳教寺院一角（右下）
（资料来源：作者自拍）

图3-5 酒神狄俄尼索斯·日神阿波罗
（资料来源：作者自拍）

1）西方神话揭示出的人类意识

神话中往往包含有表现为故事和诗篇的科学理论，对于人类在通往自我意识大道上所迈出的每一步，诸如人类意识中对空间和时间的分别对待以及此后艺术与科学的分家等，神话中几乎都有所揭示。

希腊神话中弑父恋母的智人先祖克洛诺斯（Kronos）意指时间，而他的两个弟弟厄皮墨透斯（Epi-metheus）和普罗米修斯（Pro-metheus）分别代表"回想"、"预想"。这两个名字在英文中有共同的词根，意思是"想"，论文（thesis）、理论（theory）和思维（thinking）都是由它的词根形成。克洛诺斯的妹妹谟涅摩叙涅（Mnemosyne，缪斯九女神的母亲）既是"记忆（memory）"的词源，又是"记忆术（mnemonics）"的同根词，而宙斯所生酒神狄俄尼索斯和日神阿波罗（图3-5）则各自代表了人类的一种心态。前者主感性，混欢乐与痛苦、美丽与残酷、天才与疯狂于一体，且与生育大有关系，体现了大脑右半球的功能；后者主理性，是科学、医药、法律与哲学之神，体现了大脑左半球的功能。事实上，日神与酒神两种情结是人们内心中的两个极点，人们摇摆于其间。

现代神经科学的研究成果表明，人类的大脑功能、心理状态和思维活动具有二重性，而这些都在古希腊神话中得到了相当直接的表述。狄俄尼索斯和阿波罗截然相反的性格反映出艺术与科学的不同以及空间与时间的区别。

2）东方神话所代表的道德秩序

华夏民族在文明进程中一向有儒道互补的人生途径和体验，在思想意识上存有阴阳交汇、合一的朴素辩证观，并用以解释天文地理以及人类的各种现象。

儒家把建立尊卑贵贱的社会等级秩序，看成是天经地义的宇宙法则，是立国兴邦的人伦之本，并由此建立了一整套人类社会的礼仪关系和人伦道德并形成制度。陈寅恪在《冯友兰〈中国哲学史下册审查报告〉》中指出："两千年来华夏民族所受儒家学说之最深最巨者，实在制度法律公私生活之方面。"后来，他又在《隋唐制度渊源略稿》中说："司马氏以东汉末年之儒学大族创建晋室，统制中国，其所制定之刑律尤为儒家化，既为南朝历代所因袭，北魏政律，复采用之，辗转嬗蜕，经由齐隋，以至于唐，实为华夏刑统不二之正统。"一语道破中国两千年儒法合流之思想正统。恰如李泽厚所言："孔子不是把人的情感、观念和仪式引向外在崇拜对象或神秘境界，而是引入并消融在以亲子血缘为基础的人的世间关系和现实生活之中。"[22]中国神话在仰观天文、俯察地理的过程中更为强调中通人伦，强调社会以及人在社会中的责任。

3.1.1.2　空间艺术的神话隐喻

神话或寓言不只是为了娱乐和消遣，它们还是世界各地的人最基本的艺术表达方式。在神话故事中包含着人们悟到的真理，同时也反映了人类的希望和恐惧。

神话和艺术起初是一个具体的未分化的同一体。在发生阶段，它们都以直觉为手段将人的情感客观化，且这种客观化是通过想象的方式来进行的，即"用想象和借助想象以征服自然力，支配自然力，把自然力加以形象化"。[23]早期的艺术形象根植于隐喻的神话意象，作为内在张力的转化渠道，艺术以确定的客观形式和形象对主观的情感冲动进行表象，以客观有限的部分代替主观想象的整体，也就是已经通过人民的幻想用一种不自觉的艺术方式加工过的自然和社会形式本身，从而形成了一个以神话为符号中介的审美系统，表现了那个时代人与自然融为一体的美学理想。即或神话时代已成过去，但是神话的想象思维方式却通过艺术长久地留存下来。因此，可以说艺术的最大特权之一正在于它从未丧失过这种"神的时代"。在每一个时代、每一位大艺术家那里，想象力的作用都以一种新的形式和新的力量不断出现。

神话与艺术有着相同的符号建构方式——隐喻、象征的表现性形式，符号产生的过程就是人类心灵意象的外化、对象化过程——一个表现的过程。无论是神话还是艺术，作为符号体系，都不是对现实的模仿，而是一种发现和创造。纵观人类早期的原始艺术，无论是表现图腾的雕塑，反映神意的建筑，还是遵从天象的城市，就艺术形式而言，一上来就跨越了具象写实的阶段，形成陡然大气的表现与象征（图3-6），尽管古朴、粗野，却迸发出强大的生命意志和狂热的宗教情感。一方面构成原始人类最初状态的，是抽象的疏离态度（即远离自然的态度），它促使原始艺术直接创造实在，而不是仿照、再现实在。另一方面，生命一体化的宇宙认知又促使原始人类将大自然的各种形态类同于自己，两者的综合效应都指向形式创造上普遍的象征性和自由发挥，而唯有对事物的抽象变形方能表现与众不同的万能的神祇。因此，体现在空间艺术上便是客观的形式大于主观的内容，大胆的表现多于具象的模仿。

神秘的观念和大胆的想象应该是原始空间艺术在形态上不拘泥于对纯粹具象的模仿而直接呈现出某种简洁、抽象的"完形"和象征的一个重要原因。中国早期雕塑作为空间艺术，在空间、体量关系、材质的自然利用等方面与作为身份象征的小型玉器、青铜器皿有着截然不同的审美要求，与汉代包括漆器、铜镜、玉佩等在内的极端精美并且可以说空前绝后的各种工艺

图3-6　原始艺术的表现与象征

（资料来源：欧阳英著.《西方美术史图像手册·雕塑卷》，中国美术学院出版社，2003年6月.）

品形成强烈反差的是汉代石刻的气势与古拙。尽管处在草创阶段，显得幼稚、粗糙、简单甚至笨拙，但那种粗犷简化的轮廓、蓬勃旺盛的生命力，以及整体性的力量与气势，却是后代艺术所难以企及的（图3-7）。从精美与粗犷的并置可以看出，工具技术的优劣，也不是艺术高下的决定性因素。正是以"线"为细节刻画的浑然整体的写意风格和对"神似"的一味追求造就了中国汉代石刻艺术高峰的雅拙与大气。

图3-7《石虎》（汉代，长2米，陕西茂陵）
（资料来源：作者自拍）

从人类神话的构创过程看，一个非常值得注意的现象便是，许多神灵的起源，都是从对自然界作功能性解释的需要出发，而后被人格化，克思称这一过程为"内在自然的人化"，即人的感官、感知和情感、欲望由动物向人的转化。内在自然的人化创造了精神文明，而这一过程没有止境。创造神话就是创造奇迹，突破困惑，实现理想。可以说，人类文化中的一切都滥觞于神话之中，空间艺术与神话以及宗教信仰息息相关，是人类思想和愿望的形象呈现。

3.1.2 立规矩、定方圆的图形化城市

3.1.2.1 中心与区域——生活环境的空间意象

在人类早期模糊的空间观念中，以"我"为中心（向外辐射）成为"存在空间"中最原始的起点。此外，划下"我"与"非我"空间，也就是划下归属于不同区域的那条界限，形成了另一个人类认知空间的要素，这便是"区域"。再一个基本空间要素则来自于人与自然、人与人之间的相互联系，同时，它也伴随着人类的敬畏和记忆连接着神与祖先，这就是路径。

原始聚落的布局不仅有着相似的诸如因地制宜的巢居、穴居以及利于阳光、通风的东向或东南向开口等规律，而且，城市的建构还必须通过巫术礼仪得到神的首肯，希腊人到"神谕之城"德尔菲求取神谕，中国人通过占卜的方式获得神谕，罗马人通过到山冈观察鸟的飞行获得神谕。埃及、中国和罗马的城市符号在形状上虽然各有不同，但都具备类似"中心——范围"的图形性（图3-8）。

自然空间的人文化，在自然景观中注入浓厚的礼法政治和江山一统的含义是我国古代传统区域空间观念的重要特征。中国古人认为天上日月众星与地上人间密切相关。"在天成象，在地成形，变化见矣。"[24]天象的变化甚至是地上、人间祸福产生的原因，于是，应该"与天地合其德，与日月合其明，与四时合其序，与鬼神合其凶吉。"[25]。古代中国的城市空间形式可以说既是天上星宿布局在地上的"投影"（形），更是人间伦理等级制度的"上天安排"（意）。反过来，这些星宿也可以说是中国古代社会在天上的倒影。先秦时代的"九州"、"五岳"等体现一统思想的区域空间观念升华为华夏世界整体性空间秩序的基础，其核心是"中央"概念的建立。《史记·周本纪》中记载了周武王"定天保，依天

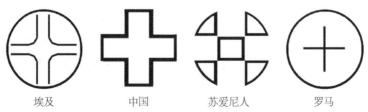

埃及　　　　　中国　　　　苏爱尼人　　　罗马

图3-8 不同地域的城市意象符号
（图片来源：根据相关资料自绘）

东南	南	西南
东	中	西
东北	北	西北

图 3-9　九宫图——文化观念的空间秩序呈现
（资料来源：作者自绘）

图 3-10　古希腊雅典卫城远眺
[资料来源：罗晓航供稿（四川美术学院油画系教师）]

室"的建都原则，天保即北辰，借指国都，依天室，即依天上宫阙模式建都，表示受命于天而统治人间。《吕氏春秋·慎势》云："古之王者，择天下之中而立国，择国之中而立宫，择宫之中而立庙。""择中"，乃古代帝王建都立宫的一贯思想（图3-9）。在五行学说中，"东、南、西、北、中"五个方位以"中"为最尊，称为"中央"，后来历代的宫城都建在都城之中，就是强调人道尚中。

古代山地城市的中心往往是卫城、城堡和寺庙。虽然不像平原城市那样具有明显的、形态上的对称性，但却拥有不变的"中心—路径—区域"的拓扑性质。处于高地的城市中心具有君临天下、鸟瞰四周、统揽一切的威严效果。神人之别、安抚与敬畏就产生在这俯仰之间（图3-10）。无论是墓地或居住地，也无论是城市或更大的区域乃至国家，营造生活空间不单是为了实用的目的或技术上的便宜，也是在全面表现人类行为。同样地，地理环境作为民族生存的基本要素之一，也被融入象征的观念体系中。换句话说，人类以他们的观念、他们所理解的秩序来"布置"空间。

3.1.2.2　规矩与方圆——空间秩序的图象化

原始人类对于天地的感情或景仰超越单纯感觉上的意义，宇宙中神秘不可破解的道理在人们的心灵上烙印着神秘的感应。在古代，规划建设帝都宫阙，都是以大宇宙之象作为摹本和规范。以形状而言，人类最早认定大宇宙的图形便是圆与方。"夫玄黄色杂，方圆体分，日月迭璧，以垂丽天之象；山川焕绮，以铺理地之形；此盖道之文也。仰观吐曜，俯察含章，高卑定位，故两仪既生矣。惟人参之，性灵所钟，是谓三才。为五行之秀，实天地之心，心生而言立，言立而文明，自然之道也。"[26]刘勰认为，天地的玄黄混杂，玄妙莫测，人们只能以方论地，以圆体天，"方圆"就是天地的大体意象。日月如重叠的璧玉，显示其附着在天体上的形象；山川如锦绣光彩四射，展示其布列在地理上的形象，这大概就是天地之道的文采。伏羲先祖仰观日月星辰的吐射光芒，俯察地面万物的含章美丽，天高而尊大，地下而自卑，则太极生阴阳两仪，道生天地二形，天地之道是宇宙自然的最高法则。各民族中圆与方的象征意义虽然有所出入，例如中国人的"天圆地方"，印度文化的"地为圆，天为方"，古罗马的"天地均圆"……但它们都是大宇宙的形状，更是人类的"神圣空间"认知。在模拟宇宙建构城市方面，规矩成为宇宙秩序的象征。"规矩者，方圆之极则也。天地者，规矩之运行也。"[27]没有规矩，不成方圆。规矩成为宇宙天地、人类社会共同的运行准则。"规矩"在今天指一定的标准、法则或习惯，与心理相联系可引申为意义，在古代则分别为两种测量工具。《史记》中记载有大禹"左准绳，右规矩"，率领民众治理黄河水灾的故事，说明宇宙之神秘秩序有规矩可循，而作为工具的规、矩之神圣，是制作通灵礼器和测绘实践的法宝。画"圆"绘"方"在古代意味着极大的智能和本领（图3-11）。

图 3-11　伏羲女娲规矩图
（资料来源：亢亮，亢羽著.风水与城市.天津：百花文艺出版社，1999，2.）

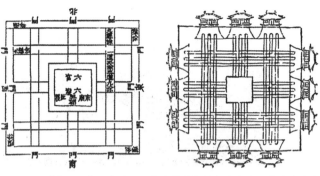

图3-12 《考工记》王城图——传统聚居格局中的秩序及其反映的空间礼制观念

（资料来源：张驭寰. 中国城池史. 天津：百花文艺出版社，2003：58-59.）

图3-13 印度佛教的曼陀罗（曼陀罗是梵文 Mandala 的音译，原义是球体，圆轮等，是密教对宇宙真理的表达，对密教的建筑艺术产生了巨大而深远的影响）

（资料来源：[英]约翰·鲍克. 神之简史. 高师宁等译. 生活·读书·认知三联书店.）

"方圆"是最早的城市空间"图式"，是古人长期仰观天文，俯察地理，观物取象，立象尽意的结果。春秋时期的《周礼·考工记》记述了王城建设的空间布局："匠人营国，方九里，旁三门。国中九经九纬，经涂九轨。左祖右社，面朝后市，市朝一夫（一夫：指官百步）"，对城市的形状，大小，城门数制，路的多少、宽窄、功能布局等，均有规划定制。居中对称的风水美学格局，已成规范（图3-12）。直至汉、唐长安城，元大都和明北京城，都可见其体制，沿革历时近三千年。与此同时，还规定了与封建等级相适应的不同级别的城市规模。《周礼》反映了中国古代哲学思想开始进入都城建设规划，是中国古代城市规划思想最早形成的年代。

在东南亚的一些圣城当中，类似的宇宙图形从一开始时就决定了城市规划的图形。他们将圆形及圆形在城市中的表现形式——中心型理想城市，与方形及方形在城市中的表现形式——网格型城市结合了起来，这种结合最玄妙的空间（文化）表现是印度的曼陀罗（图3-13）。如果说圣城强调的是信仰的中心性，同时又将自身转化为天堂的缩影的话，那么代表世俗权力的城市也使用同样的图形来为统治者及其军事防护势力塑造某种视觉上的首要地位。政治性图形强调的是单一中心的统治权，其最有表现力的手法就是轴线和圆，向心性的空间往往与连接中心和周边的放射状道路网相结合，除开交通、分隔、安全等功能方面的原因，更为关键的是这种图形在政治上是对绝对权力的一种强烈的视觉表现，哪里有政治上的集中体制，哪里就会有放射状的向心城市出现。即或到了今天，我们从几何圆形的城市布局、严格对称的放射轴线以及庄严深远的对景等依然能够见出昔日空间秩序和规矩的痕迹（图3-14）。

推演至更为宏大的空间范围，如果通过空间想象使其立体化，并与中国的地形图相对照，那么，作为平面卦象似乎很抽

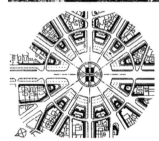

图3-14 图形城市——意大利威尼托、法国明星广场

（资料来源：上图：[美]斯皮罗·科斯托夫. 城市的形成. 单皓译. 北京：中国建筑工业出版社. 中、下图：沈玉麟. 外国城市建设史. 北京：中国建筑工业出版社，1989.）

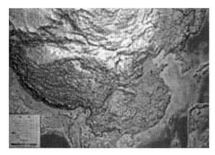

图 3-15　中国地形与先天八卦

（资料来源：根据相关资料整理）

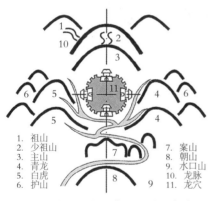

1. 祖山
2. 少祖山
3. 主山
4. 青龙
5. 白虎
6. 护山
7. 案山
8. 朝山
9. 水口山
10. 龙脉
11. 龙穴

图 3-16　传统风水观念呈现的理想聚居模式

（资料来源：根据风水理论整理绘制）

象的伏羲"先天八卦"，则立即显出其奥妙——（地）形与（卦）象的统一。当时画八卦，是以中国为本位，八卦方位正好反映了我国的地理气候（图3-15）。如果说"先天八卦"是表明宇宙形成的大现象，那么文王"后天八卦"则是说明宇宙以内的变化和运用的法则。

3.1.3　辨方位、重数理的隐喻性建筑

3.1.3.1　天地坐标下的方位象征

所谓象征就是借助联想力，以某种东西代表一个意象。应该说"把事物关联起来"是人类开始走向文明的第一步。知觉的印象总是直接以"形式"作为"物"与"人"接触的开始，"形式"是视觉上最有影响的印象，同时也具有最强烈、最原始的心理感觉。方位是空间行为最起码的必要条件，其突出特征体现在与日月、星座、圣山等天地之象彼此关联的建筑位置与朝向的确定。朝向上的向与背，坐落上的正与偏、上与下，位序上的前与后，层次上的内与外等一系列的差别都遵从着一定的空间秩序。

我国山脉纵横，坡地也被开发利用为居住地，因此在选择山区用地上积累了丰富的经验，并形成完整的风水理论，如理气派就天地人之间五行相生相克，形势派以"龙、砂、穴、水、向"来追求美好的地理形势。"龙"即建筑背后的山势，要求有源有脉，左右环抱，顾盼有情；"砂"即村落周围的小山，包括左、右及前面的小山，砂山高度不可超过龙脉，建筑前有案山、朝山，以作为前方的对景；"水"即指围绕建筑的水系，要弯曲有情，流速平缓，入水口要敞，出水口要曲；"穴"即指营建的基地，由龙、砂、水所包围的地域称为明堂，建筑的穴基定位在明堂上；"向"即建筑布局和朝向，往往配合阴阳、五行、八卦的相生相克的关系，来具体确定合宜的方位。在选址布局中，人们为了追求佳美的景观效果，改善视觉环境，往往有计划地组织空间环境，用借景、对景、组景等办法形成有思想内涵的景观。简而言之就是"枕山、环水、面屏"三原则，要求整体环境要有气势，山势要有奔腾起伏之势，"穿帐过峡，曲曲如阔"；两翼砂山"层层护持"，堂前带水环绕，对面朝山案山"相对如揖"，自然环境即可表示出千乘之贵，万福之态（图3-16）。

公元前1400年克里特岛上的米诺斯王宫是一个为中央开敞区域所掌控的因地制宜、高低错落的不规则的空间组合，它所显示出的不凡特征首先是特殊的方位和作为繁盛、生殖的象征性自然景观（中央平台的南北轴线对准远方有凹口的圆顶山峰，这个特殊的形状和克里特人神圣的象征物——"祭献双角"相似，象征男性高举的双手以及女性的生殖器，也就是象征地母所孕育的能量）；其次是它那如迷宫般变幻莫测、错综复杂的空间结构；再次是由上粗下细的红黑柱头、色彩丰富的壁画等元素烘托出来的艺术气息。这些都使得空间历程由视觉上的"感动"直接提升至意识的层面，尤其是因应地形

图3-17 克里特岛上的米诺斯王宫
（资料来源：褚瑞基.建筑历程.天津：百花文艺出版社，2005，7.）

图3-18 英国索尔兹伯里的史前巨石阵
（资料来源：中国广播网）

图3-19 埃及吉萨金字塔群
（资料来源：周济安供稿，四川
美术学院美教系教师）

起伏而形成的"自然"的高低错落成为山地城市空间艺术最早的范型
（图3-17）。

此外，英国索尔兹伯里的史前巨石阵、埃及的金字塔均有与天
体相互对应的方位暗示。巨石阵主体由几十块巨大的石柱组成，这些
石柱排成几个完整的同心圆，中央摆着一块类似祭坛般的石头，整个
朝向夏至太阳升起的点，具有不能忽视的巫术或原始宗教因素。据推
测，石环中石门的排列形状及间距，与每年主要节日中太阳与月亮起
落时所投的阴影有关（图3-18）。金字塔通过灵魂不死、与天同在的
生命意志以及对方位、时节和宇宙尺度的隐含，成为古代文明的最
耀眼的文化符号。金字塔底面正方形的四边方向正对着东、南、西、
北；胡夫金字塔的进口隧道正对着北极星，其底面正方形的纵平分线
一直延长，就是地球的子午线，[81]其和谐、简洁、单纯、合规律的形
式美与宏大、稳重、向上、合目的的崇高感，加上隐含在自身尺度数
据中的与π相关的比例关系，与天体的方位关系，以及内部墓室因空
间布局而形成的尚未破解的防腐功能及永恒、再生追求等，无不显现
出综合的形式内涵和艺术象征（图3-19，图3-20）。

无论西方的金字塔、方尖碑还是东方的华表、枯山石，除了后来的生殖、天梯等象征，均是更为久远的方位地标原型。而作为满足精神需要的艺术表现形式，在漫长的知觉思维提炼、概括下，在观念上也早已转化为神秘、敬畏的象征性意象，并在头脑中形成了简单、整体的"完形"符号。

3.1.3.2 数理隐含的天地之道

远古反映先民认识的天地秩序，给人们提供了一个和宇宙同构的观念样式，对自然神秘力量秩序的认知，表现出显著的"数化"特征。[44]

河图与洛书是中国上古流传下来的两幅神秘图案，是中华文化阴阳五行、八卦术数之源。河图上，排列成数阵的黑点和白点，蕴藏着无穷的奥秘；洛书上，纵、横、斜三条线上的三个数字，其和皆为15，十分奇妙。河图在数理方面涵括了"天地之数"、"生成之数"、"五行之数"、"大衍之数"、"交合之数"等，河图之象、之数、之理，至简至易，又深邃无穷，是中国先民心灵思维的结晶（图3-21）。

《易经·说卜》有"参天两地而倚数"，意思就是依据数目来考察天地。天地的易数（变化）二三为六（六个阶段），故而易六爻而成卦，以经天，以纬地。"数，尤礼也"，[28]用数字描述对象世界是古代空间秩序认知的一个显著特点，这种"数化"的规制与思想体现出聚居形态的中国特色，反映了当时的社会结构。基于"阳宅"的观念，中国建筑以"间"为基本空间单元按奇数三、五、七、九开间展开。皇帝为"九五之尊"，卦象喻飞龙在天，其大朝金殿阔九间，深五间，乃最高规格。五为天地之中数，属土，在河图洛书中位于中央，即大地的中心，为王者之位。以"中"为统帅将空间体系用五、九的数字模式表述，既表达了古人对客观世界及其规律的认识，又反映了王朝地理思想与文化的深刻内涵，并构成我国传统空间观念发展、演化的主线。

古代帝王最重要的祭祀有三项：天地、社稷、宗庙。其中，祭天地又最为重要。祭祀列为中国古代的立国治人之本，排在国家大事之首。设坛祭祀是祭天神、地祇之礼。《礼记·王制》说："天子祭天地，诸侯祭社稷，大夫祭五祀"，表明祭天地是皇帝的特权。把"天"视为自然的主宰，把"天道"与"人道"合一，把人间最高统治者称为"天子"，建立起天伦与人伦统一的秩序，使皇权统治成为天然的、神圣的、天经地义的事情。作为一个典型的例子，天坛的规划思想及其建筑意蕴可以说是最为典型的关于"规矩"和"数"的空间象征。其中"天南、地北、日东、月西"以及天圆地方的规划布局，喻天的圜丘（共九层，且各层面的铺石、栏板、望柱和台阶等均为天数，即9或9的倍数，其排列也为"周天"360°的天象），

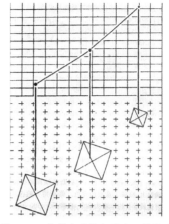

图3-20　吉萨金字塔与猎户三星的对应关系

（资料来源：[英] 葛瑞姆·汉卡克.上帝的指纹.汪仲译.民族出版社，1999，1.）

图3-21　龙马、龟背上的河图、洛书

（资料来源：褚良才.易经·风水·建筑.上海：学林出版社，2003，12.）

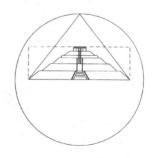

图3-22　吉萨大金字塔高度×2π＝底边周长，太阳金字塔高度×4π＝底边周长

（资料来源：作者自绘）

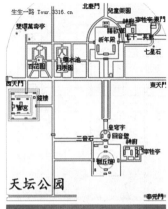

图 3-23a　北京天坛

（资料来源：中下、下图自拍，上、上中图：http://image.baidu.com）

象征一年四季、支承上层屋顶的四根龙井柱，象征十二个月、支承中层屋檐的十二根金柱，象征一天的十二个时辰、支承下层屋檐的十二根檐柱，金柱和檐柱共二十四根又意味着一年的二十四个节气等。在立面造型上，祈年殿的台基、屋身和屋顶三重檐之间，有着极匀称的比例，汉白玉的台基、红色的柱、青绿冷色的檐下、蓝色闪亮的三重檐、金色的宝顶又使整座建筑的色彩在对比中显出协调。天坛将偌大的"天地"承载其中，将偌大的宇宙生成演化的模式图承载其中，通过"三重蓝顶，一道圆墙，二十八柱"，建造者巧妙利用形体、结构与数的"匹配"，表达了中华民族对宇宙形态的审美文化观念，其成就达到了中国礼制建筑的顶峰（图3-23a）。

毕达哥拉斯认为万物的根本关系是数量关系，表现在审美上就是认为美在和谐，而和谐有其内在结构，即对称、均衡与秩序，并且可以用数和几何关系表达出来。埃及胡夫金字塔的尺度、比例就反映了宇宙的空间秩序。金字塔四面斜壁几乎是极为精确的等边三角形，以52°从地面隆起，其高度的平方=每面的三角形面积；高度×2π=底边周长（墨西哥太阳金字塔高度×4π=底边周长）（图3-22）；高度扩大10亿倍，恰好等于地球与太阳之间的距离。美国科学史教授、研究古代度量技术的知名专家里维欧·斯特奇尼认为，大金字塔的基本理念应该是代表地球的北半球，像画地图一样，用投影法画到地面上的北半球……大金字塔是在四个三角平面制作出来的投影。金字塔的顶象征着北极，底部周长代表赤道，这就是底部周长与塔高的比为2π的原因。大金字塔以1：43200的比例再现了北半球。而43200又是显示行星地球特征的岁差运动的重要数字。

金字塔作为一个既有着严密科学依据的空间结构，又充满"天梯"、"太阳光芒"等象征意味的图形，在跨越五千年后，被现代建筑大师贝聿铭以全新的材料、全新的技术和全新的理念在艺术殿堂卢浮宫前演绎得淋漓尽致（图3-23b）。作为香榭丽舍东侧端景的卢浮宫应该有什么样的未来？这是贝聿铭最大的挑战，增建新的结构体会对卢浮宫及其空间环境造成破坏，将所需求的诸如图书馆、商店、餐厅、视听室、储藏室、停车场乃至大厅等空间地下化是唯一解决之道，而首要任务是在拿破仑广场的地下建设一个"交通中心"，以缩短卢浮宫冗长的观赏动线。除机能考虑外，更重要的是与周围都市空间结合，成为活动的焦点，在环境中扮演更积极的角色，让卢浮宫获得新生。地下化的结果是不易使人感受到新建设的存在，为了创造一个看得见的象征，必须有一个标志来突显卢浮宫的巨大变革，同时也显出地下大厅的气派。为此，贝聿铭尝试过不同的几何体，最后还是选定简洁而不单调、华丽而不浮躁、大气但不夸张的玻璃金字塔作为卢浮宫新大门。金字塔透明的玻璃既不阻挡减损原有建筑的立面，又能为地下大厅渗透必需的阳光。再者，要在拿破仑广场增建新构造体，新旧建筑物的体量是关键，同样的矩形底边和高度，金字塔造型的体量最小，且以最小的表面积覆盖最大的建筑面积是金字塔独特的优点。金字塔是文明的象征，其神秘的特点对具有七百年历史的卢浮宫是最好的诠释。

3.1.4　刻石木、竖图腾的祭祀性雕塑

如果说城市建筑以其实用、抽象的艺术空间隐含人类对天、地及其人自身的关注，那么雕塑则以直观感性的实体艺术形象直接显现了这种关注。

在史前艺术出现前的漫长岁月，对劳动工具的加工是人类最初的造型活动，工具的制作与形成标志着艺术思维的第一次物化，所以"艺术之始，雕塑为先"[29]，从这个意义上说，雕塑的起源在方法上始于制造工具。另一方面，史前社会的生存环境决定了史前艺术从属于人类基本活动的特性，从这个意义上说，雕塑的起源在形式上始于人们特定的观念和心理期待，如巫术观念或图腾崇拜。

3.1.4.1　"形状"到"形式"

从艺术发生学上看，在艺术的前期，形状主要处于实用阶段，具有工具理性。在人类美感产生后，作为造型艺术语言媒介之一的形状便逐渐摆脱实用性而具有了超功利的审美形式感，它不再对主体的生存需要负责，而只对视觉感受、观念表达负责。一切生物都有选择自然的本事，但工具的选择与生存环境的选择不可同日而语，前者一定是高级阶段的先验结构与后天经验合力的结果（"高级阶段"的概念来自皮亚杰的《发生认识论》），而后者则不一定，仅凭经验或者条件反射也能办到。从原始石器时期的陶器、武器、工具看，那些器物的圆孔、线条、轮廓形态

图3-23b　巴黎卢浮宫
（资料来源：作者自拍整理）

如此规矩，箭头的两刃如此对称，彩陶的纹样如此美观，无可争辩地表明原始祖先在长期的劳动与生活中已经积累了对于形状的认识经验，并有意识地作为造型手段，先运用于物质的功利目的，后用于精神的审美需要。另一方面，从艺术现象上看，各个民族的早期艺术是如此惊人的一致，在人类对自然界和自身还没有充分了解的时候，往往会想象有掌握世间一切的神灵的存在。巫师集人类有关天道、地道、人道的所有见识于一身，通过星象、卜算、咒语、舞蹈、图腾、禁忌等综合的空间艺术形式预测吉凶、作出决定，以其通灵的特殊身份和地位既代表人类向神灵表达意愿，又是神灵的象征。因此，图腾、禁忌成为最早的符号象征体系（图3-24）。

第2章提及，异质同构的生命一体化观念和与此相矛盾的疏离自然的态度以及神性的树立都注定了原始艺术创造实在。在艺术发展的初期，构图总是由简单规则的格式塔组成。它们大多运用直线和规则的曲线，而很少用复杂的和不规则的曲线，原始艺术的特点也正在于它的对称性、重复性和节奏性（图3-25）。原始人之所以特别喜欢这些简单规则的式样是因为在原始人的心目中，原始艺术呈现出

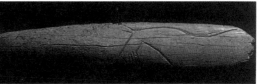

图 3-24 刻于骨器上的蛇、马图腾

（资料来源：高火.欧洲史前艺术.石家庄：河北教育出版社，2003，10.）

图 3-25 古埃及神殿的楔形文字雕刻 　　图 3-26 古埃及神殿雕刻
　　（资料来源：作者自拍）　　　　　　　　（资料来源：作者自拍）

了规则的、对称的图形，就等于在迷乱中创造了秩序，在混沌中创造了简洁，在黑暗中创造了光明。正是由于日常生活的缺乏秩序，才使得这种简单的对称和整齐的形式充满了魅力。可以说，原始空间艺术中的形象，大多具有超人的力量，是原始人类的认识和愿望的理想化。对于原始人，人工制品的功用相当于中介物、护卫器或避难所，而这时的人们尚处在由自然向自觉、野蛮向文明过渡的阶段。

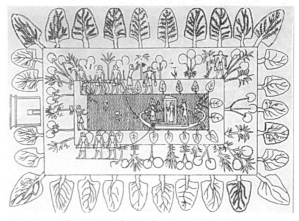

图 3-27 古埃及园林派科玛拉（Pekhmara）平面图

（资料来源：王向荣，林箐.西方现代景观设计的理论与实践.北京：中国建筑工业出版社，2002，7.1.）

　　再者，就看待世界的观念而言，原始美术也同儿童美术一样，与牛顿力学有着根本的不同。原始美术并不区分客观世界和人们意识中所谓"正确的"时间和"真正的"空间，而是凭借幻想赋予许多艺术形体以奇特的魔力。人类学家卡彭特将爱斯基摩人的空间观念和欧几里得的空间观念进行了对比，结果发现爱斯基摩人在视觉领域内没有任何反映空间的行为，他们在分割空间时并不遵循视觉感受及效果。古埃及浮雕同样恪守一条不变的规则达3000年之久，这就是在表现人体时，面部总是画侧面，躯干则是正面，腿部又是侧面（图3-26），其园林表现图是视知觉而非仅仅视觉的产物（图3-27）。

3.1.4.2　雕塑的祭祀礼仪功能

　　显然，基于大胆的想象而非真实的实在、创造而非仿造的空间是原始艺术的显著特征，也是原始图腾雕塑非写实象征性的根源。图腾禁忌、巫术礼仪不只是一种内在的思维方式，同时还是一种需要付诸实施的外在行为。巫术活动的基本要素包括物质实体（工具、器具）、咒语和动作，它们是造型艺术、音乐艺术、舞蹈艺术的原生形态。在史前时代，艺术必然被作为一项严肃的工作，它的作用不是为着赏心悦目，而是旨在帮助人们实现同生存问题有关的某些愿望。"精卫填海"、"女娲补天"、"夸父追日"、"后羿射日"等这些远古的神话想象所体现的也正是中华民族在早期的那种大气磅礴，与自然抗争以求生存的文化精神（图3-28）。

　　最早的"图腾"造型主要是"远取诸物，近取诸身"、与人类生存密切相关的天象及动、植物纹样。它们出现 在岩壁、器具上，其人工雕琢的痕迹以及富于装饰的形式已然显现出对自然的概括、取舍、抽象和再加工能力。如早期石碑上的星座、天象图以及彩陶、玉器、青铜器上的各种几何纹样（图3-29，图3-30），可以说是人类以图像对天道、地道乃至人道的最早表示。当他们刻上一只狮、一条蛇或别的什么时，他们并不把它们真的当成动物，而是将它们视为一种观念的象征，作为信仰与崇拜的对象（图3-31）。对自然力的恐惧与依赖转化为敬畏与崇拜，甚至粗糙的石头、巍峨的山峦也具

图 3-28　《后羿射日》——龙翔创作
（资料来源：作者自拍）

图 3-29　苍龙星座与月天文图
（资料来源：亢亮，亢羽.风水与城市.天津：百花文艺出版社，1999，2.）

图 3-30　彩陶、玉器、青铜器上的各种几何纹样
（资料来源：孙振华.中国美术史图像手册·雕塑卷.杭州：中国美术学院出版社，2003，1.）

图 3-31　迈锡尼双狮守护神石门
（资料来源：作者自拍）

有高度的象征意义，如摩梭人的拉姆圣山（图3-32），羌族、藏族的供于平屋顶四角的白云石等（图3-33）。

　　其后，由于农业生产方式的出现，部落首领权力扩大，致使图腾崇拜更多地转向有权力的个人，图腾造型因此人格化，诸如西方的奥林匹斯山诸神、东方的伏羲、女娲、佛陀；或者产生出幻想的动物形象，诸如埃及的狮身人面像以及中国的龙凤、麒麟、赑屃等（图3-34）[20]，这些都作为古老的观念图式通过宗教、神话、民俗等渠道延续至今。而之所以是"图式"，正是因为它们是基于幻想的对实

图3-32　泸沽湖摩梭人的拉姆圣山
（资料来源：作者自拍）

图3-33　丹巴藏族民居镇宅白石
（资料来源：作者自拍）

图 3-34　龙凤图腾
（资料来源：作者自拍）

图 3-35　三星堆礼仪青铜器
（资料来源：作者自拍整理）

在的创造而不是仿造，它们各自都有着完整的造像法规，如龙是鹿角、蛇身、鹰爪、鱼鳞等动物形态与云雾、雷电、彩虹等自然天象的模糊集合；麒麟的独角、天禄的双角、辟邪的无角以及它们共同的有翼、身似狮虎特征；宙斯的雷霆万钧，雅典娜的智能端庄，伏羲、女娲的人面蛇身与阴阳交合，以及佛教的《佛说造像量度经》等。李泽厚先生在《美的历程》中曾经针对中国远古图腾"龙飞凤舞"指出："之所以说'龙飞凤舞'，正因为它们作为图腾所标记、所代表的，是一种狂热的巫术礼仪活动。虽然它们只是观念意识物态化活动的符号和标记，但那些凝冻在、聚集在这种图像符号形式里的社会意识、原始人们那如醉如狂的情感、观念和心理，恰恰使这种图像形式获得了超模拟的内涵和意义，使原始人们对它的感受取得了超感觉的性能和价值，也就是自然形式里积淀了社会的价值和内容，感性自然中积淀了人的理性，并且在客观形象和主观感受两个方面都如此。这不是别的，又正是审美意识和艺术创作的萌芽"[22]。

作为巫术礼仪的道具，原始艺术似乎并不需要具体的"像"，而更在意抽象的"象"及其超自然的象征性意涵。如四川广汉三星堆出土的青铜人像及其面具（图3-35）。《左传》中关于夏代铸鼎象物，"使民知神奸"的说法，表明青铜雕塑的社会教化作用。总之，这是一个充满想象力的时代，许多作品不乏奇诡、怪诞，显示出人类童年时期的天真和可爱、质朴与率真。

欧洲中世纪对上帝的敬畏、对基督的信仰、对圣母的热爱和对天国的向往显然是远古神话的宗教延伸。古希腊自然科学的局限性和神秘性使崇高遂从对自然和人的礼赞再次转化为对神的皈依和颂扬。这一时期的视觉艺术只有一个目的：昭示神意，把人心引向天国。讲述《圣经》故事、宣扬基督事迹的各类雕塑——教徒能读懂的"石头的圣经"——出现在城乡众多的修道院和教堂，出现在柱子、门楣、过梁、檐壁等凡能安置的地方，使整个教堂成为令人眼花缭乱的雕塑博物馆，成为影响民众、引导教徒的强大力量。中世纪雕塑家脱离了古典写实，不再刻画物质世界的生动外观，而是选择了一种非写实的艺术语言，用象征的、符号的、抽象的、夸张变形的手法来昭示上帝的神奇世界，从而踏上了一条用公式化和类型化的方法"表意传情"的艺术道路，胸部缩进、手臂紧贴身上、狭窄和有些扭曲、比例有些失调、充满浮世忧郁、结合教堂支柱的形式是中世纪雕塑的典型特征（图3-36）。粗糙的雕像直到12世纪哥特式的建筑和雕刻风格的出现开始发生变化。哥特式的雕刻从严格遵守教义和程序化的表现中逐步摆脱出来，更趋向于写实和自然，雕刻及其题材开始接近生活，而且从墙面上走了下来，变成独立的雕像。巴黎圣母院可称之为哥特式雕刻的古典时期，从中可以看出丰富的人情味和崇高感（图3-37）。如果说希腊罗马雕塑是人间的、现世的，那么中世纪雕塑就是天国的、彼岸的。

象征性认知所导致的图腾禁忌、巫术礼仪符号成为宗教生活中各种相关思想、记忆和情感的关注核心。通过这种方式，意义就能够与经验相联系，并能够在情感上引起共鸣，而万古不语的第一自然加孤独高大的第二自然石柱、石像所形成的相统一的场更具哲学的力度和深度，其境界就是荒原的悲壮、冷峻和高古（图3-38，图3-39）。"在许多文化的早期阶段，

图3-36 中世纪教堂雕塑
（资料来源：作者自拍）

图3-37 巴黎圣母院局部
（资料来源：自拍）

图3-38 津巴布韦石柱
（资料来源：赵鑫珊，人—物—世界：建筑哲学和建筑美学，天津：百花文艺出版社，2004，7月.）

图3-39 智利复活节岛的巨石头像
（资料来源：http://image.baidu.com）

视觉艺术作品都倾向于作为'纪念物'起作用，它是一些对自己所处环境提供存在意义的纪念物。雕像是一个很明显的例子。"[30]即使到了今天，仍然有许多带有宗教情怀和神秘色彩的纪念性、象征性雕塑，借助大地、大海的托举，标志性地宣示着一个国家或一个城市的精神追求和价值取向，令人高山仰止，肃然起敬。

　　东、西方上万年的雕塑与洞穴壁画足以说明：艺术形式超越模仿，带有强烈的主观意识，它要表达的是某种精神意向和生活方式。人类对主宰生命的神和意的重视、表现不是偶然的，万物有灵和生命一体化意识不仅是人类源自动物阶段的最早的切身体验，它还孕育出"疏离"的状态和人类的自我觉悟，这些也同样都在后来的传承、发展过程中深深地"镶嵌"在空间艺术的形式中。

3.2　自觉的人居环境空间艺术

　　人类总是要挣脱自然的束缚，踏上争取自由的征程。在自觉的状态下，外部自然的束缚力量与人自身内部的抗拒力量于此消彼长中达到了某种动态平衡。理性的崛起标志着人的觉醒，人类的关注点从头上的"天"转到脚下的"地"，自然哲学取代神学成为人之为人的新的哲学，对神的敬畏渐渐转化为对英雄的崇拜，天地人合一、内外协调成为主流思想和行为准则（图3-40）。"Hero"在古代是神与人的结合——半神半人，而更为深层的意味应该是理性与感性的合一，表现在人居环境空间艺术上就是和谐与秩序——理想的美。

3.2.1　空间艺术的英雄情结

　　人地关系直接决定着人类的命运，文明的诞生意味着人类的自觉。文明产生的物质标准是定居的农耕生活方式以及在此基础上所出现的城市中心。城市作为人类必然的聚居形态，"最初是神灵的家园，而后变成了改造人类的主要场所"。[17]如果说文化（Culture）源于农耕生活（Agriculture），那么文明（Civilization）则主要指聚居形态的城市文化。

3.2.1.1　巫术——由神祇向英雄的过渡

　　占卜问事几乎是一切古人类群落共同的文化心态。巫术，虽然就其手段而言是想象的和幻想的，然而就共同的目的而言，也是科学的。正是对巫术的信仰最早最鲜明地表现出了人的觉醒和自我信赖：在这里他不必只是服从于自然，而是能够凭借精神的能力去调节和控制自然力。巫术教会了人相信自己的力量——意志与活力，正如马克思所说，"从这时候起，意识才能真实地这样想象：它是某种和现存实践意识不同的东西，它不用想象某种真实的东西而能够真实地想象某种东西"。[31]可以说，巫师就是最早的思想家，是原始社会的精神领袖。

　　建立在客观性之上的新体系萌生在西方的古希腊和中国的春秋战国。通过理性思维提出疑问，人类开始了将巫术与科学分开这一艰难过程，并由此导致物我、主客的长期对峙的二元的思维模式。以西方的苏格拉底、东方的孔子为标志，人类文化的重心从"自然"转向"自觉"，从天穹、星系转向大地、眼前，至此，人类开始了由神祇到英雄、由外部世界向内心世界

图3-40　《纳拉姆辛的胜利石碑》
（资料来源：休·昂纳着，毛君炎等译，
《世界美术史》，国际文化出版公司，
1989年1月，P34）

的哲学观照，并逐渐树立起了"内圣外王"的道德理想和政治理想。在英雄的特征方面，西方往往强调英雄的独立人格与个性特征，而东方则更强调英雄所代表的氏族血缘与共性特征。文明成就于群体，是一个群体现象，但始作俑者却是个体或少数人。"那种朝一个预定的目标必然前进的观念并不适用于人类世界……一个文明的未来命运操在具有创造力的少数个人手中。"[32]无论是在战争年代还是和平年代，英雄始终意味着一种值得大众尊崇、效仿的表率和范式，从柏拉图的哲学王到尼采的超人，从孔子的君子到毛泽东的风流人物，到今天不同制度下的不同国家，千百年来，思想者、统治者都在为人们树立英雄的形象，描绘理想的愿景。

3.2.1.2 空间艺术的"英雄"情结

人类自觉的最为明显的空间现象就是空间关系的和谐，而和谐的空间关系取决于均衡与秩序。"人是万物的尺度"，在"英雄"时代，人们参照理想的人体及其模数、比例、体量关系等，创造出一种与天地自然相互匹配、相互映照的城市空间艺术。

"英雄"情结往往具有坚韧、阳刚、高大的艺术形象，但又不限于此。远古的巫师、中国的女娲、西方的贞德、由男变女的观音，还有那滋养人类的大地母亲……所有这些，都以空间艺术的直观形式表达着人们的依附和感恩之情。女性是爱的象征，好比大地江山，"引无数英雄竞折腰"。人们把女性的温柔、慈祥和大爱通过宽阔的胸怀、圆润的臂膀、柔和的曲线、极富生殖特征的乳房和壮硕的臀部寓意在城市雕塑中（图3-41）。英雄在艺术形象上往往是浪漫、生动的，但骨子里却渗透着人类理性。何为理性？简而言之就是建立在逻辑思维基础上的语言能力和推理能力。"理"有两方面的含义，一指"伦理"、"义理"，涉及的是人际关系、社会秩序，侧重于对社会规律的认识；二指"物理"、"事理"，涉及的是事物关系、自然法则，侧重于对自然规律的认识。"爱智"的哲学是理性的标志，它成为诠释人与自然、人与人关系的工具。语言和神话是人类赋予其自身及对周围环境的直觉形式的最早企图。其中，想象的功能通过神话得以发展，而后衍生出科学、宗教和艺术。科学在思想中建立秩序，道德在行动中建立秩序，艺术在外观把握中建立秩序。

在西方美学中，希腊精神和希伯来精神犹如巨大的钟摆，从理性、完善的人到信仰、超越的人，塑造了美和崇高的基本特性。英国经验主义哲学家伯克，他在《关于崇高与美的观念的根源的哲学探讨》一书中认为，美的对象是引起爱或类似情感的对象，它对人具有显而易见的吸引力，所产生的是一种愉悦的体验。相反，崇高的对象则是引起恐惧，它带有痛感性质，常常是面临危险却又不紧迫。到了康德，美与崇高的命题被进一步深化，在他看来，美的对象就是引起人们不凭利害单凭快感与否来判断的对象；而崇高则表现出另一种形态，如果说美涉及对象的形式的话，那么，崇高则涉及对象的无形式，它体现为数量的崇高（如尺度、体积的巨大）和力量的崇高（如疾风暴雨、山崩地裂）两种类型。康德认为，美的对象引起的是快感，而崇高的对象引起的是由痛感转化而来的快感。中国艺术在主张"天行健"的阳刚之美的同时，也弘扬"地势坤"的阴柔之美，而且特别强调阴中有阳、阳中有阴、阴阳互动、阴阳和谐、不可偏废的文化特

图3-41 《黄河母亲》——作者何鄂
（资料来源：作者自拍）

点。可见，中国的阳刚、阴柔之美既相似又有别于西方美学的崇高和优美。

尽管不同地区的不同民族在审美情趣上各有不同，但总的说来却有着共同的文化基因，这就是直觉与理性。直觉告诉人们，宇宙中存在着和谐与秩序；理性告诉人们，通过审美，我们可以认识和把握这种秩序。空间的形式法则——整体与局部之间的和谐、尺度比例上的对称与体量上的均衡、近乎音乐般的节奏与韵律等这些在无序中迸发出的有序被具有同样秩序体征的生命意识所捕捉、放大。只要有生命的存在，就有秩序的存在，就有和谐的可能。人类的英雄情结不仅标志着人类的理性与自觉，同时也宣示了人类的自由意志和善良愿望。两者通过城市空间的有序编排、城市建筑的象征形式以及城市雕塑的理想追求等"凝固"在绚烂的城市空间艺术形态中。

3.2.2　设路径、重体验的山地城市

E·H·冈布里奇在《秩序感》一书中认为，为了在一个危险的环境中幸存下来，每一种有机体都具有一种内在的"对规律的渴望"。人类存在有规则而富于条理的表层心理和充满官能与无条理的深层心理，因此，表现人类意识的空间也可分为抽象的、充满智慧的理性空间和浪漫的、充满人情味的感性空间。在"自觉"状态下，城市建造要么直接显示规矩，要么融规矩于自然。前者往往代表统治者意志，追求宏伟、强调礼制等；后者往往代表对自然的顺应或精英的隐逸取向。但不管怎样，规划与"有机"这两类空间都反映了生命的秩序，其布局常常相互依存。绝大多数城市都是由人为设计的部分和有机发展的部分相互拼接、重叠而成。

3.2.2.1　几何轴线的山地城市

欧几里得坚信物质、宇宙、空间与人的精神之间存在着一种超然的形式美感，他设定"点、线、面、角"为一切存在的始基。苏格拉底第一个提出了美的合目的性，并通过效用概念把美和善连接起来。凯文·林奇认为城市的形式，它们的实际功能以及人赋予城市的思想和价值共同造就出一种奇迹。

一个有序的城市空间总是存在某种程度上的内部结构关系，按照社会审美的伦理要求，城市空间具有节奏的街道布局和具有鲜明特点的城市中心、公共开放空间的分布以及主要街道与次要街道的交织所形成的韵律、标志物的方位朝向以及前后、高低、偏正等相互关系，包括一定的模数、比例、视距视角等都开始有了严格的规定。所有的城市在不同程度和不同模式上都反映出一种象征秩序的权力架构，其中几何轴线直接以物质形式表现权力，它通过壮丽而令人敬畏的视觉语言、不同的空间层次和刻意的仪式性，建立起空间的等级，形成空间的意义（图3-42）。

几何规范的轴线空间崇尚视觉上的连续。古希腊和古罗马的城市空间都有着明确的轴线关系及其相应的统一性和连续的界面，规划师通过对建筑立面的审慎处理来获得一种统一的秩序。街道常常经过统一的设计，对于非新建区的改造也采取对街道立面上施加统一的元素，例如通过连续的柱

图 3-42　墨西哥月亮金字塔及其空间布局
（资料来源：[美]伊丽莎白·巴洛·罗杰斯.世界景观设计.韩炳越等译.北京：中国林业出版社，2005，1.）

廊、拱形门窗、人行街道等造型要素将新建的和以往散乱的建筑群统一在一起（图3-43）。

中国是最早有序、有规范进行城市规划的国家，宏大写意（体现相应的权利、伦理和秩序层次）是中国城市空间的本质。从五千年前的黄帝陵建设思想到三千年前的《周礼·考工记》，从宋代的《营造法式》到清代的《营造则例》以及历代专司建设的"工部"衙门的规约及各地的《县志》，都存在一种共同的秩序理念。坛庙、陵墓和宗教建筑是中国古代重要的纪念性建筑，它们以群体布局的空间处理见长，深刻地反映出古代的宇宙观和生死观。这些建筑在基址选择、因地制宜地塑造环境、路径设计以及在空间、尺度、色彩处理等方面都富有特色和创造性。中国古代帝王的陵寝，先是"筑陵以象山"，后来又"因山为陵"，并以长长的神道作为前导空间，突出组群的纵深轴线。如唐乾陵所在的梁山原分三座山峰，北峰最高，南侧为左右对峙的东、西峰。乾陵以北峰为上宫，峰下辟建地宫，围绕北峰和地宫筑有方形的陵墙，四角建角楼，陵墙各边正中开有青龙、朱雀、白虎、玄武四门，门外均有一对石狮，东西两峰正对朱雀门，成为神道左右的天然双阙，使陵园的气势得以强化。除了天然和人工的两道雄伟的门阙，位列神道两旁成对且厚重大气的石像生、列队敬立的众多侍臣、番酋以及寓意深刻的无字碑这些外，便是平、坡交替的3公里长的神道。随着朝圣的人们在平路段前行，由于前面坡道相对于视线的"升高"，转化为墓地圣山的逐渐"变小"和"后退"；而当人们行进在坡道上时，圣山随着朝圣者身位的上升而"上升"和"变大"（实际上是看到的远处山体更多），如此反复的平、坡交替所引起的是墓地圣山的不断升高和退远，这一视觉心理极大地强化了"天子"的神秘莫测和神圣不可及，从而诱发出仰观敬畏的宗教情怀（图3-44）。

图3-43 威尼斯水城和古罗马用以规范空间的连续柱廊和拱形门窗

（资料来源：作者自拍）

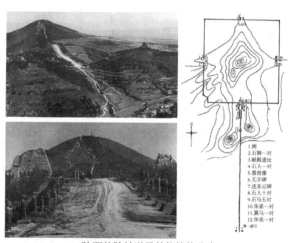

陕西乾陵神道及其构筑物分布

1. 阙
2. 石狮一对
3. 献殿遗址
4. 石人一对
5. 番酋像
6. 无字碑
7. 述圣记碑
8. 石人十对
9. 石马五对
10. 朱雀一对
11. 翼马一对
12. 华表一对

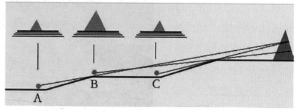

视线分析

图3-44 西安唐乾陵及其视线分析

[资料来源：程征、李惠.唐十八陵石刻.西安：陕西人民美术出版社，1988，4.（左上1、2图）；作者自绘（右上图、下图）]

　　城市空间轴线是宇宙观的物质和文化表征，它起着空间坐标轴的作用，是空间均衡与秩序的重要依据。轴线的始终常常隐喻着乾坤、尊卑、高低等等主从关系和权力关系，在轴线的统领下，城市空间按照对称、均衡的原则向四周有方向、有秩序地延伸和展开。东、西方仪轨城市的特点往往是强调南北或东西轴线，西方城市轴线多以纪念物（建筑、雕塑）、广场和街道为主，轴线两边通常设有柱廊，柱廊贯穿并统一整个城市；东方传统的城市轴线多以宫殿、院落为主，层层递进，纵横连绵。而对于山地城市来说，它意味着一系列踏步、平台和建筑、雕塑的线性几何编排，比起平原城市有着更为开阔的视距视角、更为丰富的落差对比以及相应的环境体验和生命体验，人们的心理空间和意境想象随视线的俯仰开闭变幻无穷。

3.2.2.2　自然有机的山地城市

　　人类的"自觉"并不排斥自然。无论哪个国家、哪个时代，山峰都是人们信仰的对象，具有超越一切的力量。中国历史上很早就形成对山水自然美的喜好。"知者乐水，仁者乐山；知者动，仁者静；知者乐，仁者寿。"[33]在孔子看来，人们可以从自然山水中获得对自身道德意志和人格力量的审美经验。"朴素而天下莫能与之争美"。[34]庄子把自然朴素看成是一种不可比拟的理想之美，强调自然高于人际，大巧高于工巧。

　　不规则的城市不仅取决于特异的地形，而且也是人类理性选择的结果。希腊空间艺术的"理性"来自两个部分：一为"数字"，二为"视觉指引系统"。传统神殿群规划系统中常出现许多以特定视觉系统作为方向性的引导工具。除了以自然景观作为轴线的基础外，某些特殊而又具有规律性的规划原则和方式，似乎暗示希腊建筑（群）中所具有的视觉秩序感。这些建筑群的美学特殊性是借助建筑块体和表面的安排，以及它们和其他建筑或空间产生的关系所构成。

　　雅典卫城的规划设计实际上就是一个动态即四度空间的视觉引导系统，充分考虑了人在移动时眼睛的视角与空间（或建筑）的全体或部分所产生的对位关系（图3-45）。雅典卫城地处高约70~80米的一个孤立的山冈上，东西长约280米，南北最宽处为130米，卫城各建筑均沿周边布置，无论是身处其间或是从城下仰望，都可看到较为完整、丰富的建筑艺术形象，同时，建筑之间的关系是互为补充、相得益彰。卫城发展了自由活泼的布局方式，并按祭祀城邦守护神雅典娜的仪典过程进行设计。每逢祭祀盛典，游行的队伍从西北方的广场出发，经卫城北侧，绕过东南角，开始登山，途经南坡的露天剧场和敞廊，最后来到卫城入口。入口台阶右边矗立着一堵8.6米高的石灰石基墙，墙的北面挂满了希波战争中的战利品，墙头上屹立着胜利女神的庙宇；沿基墙转弯，迎头便是雄踞于陡坡之上的山门。进入山门向左边转，伊瑞克神殿秀丽的爱奥尼柱廊和女像柱在明亮的白墙衬托下接引着队伍，最后，队伍经过帕特农神庙的北面，来到它东端的正门前，举行盛大的典礼。整个行进过程步移景迁，既有丰富的仰视景观，又有广阔的鸟瞰场面。[35]卫城的建筑与地形结合紧密，极具匠心。如果把卫城看作一个整体，那山冈本身就是它的天然基座，而建筑群的结构以至多个局部的安排都与这基座自然的高低起伏相协调，构成完整的统一体，它被誉为建筑群体组合艺术中巧妙地利用地形的一个杰出实例，是希腊民族精神和审美理想的完美体现。

　　中世纪的欧洲城市多由纪念性建筑和一系列有着明确限定的公共空间将城市统领起来，有着稠密而交错的居住结构。街道的视觉焦点是闭合的，而且对景的形式丰富多样。在城镇的中心部位，广场与主要街道旁边的用地分割密集而狭长，到了城市边缘结构开始放松，直至化解在乡村之中。锡耶纳的城市形式就是经过预先思考和设计的，并且为此还制订了控制要求（1346年的城市议会特别强调：为了锡耶纳的市容和几乎全体城市民众的利益，任何沿公共街道建造的新建筑物……都必须与已有建筑取得一致，不得前后错落，它们必须整齐地布置，以实现城市之美）。[36]资料显示锡耶纳曾下决心完善和发扬城市早期形成的不规则布局特色，珍视并沿袭着它的哥特式曲线美学：3条脊状的主要道路将

图 3-45 雅典卫城流动视线分析

（资料来源：http://image.baidu.com，以及罗晓航供稿，四川美术学院油画系教授）

城市的3个部分与坎波广场绑结在一起，索普拉街（Via dei Banchi di Sopra）和索托街（Via dei Banchi di Sotto）的交汇口在13世纪上半叶被重新改造，改造之后的城市街道所呈现出的那种流动曲线，极富装饰性和空间变化。经过幽暗而狭窄的街道，突然出现一个明亮而宽广的场所，那印象一定是美好、深刻的。锡耶纳的城镇，顺着东北方狭窄的道路走向坎波广场，在逆光的建筑物之间，光亮的缝隙间透出高耸的曼吉亚塔，接下去宽广的广场爆发性地在明亮的光照中展现在眼前，这是随时间流动的感动性空间，是意识到四次元空间的构成作品。[36]

　　展现给步行者的城镇风景，并不是持续展开的运动画面，更像是行进路线上一系列值得记忆事件的剪辑或者快照。西特曾经指出，在一些令人愉快的中世纪城镇当中，狭窄的小巷在广场处展开，并且一个空间连向另一个空间："……应该谨记这种于如此精明的组群系列中，从一个广场走到另外一个广场的特殊效果，我们的视觉参照结构连续变化，创造出从未有过的新印象。"[36]这里西特用了"创造"这个词，它意味着艺术空间是主客、形意合一的结果，不仅对设计者，对观赏者也同样如此。有许多方法可以用来构成广场之间的相互交叠或相互渗透：一系列的空间可以通过街巷连接起来；一个或两个主要的公共建筑物也许会被一系列的空间所环绕，这些空间以建筑物的墙面为界面；各个空间也可以被一个外部的参照点、一个支配性要素连接起来……

　　一个城市的空间艺术形态总是与地域文化、社会经济和时代背景密切相关。中国儒家文化的最大特点是重人伦而轻功利，以"仁、义、礼、智、信"五常为美德，提倡社会秩序与人伦的和谐。如果说春秋时期的《周礼·考工记》记录了延续中国几千年，具有浓厚"伦理"理性色彩的"礼制"城市空间几何布局，那么，战国时代《管子》的"凡立国都，非于大山之下，必于广川之上。高勿近阜而水用足，低勿近水而沟防省。因天材，就地利，故城郭不必中规矩，道路不必中准绳"的规划设计思想则是因地制宜的革命性发展，它打破了城市单一的周制布局模式，采用理性思维和与自然环境相和

图 3-46　锡耶纳的街道与广场
（资料来源：自拍）

谐的准则建立起来，其影响极为深远。显然，中国传统的城市规划与设计既有"伦理"理性精神，也有"物理"理性精神。"伦理"理性集中体现在"礼"对规划的一系列制约；"物理"理性则反映在因地制宜、因材致用、因势利导等。老子的"人法地，地法天，天法道，道法自然"说明东方人重觉悟，重知觉感知的思维方式，在空间艺术审美上自觉维护自然的原始面貌，表现出人在自然面前的退让，讲究"外师造化，中得心源"，[37]与自然融为一体，和谐共生。有许多依山傍水的建筑组群空间常常顺应地形、地势而形成轴线的偏移和转折。以四川灌县二王庙为例，这组祠庙坐落在临江陡急的山坡上，建筑组群依山顺势布置，在组群的入口部位，因势利导地设置了东山门、花鼓楼、观澜亭、灵官楼等几座建筑，轴线从东山门引入后，连续经过三次90度的大转折才进入主轴线。随着地势的高下和轴线的折转，入口部位建筑形成了曲折的转折空间序列，每一转折都有起景、收景，循序渐进，起承转合，构成建筑空间大小、明暗、高低、开合、横竖、平陡等的鲜明对比，创造了极富意趣的空间效果（图3-47）。这种依山布寺的轴线转折和积极因势利导地把握地段特点，造就了独特的审美境界。

图3-47　四川灌县二王庙的转折布局

（资料来源：作者自拍；下图：侯幼彬.中国建筑美学.哈尔滨：黑龙江科学技术出版社，1997，9.）

图 3-48　意大利西班牙大台阶

（资料来源：作者自拍）

东西方山地景观的一大区别是突出自然还是突出人工，是突出风景还是突出建筑。中国崇尚自然山水式景观，"虽由人作，宛自天工"[38]，山水为主，建筑为辅，追求天然之趣，让不规则的自然山水成为景观构图的主体是我国山地景观艺术的基本特征，从而达到自然环境、审美情趣与美的理想水乳交融的境界，既可望可行，又可游可居。西方古典园林以几何形体的美学原则为基础，追求一种纯净的、人工雕琢的装饰美。花园多采取几何布局，有明确的轴线对称关系。水池、广场、树木、雕塑、建筑、道路等在中轴上依次排列，作为对景，在轴线高处的节点（起点）上常布置体量恢宏、左右对称的高大建筑物，通过几何台阶巧妙地把不同标高、不同轴线的部分统一起来（图3-48）。简而言之，建筑控制轴线，轴线控制园林是西方景观艺术的基本特征。

3.2.3　法比例、重节奏的山地建筑

约翰·拉斯金的《建筑七灯》第一章开宗明义："所有建筑都主张对人类心灵的影响，而不仅仅是为人体服务。"建筑一方面满足我们居家、工作、娱乐等实际需要，另一方面还使聚居公共空间展现出独特的景观，为我们的生活增添一种审美的向度。作为美与审美的形式法则所涉及的尺度是事物的大小，往往在心理上涉及物与人的关系；而比例则是事物之间的一种数学关系，往往涉及物与物的关系。对诸多局部共同控制的结果，必然导致整体上呈现某种规律性。

3.2.3.1　建筑单体、局部的比例尺度

在古希腊，生活的统一与和谐是其本质特征，而强调内在秩序与外在几何形体的完美统一是古希腊建筑作为西方古典建筑的源泉所代表的意义。

毕达哥拉斯学派认为"数理"是物质世界的存在状态和基本规律，"黄金分割律"、勾股定理以及关于人体、雕刻、绘画和音乐等比例关系及其解释，都是关于事物"数理形式"的美学规定，他们坚信"和谐"是世界万物之数理关系的最高审美理想。苏格拉底、柏拉图、亚里士多德都提出美的根本是秩序、比例与限度。普罗太戈拉的"人是万物的尺度"不仅使空间造型艺术有了规矩和依据，而且还为超验的无限想象打开了一扇希望之门。维特鲁威认为要使建筑物看上去壮观，就应当取法人体比例，因为人体各部分间的比例是最完美和谐的，算术、几何学、物理学、音乐、天文学等在这里形成

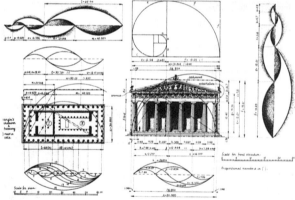

图3-49 帕特农神庙及立面黄金比示意图

（资料来源：上图：蒋声，蒋文蓓，刘浩.数学与建筑.上海：上海教育出版社，2004，11.下图：刘育东.建筑的含义.天津：百花文艺出版社，2006，1.）

了一个连贯的整体。[39]以面部（从下颚到发际）为一个单位或以指宽（1指宽约为19毫米）为一个单位度量人体各部分所形成的比例关系被视为一种"尺寸的秩序"。希腊古典建筑的设计和建造具有数学上的精密性，神殿建筑讲究均衡对称，即或视角改变导致构图改变，平衡的心理力象依然不变，那是由于心理力象作为已经内化的先验结构或者观念，已经具有相对的恒常性。

雅典卫城的帕特农神庙的兴建不仅仅是为了敬拜神，它还特别表达了雅典人对于一个井然有序的数学世界的强烈偏爱：帕特农神庙采用希腊神庙中最典型的长方形平面列柱围廊式，建在一个三级台基上。神殿宽高比约为黄金比1.618。台基、屋身和屋顶保持着约1：8：3的比例。作为第二层次，多立克柱式檐部与柱高之比约为1：3，柱径与柱高之比为1：5.5，檐部中额枋、檐壁和檐冠之比约为2：3：1，山花高为开间总宽的1/6。作为更小层次的三陇板与柱子对位清晰，和檐口线一样也分三段，井然有序。另外，山花及陇间壁的浮雕生动贴切，山花上下部饰座加强了神庙外轮廓线的力度，这就是东西两个立面看上去如此和谐美观的原因。神殿外观整体协调、气势宏伟，给人以稳定坚实、平直丰满、典雅庄重的感觉（图3-49）。

其次，帕特农神庙在建筑美学方面的独到之处还体现在细部的处理上。为了达到臻至完美的地步，古代的建筑大师作了一系列微妙之至的校正：东西两端的基础和檐部呈翘曲线（东西端中部高起60毫米，南北两侧的棱线中线处高起110毫米，檐口、檐壁的水平线也做了类似处理），有效地防止了中部下陷的感觉。柱身有收分（各柱轴线向内部中心倾斜60毫米，按其延长线在台基上空2.4公里处相交的规律排列），避免了外倾感，在视觉上使整个建筑物显得更为规正、严谨与典雅。另外，4根角柱比其他石柱略粗，以避免在光线（两面受光）和天空背景下显得细小的错觉，另外，山花前倾，以利观瞻。可见，帕特农神庙在设计上需要严谨的测量、精准的计算、炉火纯青的砌石技术和视差校正的配合。

希腊建筑是"柱子的艺术"，作为建筑"灵魂"的柱子，也体现出不同风格：爱奥尼柱式（柱高与柱径之比9：1）轻盈活泼，优雅而富于变化（象征女人）；科林斯柱式（柱高与柱径之比10：1）精巧细致，富于豪华性和装饰性（象征少女）；而多立克柱式（柱高与柱径之比8：1）庄重而朴素，富于庄严性和力量（象征男人）（图3-50）。值得注意的是，希腊的三种古典柱式绝不拘泥于烦琐而教条的数字比例。要素的数量，例如柱子、柱上额枋和门的数量保持常数，但其尺寸各不相同，根据具体环境的不同，或作细部的视差调整，或作比例上的修正，使柱式完美地展现出它的气质和力度。"一切都不过度"是古希腊建筑的性格之一。

希腊古典庙宇不仅在整体上以及整体与局部、局部与局部之间不仅具有黄金比例和人体比例，而且从未失却与人类尺度的匹配，模数和普通的人类尺度相关，细部和人的身体部分直接相关。更为重要的是，庙宇的高度一般不超过20米（约65英尺），可以从正常的视距看到整体。模数和总体建筑尺度都是由21~24米的视距（这也是能够分辨人脸的庙前广场的尺度）来决定，这就使得神庙高度与庙前公共空间观看视距几乎都统一在45度"崇高"心理仰角上。按照芦原义信的"十分之一"理论，这个尺度还是能够媲美室内友好尺度的室外"城市客厅"的一般尺度。总之，人性化的尺度是希腊城市空间的特质（图3-51）。

中国传统建筑文化以宣扬皇权至尊、明伦示礼为中心，贯穿到建筑的内容、型制以及工程标准等，处处可以见到宣扬儒家礼制文化的象征性表达。这些不仅反映在建筑的直观外形上，而且还隐晦地体现在建筑空间的尺度、比例上。

北京太和殿广场呈正方形，四面廊庑围合，是整个宫殿区乃至整个北京城的核心。太和殿及广场的风格内涵非常深沉丰富，大殿的巨大体量和三层台基形成的金字塔式立体构图以及金黄色琉璃瓦和红墙，使它显得异常庄重和稳定，既显现了天子的尊严，又体现了天子的"宽仁厚泽"，还通过壮阔和隆重来张扬了被皇帝统治的这个伟大帝国的气概。太和、中和、保和三殿共同坐落在工字形白石台座上，工字前沿突出大月台，使得台形呈"土"字，按金、木、水、火、土的五行观念，土居中央，最为尊贵。

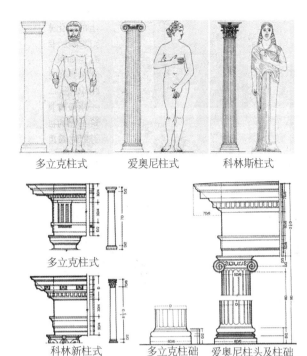

多立克柱式　爱奥尼柱式　科林斯柱式

多立克柱式

科林新柱式　多立克柱础　爱奥尼柱头及柱础

图3-50 希腊三柱式及其尺度、比例
（资料来源：罗文媛，赵明耀. 建筑形式语言. 北京：中国建筑工业出版社，2001，12：214.）

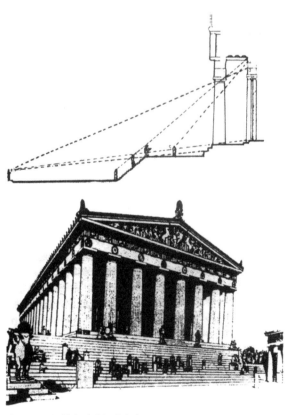

图3-51 帕特农神庙视线分析
（资料来源：作者自绘）

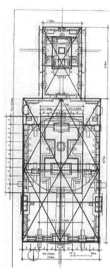

图3-52 前三殿、后两宫尺度分析
（资料来源：左上、下图：http://image.baidu.com；右图：侯幼彬.中国建筑美学.哈尔滨：黑龙江科学技术出版社，1997，9.）

前三殿、后两宫的工字形大台基长宽比和宫院总宽与台基宽的比都是9:5，隐寓王者之居的意思（图3-52）。[40]传统建筑立面主要由基座（台明）、墙身（门窗、梁柱结构体系）、屋顶三部分组成，分别对应卦象中的地才、人才和天才三个爻象和爻位。大凡垂直方向的建筑数理都为奇数（如塔的层数，台阶的级数），而对地接触的面皆为偶数（如房屋、基座等皆为四边形、六边形、八边形等）。

此外，中国传统民居营造还广泛用到具有模数性质的营造尺，某些少数民族民居其平面及梁柱的度量方法尚停留在人体尺度上，利用手指、手掌、肘臂等伸张长度为计算长度。风水术中对门窗的高宽尺寸亦有吉凶之说，一般用"门光尺"来校核（图3-53）。

作为对比，"自然生长"并具有壮丽风格的山地建筑更能体现和满足人们的敬畏心理和浪漫情怀。山地建筑既有融入自然的山水和谐美，也有人与自然的对抗美；既有贴近山地的组群式布局，也有挺拔向上、交错互依的体量构成，具有显著的人工天际线和节点标识作用。

位于法国北部海岸的小岛上的圣米歇尔山城堡，是历经几个世纪相互叠加在一起的伟大建筑（图3-54），是耸立在大海中的岩石山体原本所具有的形态，在它的下面还隐藏着更古老的建于8世纪的建筑物，而构成顶部修道院大教堂的主体建筑是12世纪开始流行的罗马式建筑形式，附加在主体建筑上的祭祀室的建筑形式是后期哥特式（从15世纪后半开始到16世纪），而作为城堡要塞的防御工事的修建与维护也一直没有间断过。可以说我们今天所看到的圣米歇尔山，是自然和人类共同携手，再加上人类历经数百年对于建筑的构筑和消减所形成的空间艺术结晶。

图3-53 传统的"门光尺"
（资料来源：孙大章.中国民居研究.北京：中国建筑工业出版社，2004，8.）

西藏拉萨的布达拉宫被誉为"世界十大土木石杰出建筑",总高200余米,依山而建,按照红山的自然地形由南麓梯次修到山顶,是最大的藏式喇嘛寺院建筑群(图3-55)。其中红宫是整个建筑群的主体,外显十三层,宫内实际九层。红宫以东的白宫,位置稍底,但装饰十分华丽。由于布达拉宫起建于山腰,大面积的石壁又屹立如陡壁,使建筑仿佛与山冈合为一体,气势十分雄伟。建筑的整个格局主次分明,各类建筑犹如众星捧月,簇拥四周。在总平面上,布达拉宫没有使用中轴线和对称布局,但却采用了在体量和位置上强调红宫和色彩强烈对比等手法,因此仍然达到了重点突出、主次分明的效果。

图3-54 法国圣米歇尔山
(资料来源:薄奎.世界国家人文地理.长春:吉林美术出版社,2007,8.)

极具浪漫色彩的哥特式建筑以其感性、神秘、迷狂、冲突、宏大风格等特征,呈现出明显的精神崇拜和礼赞性质,具有一种与美感不同的崇高、超越之感。哥特教堂最大的亮点就在于高耸的体型和内部的"上帝之光"。在森林一般的教堂内部,光引领人们向上仰望天堂的圣父,在细长的树丛中,人们会自然而然地抬头凝视树叶之间洒下来的阳光。由于上帝的形象是虚无缥缈的,所以哥特教堂由外向内都弥漫着一种神秘、欢快的气氛,仿佛是上帝之家和天堂之门。黑格尔在其《美学》中认为教堂内部狭长、窄高的空间,高耸、瘦长的长排柱子,箭矢形的尖圆券,形成了一种腾空向上的动势,引发人们向天国接近的幻觉。而巨大的圆窗、凌空的飞券、玲珑的尖塔、层叠的门洞、精

图3-55 西藏布达拉宫
(资料来源:作者自拍)

致的石雕……无不给人以庄重神秘的感觉。雨果在小说《巴黎圣母院》中将其誉为"石头的史书"(图3-56)。

3.2.3.2 建筑群体的节奏韵律

城市设计还必须关注城市的空间——广场和街道。在城市空间中,一个强烈的垂直音符——一座纪念碑、一个喷泉、一座雕塑能够对周围形成张力并将空间聚合在一起,唤起一个广场的印象。从这个角度看,被设计用作向心要素的积极因素似乎应该是雕塑、柱子或建筑物而不是空间。但是,反过

来，整体而言，这些向心要素以及围合街道、广场的建筑物所要拱卫、烘托和表现的又恰恰正是"无之以为用"的空间体。

西特发现古代城市广场的平均尺寸是57米×143米，并满足视知觉的感知要求（识别身体姿势的最大距离是135米）。很多令人愉快亲密的广场，可以小到15~21米（这也是古希腊神庙的高度），这类广场在给人亲切、安全的同时，又充分显示出神庙的高大和威严（45度仰角）。可以看清楚一座建筑物的最大角度是27度，或者是在一个两倍其高度的距离上。如果广场的宽高比是4：1，一个处于中心的观察者就能够转动并欣赏空间的所有面。但是，如果目标是欣赏广场墙面的全面构图或者是几栋建筑物，观赏的距离就应该是建筑物高度的三倍。阿尔伯蒂认为广场的高宽比应该介于1/6~1/3之间。

实际上，最具吸引人的山地城市往往有着非常不规则的建筑立面，但这种不规则性的变化又经常被控制在一定的高度范围内，因此既有统一感又避免了单调乏味；同样地，重复尺寸相近的建筑组群或由建材、色彩等决定的块面，能够建立起某种节奏和韵律，同时建立一种肌理，并形成一个能包容和规范变化的有序的框架（图3-57）。

克利夫·芒福汀认为，公共广场是"最重要的城市及宗教建筑物的自然环境，一个为良好雕塑、喷泉及照明准备的场所，而最重要的，还是一个人们相会及社交的场所。当这样的公共场所在设计的时候，依据一些公正的原则及浸透一个场所的感觉，它们承担着一种附加的象征意义。"[36]罗马圣彼得广

图3-56　巴黎圣母院
（资料来源：作者自拍）

图3-57　不规则立面的限定和材质、色块的重复——中山、福宝阆中、李耶古镇
（资料来源：作者自拍）

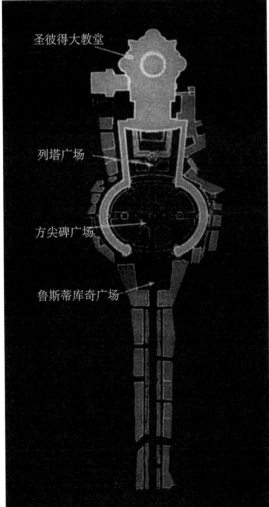

图 3-58 梵蒂冈圣彼得大教堂

（资料来源：作者自拍整理）

场是"公正原则"与"场所感觉"、审美与实用相协调的范例（图3-58）。现存的建筑开始于1506年，历时120年，于1626年完成，凝聚了包括伯拉孟特、米开朗琪罗、拉斐尔、贝尔尼尼等在内的一大批伟大的建筑、雕塑、绘画艺术家的心血。其中贝尔尼尼设计的入口广场由梯形的列塔广场与两个半圆及一个矩形组成的椭圆形博利卡广场复合而成。—杰作为从正面展望大教堂的主穹顶开阔了视野，从而使大教堂显得更加宏伟多姿。广场空间中的主要特征是围合博利卡广场的两个巨大椭圆形柱廊（由柱高15米的284根古罗马塔司干柱式组成），仿佛两个巨大的保护形臂膀伸展开来，环绕、拥抱并欢迎着基督的朝圣者。地面图案上的八条放射形轮辐在方尖碑上集中，和其他垂直要素紧密关联。从周围的柱廊进入博利卡广场，还可以感觉到一些构图上的戏剧效果：列塔广场抬高朝向圣彼得教堂，抬高的节奏和步调被突出约76米，而列塔广场的两个侧翼分叉通向教堂主立面，不仅淡化了地坪标高的变化（感觉地面是平坦的），还使得接近圣彼得教堂的人，感觉两个侧翼以合适的角度指向建筑，这个结果是虚假透视造成的视觉幻象。[36]

类似的"反透视"也出现在米开朗琪罗设计的卡比多广场上。广场呈梯形，进深79米，两端分别是60米和40米。除了开敞的一面，两个主要的角部也是开敞的，然而，通过侧翼建筑柱廊墙面的有效遮挡，以及"反透视"的视觉矫正，使得人们在从大梯步走近的时候，有良好的围合感（建筑物实际的张开确保了环形建筑布局一个不间断的视觉景观，而且广场给人的感觉是一个矩形而非实际上的梯形，在视觉上有突出中心、把主体建筑物推向前面之感）。而且，铺地图案的娴熟技巧抵消了空间形状的不规则（图案是一个凹陷的椭圆，带有一个从马库斯–奥雷柳斯雕像放射出来的星形）。如果缺少了椭圆的形状以及它的二维性，星形的铺地图案，还有周围精心设计的台阶的三维放射性，就不会有设计的统一和协调。卡比多广场是山地城市空间艺术的一个范例，通过大梯步、雕塑、建筑、地面铺装的有机整合，在基地的诸多限制条件下，因势造型，创造了一件不破坏既有文化遗产的、伟大的山地城市空间艺术作品。在这里，古典秩序得到完美体现（图3-59）。

中国传统建筑注重"采地气"，多是贴近大地的组群式布局。山地民居建筑群因其依山势丰富的形态和朝向变化、相互有机的空间关系以及布局的轻重主次等等同样能够呈现出秩序美、形式美和力量美。山地地形对建筑布局影响极大，为此前人创造了不少顺应地形的设计手法，具体构筑方法如下：

一般在缓坡地带，多用挖、填方法平整出一块建筑用地，大型的多进院落，往往采用院落标高递升的办法组织全宅，保证中轴厅堂坐落在不同标高的平地上，而厢房可以递升，屋顶以"拖厢"的方式进行插接。对于坡度较大急坡，则采用挖、填方法形成平地或平台建造房屋基地，称为"台

图3-59　罗马卡比多广场
（资料来源：航拍资料及作者自拍）

院"。土石方较大时，采用半挖半填方式建造"半边楼"，在屋内形成错层，减少土石方工作量。院落式房屋可以分院筑台，但将踏步嵌入台中，称为"纳陛"，可以适应较陡的地形。在南方某些长进深的房屋可以在室内形成多级错层，或者采用干栏式房屋，架空居住面，柱脚高低随地形而设，可不必改动原生地面坡度。在陡峭的山岩建房多采用吊脚楼，长长的柱脚支撑着楼屋，或者用斜撑建造附崖建筑。某些居住在高山的民族，多建造短进深联排的房屋，以减少挖填，门前信道用栈道形式架设，不用整修地面（图3-60）。

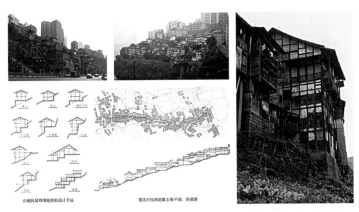

图 3-60　山地民居对地形的顺应

（资料来源：左下图：孙大章.中国民居研究.北京：中国建筑工业出版社，2004，8.其余图片为作者自拍）

如果说西方城市的公众集会、庆祝、祭奠等社会生活主要发生在广场，那么中国城市的社会生活则主要发生在祭坛、宗庙、庭院、街道中。四川犍为县罗城坐落在一个椭圆形山丘上，建筑围合形成一个巨大的象形庭院，加上街巷、宗庙、戏台，成为集集市、聚会、餐饮、休闲娱乐等于一体的、典型的传统公共空间，其造型既像织布的梭子，有"云中一把梭"之称，又像一艘船，有"山顶一只船"之说，隐喻着"风雨同舟"、"同舟共济"之意（图3-61）。

儒家"礼"制文化的内核为宗法和等级，因此，帝王建都，"左祖右社"，而民居则有

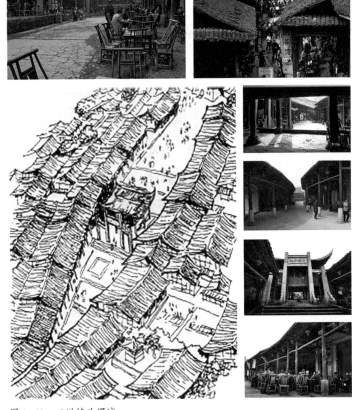

图 3-61　四川犍为罗城

（资料来源：左图：吴庆洲.建筑哲理・意匠与文化.北京：中国建筑工业出版社，2005，6：437.其余图片自拍）

各姓宗祠和社庙，并且各城镇中心皆修建文昌阁，有条件的村落更以"笔架山"之势，形成融周边环境于一体的、宏大的符号象征空间。[41]浙江永嘉县楠溪江的苍坡村（建于公元1055年）据载就是根据风水的阴阳、五行说规划建设的。按五行说，西方庚辛金面向远方的山形似火的笔架山相克不利，而北方壬癸水又无深潭厚泽以制火。东方甲乙木又会助火延，南方又是丙丁火，故四周均受火胁。宜在

东、南建双水池，并围村开渠，引溪水环村。以求风水化煞。随后建了人工东、西池，同时，以池水为"砚"，池边置放长条石以象征"墨"，池边主街笔直对向村外的笔架山，象征"笔"，故名此街为"笔街"。而全村呈正方形的整体以及一片片的宅院，象征"纸"，从而形成"笔、墨、纸、砚"的传统"文房四宝"，化风水学上的凶煞，为吉祥，并赋予文采寓意，增益文化才气，把山势山形充分结合起来，使天地人三才一统，形成千古典型的村镇布局。在这样的环境氛围熏陶下，该村历代文人辈出（图3-62）。诚如温斯顿·丘吉尔所言："我们塑造了我们的建筑，而后又为我们的建筑所塑造。"[42]

图 3-62 浙江永嘉县文房四宝苍坡村
（资料来源：自拍整理）

颐和园总体规划上还通过整治地形来调度全局山水形式，并且依山就势，突出前山主体景象：颐和园前山主轴是大体量、高密度的建筑体量，中轴对称的严谨布局，满铺殿堂台阁的"寺包山"形态，完整而富于变化的空间序列，依山顺势、层叠起伏的殿阁形象，红柱、黄瓦、重彩的浓郁色彩，强调出前山主体建筑的壮观气势和堂皇气派。而主轴东西两侧精心安置了若干组点景建筑，组成配衬主轴的次要轴线。在这四根次轴中，内侧次轴上的建筑，位置完全对称，而建筑形象略有不同；外侧次轴上的建筑，虽等距对称于主轴，却在位置上有意前后相错，虚实反衬，建筑形象也完全不同。这种处理手法应该说是颇具匠心的。从主轴向东西两侧，由近及远逐渐减少建筑的密度和分量，形成从中心的"寺包山"向两端的"山包寺"的"退晕"，把建筑自然地、有机地融化入山体，使建筑与山体相得益彰，取得天籁与人工的和谐统一。值得注意的是，佛香阁阁台在山体剖面上的标高也选择得恰到好处，它没有把台体抬到山顶，没有把巨阁耸立到山顶尖上，而是坐落在主轴中部偏后部位，一则可在阁的后方设立屏卫，二则避免把巨阁形象暴露于后山视野（图3-63）。

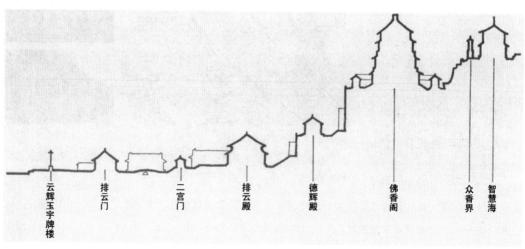

图 3-63 颐和园前山主轴建筑标高处理
（资料来源：侯幼彬. 中国建筑美学. 哈尔滨：黑龙江科学技术出版社，1997，9：236.）

　　总而言之，中国建筑的艺术特征首先是沿地面延伸的有机群体，其广阔纵深的空间，使人游历在一个复杂多样、楼台亭阁的不断进程中，感受到生活的安适和环境的和谐，西方建筑瞬间直观把握的巨大空间感受，在这里化为长久漫游的时间历程。其次，中国严肃、方正、井井有条的理性精神不仅表现在单体建筑严格对称的结构上，更是以整体建筑群气势雄浑的空间布局、制约配合而取胜。简单的基本单位组成复杂的群体结构，在严格对称中仍有变化，在多样变化中又保持统一的风貌。再次，这种本质上是时间进程的流动美，还以建筑结构、轮廓线的形式表现出来。中国造型艺术强调"线形美"，建筑木质的梁、柱恰恰能够满足这种"线"的艺术要求，无论是单体建筑还是群体建筑，均讲究优美的轮廓线和天际线，体现出一种情理协调、舒适实用、节奏明快的效果。

3.2.4　塑形意、求理想的山地雕塑

　　人们在聚居空间中还着重以三维体积的雕塑形式"画龙点睛"，进一步强化场所精神，宣示理想愿望。雕塑与建筑的最大区别在于建筑于虚实相间中更强调虚空间的功能用途和艺术心理效果，而雕塑则直接将实体凸显在人们的眼前，其虚的部分往往需要心灵的感应和想象。"人是万物的尺度"可从两个方面来理解：其一，自然造化下的人体在可视、可感的物理特性方面掺合了理想完美的宇宙法则：有机和谐，均衡对称，且尺度适当，比例符合黄金分割……其二，人能够认识这些法则并融于创造性思维和人工构筑物。我们在人体中看到的不仅是美丽的外形，还有使人体透明发亮的内在光芒。

　　在中西美学思想的比较研究中，一般认为西方雕塑写实为主，兼有写意，于直观现实中追求寓情于形的物理理想；而中国雕塑写意为主，兼有写实，于艺术想象中寻求以形写意的精神理想。尽管前者偏重实证，后者偏重玄思，但总的来说都是通过理想的写实或写意来寻求物质与精神、符号与象征、形象与意象的统一。

3.2.4.1　雕塑形体的理想化

　　按照海德格尔的说法，艺术空间在本质上意味着真理的出场，即存在者之存在的显形。[43]如果说神话——自然时代的雕塑还仅仅是生存意志的写照的话，那么，英雄——自觉时代的雕塑便开始了对空间有意识的空间化。空间化意味着开垦、拓荒和塑造，意味着设置空间。由雕刻所引发的艺术幻象并不占有空间，而是通过物理空间中的尺度、比例以及体量的进退、扭转、张弛等非实体性的量化重新定义，并体现为一种空间的秩序和关系。雕塑的价值也正是在于为我们敞开了一个可供自由联想和想象的艺术空间———一个由心理力象展开的自由之境。

　　古埃及雕塑是人类进入文明社会以后在雕塑创造上取得的第一个重要成就，它对后来欧洲雕塑的发展产生了重要的影响。埃及雕塑的形体块面常用直线，大面轮廓明显几何化，反映出古埃及文化人生观与世界观中特有的精神内涵（图3-64）。如果说古埃及的金字塔是雕塑性的建筑，狮身人面像是建筑性的雕

图 3-64　埃及雕塑的几何化风格
（资料来源：上图：潘绍棠.世界雕塑全集.长沙：湖南美术出版社，1990，9.下图：作者自拍.）

塑，那么，古希腊雕塑则显示出"高贵的单纯和静穆的伟大"。希腊文明则以其鲜明的人文精神和强烈的理性态度，开拓出一条独具特色、富于活力的发展道路，人们研究人自身的问题、人所面对的宇宙的问题成为整个希腊的精神气质。希腊雕塑达成了理式和形象之间自由而完满的协调，对人体自然美的歌颂与塑造技巧的提高使古希腊的雕刻艺术达到了人类文明的顶峰，创造了一种后人难以企及的美的综合典范。希腊人认为艺术的首要职能是给观者带来美感，而不是侍奉神明，他们视神与人有着同样的属性，赞美神也就是在赞美人类自己。把神人性化，在艺术的具体表现中以典范式的真人为榜样，这种对客观"真"的追求，是西方艺术写实传统的哲学根由。希腊雕塑特别强调人类典型的主要线形，着意于把生命的细节包括、溶化在整体中，用身体的全部而不是某个局部来表达人的精神气质，拒绝刻画心灵的窗户——眼睛便是明证。希腊雕像的一个共同特点就是：前额和鼻子几乎形成一条平直的线型，脸上没有表情，人物显得安静……这种理想的塑形旨在体现出希腊人所认为的理想之美，它超越了一切世俗的美，高贵而完满，神圣而不可企及。

公元前5世纪的古希腊雕刻师波利克列托斯在其《法则》一书中把人体各部分比例加以美的规范，并通过作品《持矛者》具体说明该书中的各条规则（图3-65）。其中"对偶倒列"的人体结构关系（全部重心放在右脚，左脚后移，脚尖着地，放下来的右肩和稍稍提起的右腿互相呼应，举起的左肩与左边大腿互相呼应）赋予雕像以微妙的节奏，人物外在的沉着与内在的紧张相结合，这一切给表面上近似冷静的形象注入强烈的英雄气概，显示出男性人体的理想造型。《法则》对人体的正确思考与推敲，使雕像形成力的平衡。在《持矛者》中不但能看到局部之间的精确比例关系，还可看到均衡差异间的和谐美感。希腊雕像不仅形式完美，而且能充分表达艺术家的思想。帕特农神庙东面三角破风上的雕像极富空间感，动作潇洒自如。其中《命运三女神》那身着薄衣、温柔丰满的躯体，优美典雅，其姿态如此宁静，如此尊严，具有某种肉眼看不见的瑰伟品质（图3-66）。

然而，大的纪念性雕塑，不管其与建筑物的关系如何密切，都不是建筑的一个因素。纪念碑雕刻艺术有着永垂不朽的纪念性和教育意义，处理时要求对人物和事件作集中性和典型性概括，它是表达而不是烦琐的叙述。

与希腊人相比，罗马人更希望用艺术来肯定自身的权力、地位和价值。罗马的雕塑家进一步强化了造型上的写实倾向，并且充分发挥城市雕塑的记事功能，开拓出独立的肖像雕塑和讴歌统治者丰功

图3-65 《持矛者》
（资料来源：潘绍堂.世界雕塑全集.长沙：湖南美术出版社，1990，9.）

图3-66 《命运三女神》
（资料来源：资料来源：欧阳英.西方美术史图像手册·雕塑卷.杭州：中国美术学院出版社，2003，6.）

图 3-67　《胜利女神》
（资料来源：作者自拍）

伟绩的纪念性建筑和雕塑，如骑马像、纪念柱、凯旋门等；如果说希腊雕塑关注的是"集体的理想形象"，那么罗马雕塑关注的就是"个体的真实形象"。罗马雕塑家在处理空间和深度上比希腊艺术家有了进步，特别在奥古斯都修建的著名"和平祭坛"浮雕上，第一次使用了将人物背景平面化柔软化的技术，增加了前后人物的层次（图3-68）。我们将和平祭坛浮雕带与帕特农神庙浮雕带加以比较，可以发现帕特农神庙上的浮雕表现的是一个没有时间性的、理想的神话世界，靠宏大的韵律来加以统一。相反我们在和平祭坛浮雕上所看到的，都是被认为值得纪念和当时发生的具体历史事件，有细节，有情节，有叙事。

正如昼夜的交替和事物的兴衰，中世纪的黑暗可以认为是既是对希腊、罗马古典光芒长期仰望之后的低头沉默，又是对随后将要到来的新纪元的蓄势准备。中世纪在近千年的"寂静"中搭起了一座承前启后的桥梁，中世纪的封建割据和奢侈的贵族生活不仅在无意间推动了极具纪念性雕塑性质的山地城堡建筑艺术的兴盛（图3-69），更为重要的是中世纪通过野蛮对文明的入侵与掠夺反而较好地保留了古希腊、古罗马的科学、艺术等文化精髓，并在十字军东征过程中得以重新发现，在文艺复兴时期得以进一步的发扬光大。

文艺复兴体现了一种人的自我觉醒和再生，是人类智能的昌明和对人类自我的重新再认识，其特点是尊

图 3-68　意大利和平祭坛浮雕
（资料来源：作者自拍）

重科学和崇尚人文主义。文艺复兴时期的雕塑家以理性的态度，借助自然科学的知识和手段，重新走上了研究自然之路，全面恢复和发展了希腊罗马雕塑尊重自然、追求理想的传统。文艺复兴时期的雕塑体现了更多的艺术自足性和独立的三度空间意识，雕刻已然脱离建筑的束缚，重新置于露天广场空间，成为服务于社会的一种独立的艺术形式（图3-70）。装饰喷泉与园林雕塑的形式处理上追求理想化的概括与抽象，风景、雕塑与流水的动态归纳在一起并形成统一的布局（图3-71）。一座圆雕要让人们从不同角度、不同距离、不同光线、不同时间观赏（图3-72），雕塑家塑造形象的过程，也就是克服雕塑局限性，发挥雕塑长处的过程。

　　米开朗琪罗的《大卫》是山地城市空间艺术的一件划时代的杰作（图3-73）。雕像巨人般的体魄，英勇精神和宏伟的力量，既反映了意大利人民统一祖国的愿望，也是理想化市民的象征。在人体的表现上，米开朗琪罗以精湛的技巧和解剖知识及夸张的塑造手法，把关节和腿有意拉长，给人以非凡的印象，增强了雕塑的艺术效果。根据作者意见，佛罗伦萨市政府将其安放在了市政府所在地佛基奥官门前。

　　以上这些充满生命力、具有大无畏英雄气概的山地城市雕塑不再有礼拜上帝的谦卑，张扬的是人类理性的力量、人的尊严和人的价值。这种融理想与现实于一体，洋溢人间色彩的雕塑，实际上再次表明人坚定地站立在其生存的土地上并集中体现了人类对自身的信心和期望。而这种自信和期望一直延续至今，如后面将要提到的美国的《拉什莫尔国家纪念碑》、重庆歌乐山烈士群雕等。

图 3-70　佛罗伦萨市政厅广场上的《柯里奥尼将军骑马像》
（资料来源：作者自拍）

图 3-69　世界遗产辛特拉宫，下图：德国纽什威斯坦城堡
（资料来源：薄奎.世界国家人文地理.长春：吉林美术出版社，2007，8.）

图 3-71　佛罗伦萨市政厅广场的海神喷泉雕塑
（资料来源：作者自拍）

图 3-72　《被劫的塞拜妇女》
（资料来源：作者自拍）

图 3-73　《大卫》
（资料来源：作者自拍）

3.2.4.2　雕塑神态的写意化

如果说希腊人通过神人合一在和谐、完美的人体中创造他们的理想世界，那么中国则更加注重人的社会义务和责任，讲究"立德"、"立功"、"立言"，追求人的精神品格在现实社会中的实现。

雕塑在我国古代是以宗教、陵墓、建筑装饰的附属物而存在，虽说没有过城市雕塑的发展历史，然而，我们从许多佛教的石窟艺术和皇陵墓道两旁的石人石马等与周边环境共同营造的空间艺术范例中，可以清晰地看到中国古代雕塑家对雕塑及其文化生态的深刻理解与独特把握。中国雕塑具有明确的社会功利性，与人们实际生活的需要以及宗教、宗法、伦理、丧葬等社会功利目的紧密联系在一起。中国本土道教原本不主张造像，"道本无形"、"道无形质"是中国历史上人像雕塑相对较少的重要原因。随着西域佛教的传入以及在佛教雕塑的民族化、本土化过程中，才促使了中国人物雕塑的发展。

中国古代雕塑一开始就奠定了"装饰、写意"的风格。装饰离不开中国书法——线的艺术，中国古代雕塑空间意识相对较弱而具有明显的绘画性，表现为不是注意雕塑的体积、空间和块面，而是注意影像、轮廓线与身体衣纹线条的节奏和韵律。因此，中国雕塑表面光滑，浑厚整体，没有西方雕塑那么多明暗起伏的细微变化，这些特点，在青铜器、玉器、画像石（砖）、陶俑、石窟造像，陵墓雕刻等作品上均能体现。无论是"曹衣出

图 3-74　线的艺术
（资料来源：作者自拍）

水"还是"吴带当风"，都是从现实生活中提炼、概括出来的最简洁、最有力的表现方式。前者那种薄衣贴体、衣褶层叠富于装饰风格的造像特点，在后世佛像雕铸中被奉为图本、仪范；后者"吴之笔，其势圆转而衣服飘举"，所表现的正是唐代上流社会男女宽松自然、衣袂飘举、举止从容的风尚与气度。[44]曹仲达、吴道子等画家在绘画上用"线"的成就对佛教造像有着明显的影响。当我们面对魏晋南北朝的飞天或龙门石窟唐代卢舍那大佛时，激动心弦的不仅是飞天的飘逸和佛相的慈悲庄严，那富于韵律感的优美典雅、自然流畅的衣纹更具有一种沁人心脾的艺术感染力量（图3-74）。

如果说西方美学是以"形式"为中心的话，那么，中国美学则是将"形神合一"、"情景交融"所产生的"意境"作为审美活动的核心。中国古代美学讲究"传神"、"以形写神"，其要旨是要挖掘和表现对象内在的美。中国雕塑不管是表现人物还是动物，都不刻意追求表现对象的形似，不刻意追求比例和解剖的精确，而是在总体上突出重点，力求把握对象的内在精神。东晋顾恺之就说过："传神写照尽在阿睹中。"麦积山石窟44号龛正壁的西魏造像，褒衣博带，衣纹如行云流水，飘逸天然，慈眉善目，面含微笑，从"传神写照"（局部眼神）到"气韵生动"（整体神态），充满东方女性的善良与温柔，被誉为"东方的微笑"和"东方的蒙娜丽莎"（图3-75）。

中国理想化的写意雕塑发端于先秦，兴起于秦汉，历经魏晋南北朝的嬗变，集大成于隋唐。"汉代的意象风是中国雕塑最强烈、最鲜明的艺术语言，它是可以与西方写实体系相对立的另一价值体系。"[45]秦汉时代在空间意识上是开放、扩张的，雕塑艺术以力量、气势、体积恰当地表现了这个征服自然、开拓空间、占据空间的时代。秦汉雕塑注重团块感和厚重感，不求细节，突出的是高度夸张的形体姿态和异常单纯简洁、粗线条粗轮廓的整体形象，手法尽管古朴、糙砺，但却浑厚、拙重。另外，在材料的选取和利用上还常常采用"因势象形"、"因材施艺"的表现手法，因此作品保留了许多自然意趣。如霍去病墓前以石雕动物为主体的雕刻群，独特而简练的造型手法，对石块的巧妙利用等令后世惊叹不已（图3-76），其特点可概括为：一是"相原石"，先审视石材形状大体近似何物；二是"合他我"，这是对象与作者的契合；三是"一形神"，在整体把握的大略雕刻中从石材里剥出体、面、线，使材料、物象、作者融三为一。

魏晋南北朝既是一个继往开来的变革时代，又是中国传统雕塑兴旺繁荣的时期。一方面，由于不同民族之间的相互影响以及美学上的"两个转变"（由写实的"形似"转向写意的"神似"，由繁复的"错彩镂金"转向简洁的"芙蓉出水"），"传神"、"写意"观念成为中国艺术安身立命之本，这一时期的雕塑既注重表现"神韵"，又加强了绘画性；另一方面，佛教艺术从内容到形式都对中国艺术注入新的血液，佛教雕塑丰富了中国雕塑的表现技巧和手段。如大型龛窟内的石雕和石胎泥塑的制作技术，大型摩崖像的制作，石窟、石龛门楣上的装饰，以及以浮雕连环画形式表现佛本生故事等，风格

图3-75　麦积山44窟西魏"东方的微笑"

（资料来源：自拍）

图3-76　西汉霍去病墓前动物石雕

（资料来源：孙振华．中国美术史图像手册·雕塑卷．杭州：中国美术学院出版社，2003，1.）

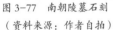

图 3-77　南朝陵墓石刻
（资料来源：作者自拍）

图 3-78　山西大同云冈石窟
（资料来源：作者自拍）

上更是呈现多样化格局。南朝陵墓中的石兽均用整块巨石雕成，体积庞大，气势恢宏，继承了汉代雕塑雄健生动的风格（图3-77）。云冈石窟以浑圆的体积，呈雷霆万钧之势。主佛连着山崖开凿，形体高大（高15米），面相方圆，目深鼻高，服式右袒或通肩，雕刻线条干净、锐利，气度雄健、朴厚（图3-78）。中国雕塑艺术第一次和"巨大"、"崇高"、"不朽"、"权威"等概念结合起来。

　　总之，印度佛教艺术从传入中国起，便不断被本土化、中国化。从云冈早期的威严庄重到龙门、敦煌，特别是麦积山成熟期的秀骨清相、褒衣博带，本土佛像逐渐取代了生硬移植西方像制而造成的古朴僵直。那种神情奕奕、飘逸自得，似乎去尽人间烟火的风度，显现了中国雕塑艺术的理想美的维度，但理想美的完满却是成就于隋唐。隋塑的方面大耳、短颈粗体、朴达拙重是过渡特征，到唐代，便以健康丰满的形态出现了，南方风格与北方风格、阴柔之美与阳刚之美的逐渐统一，使唐代雕塑呈现出新的、统一的时代风貌和格调，这就是中国雕塑的"理想风格"，它意味着圆满、完善和成熟。唐代雕塑刚柔并济，浑厚中有灵巧、粗犷中有妩媚，豪放中有细腻、凝重中有轻盈，将对外物的征服与内心的刻画统在一起。

　　完成于唐代的龙门奉先寺的卢舍那佛以十余米高大的形象，表现如此亲切动人的美丽神情，堪称这时期的佛像典范。不仅如此，包括场所氛围、构图上的考究以及视觉上的远、中、近效果等诸多空间艺术要素都得到进一步的强化（图3-79）。

　　大型陵墓石刻肇始于汉代，南朝和唐代的作品代表了陵墓石刻的最高成就。唐代的陵墓雕刻属纪念碑雕刻性质，作品新颖、生动、宏伟，是汉唐之气的符号化，极具程序化的夸张风，反映出一个强大王国的气概。关中十八陵都有高大的纪念性仪卫装饰石雕并远远超越仪卫装饰意义，成为那个时代充满自信、强健有力的精神面貌的象征（图3-80）。神道两旁的人物、动物立于天地之间，它的体量、神气要镇住广阔空间和悠远的时间，写意、夸张是其必然选择（图3-81），其有限的形体空间所生发出的无限幻觉空间可用"咫尺万里"概括之。

　　纵观历史，中国传统艺术在经历了极富神话色彩的原始"意味"和殷商"狞厉"之后，开始了具

图 3-80　写意夸张、极具张力的顺陵走狮、乾陵蹲狮
（资料来源：作者自拍）

图 3-79　龙门石窟及奉先寺卢舍那佛
（资料来源：作者自拍）

图 3-81　写意、夸张的神道雕刻
（资料来源：作者自拍）

有"英雄"情结的先秦"理性"、楚汉"浪漫"和魏晋"风度"，至隋唐达成理想的"圆满"。中国传统雕塑风格也相应地呈现出原始朴拙意象、商代诡魅抽象、秦俑装饰写实、汉代雄浑写意和唐代理想造型。在时代、风格的嬗变过程中，追求精神理想的写意传神始终是中国雕塑不变的经络。

　　写意介于写实与抽象之间。雕塑的写意主要表现在三个方面：一是寓于表情眼神的神态之意象，二是寓于线条韵律的形态之意象，三是形体凹凸隐显的质感意象。叶毓山先生正是通过《山鬼》鬼魅的眼神、充满韵味的线条、生动优美的形态以及融入山石的人体与老虎、头发的质感、肌理对比为我们呈现出对顽强生命、自然生态的大写意（图3-82）。他还向我们详细介绍了作品《八仙》如何取法自然、因石象形的创作历程，特别是在表现铁拐李的脚时风趣地说道："只有拐子你才有可能看到他的脚板心。于是，我在浑然一体的自然形态中稍加雕琢，其源于生活而又高于生活的艺术趣味盎然出

图 3-82　《山鬼》——叶毓山教授
（资料来源：作者自拍）

图 3-83　《八仙》——叶毓山教授
（资料来源：作者自拍）

现。"（图 3-83）造型艺术之"意"是与"象"并通过"象"与"形"连在一起的。"意"的因素，使雕塑与理想贴近；"象"的成分，使雕塑能被理解和认知，而"形"的因素则直接与现实相联系。理想与现实的契合离不开人的能动想象与创造。在一切美好的雕刻中，人们常常能够体验到一种强烈的内在冲动，就好像艺术家把灵魂灌注到了石头里。当我们今天再次面对历史上的经典作品，我们仍然能够感受到来自古代文明的强烈震撼。

3.3　自主的人居环境空间艺术

由于精神是无限和自由的，而古典艺术的形式是规范的和不自由的，随着精神的继续向前发展，和谐的古典艺术开始解体。以文艺复兴、宗教改革和启蒙运动为契机，西方社会实现了从自觉到自主，从英雄到大众，从理想到现实的转变，个人自由、思想解放、艺术探索孕育了反叛和超越的力量，改变自然的意志占据上风。人类在短短的几百年中以超乎想象的速度向前发展，极大地改善了生存、生活的物质条件，功能优先的技术型城市如雨后春笋，拔地而起，情感与理性逾越古典的和谐，彼此争锋。城市、建筑、雕塑的审美及其观念逐渐由传统美学转向现代美学，关注点逐渐由物理空间转向心理空间。显然，这是一个离心力大于向心力、理性主义占上风、以人为中心的主动生活状态，人居环境空间艺术无论从内容到形式都呈现出多元的发展态势，各种流派和风格此起彼伏，是固守纯粹的形式和艺术的自律还是改变观念，以更加开放的心态拓展艺术的概念和表现方式成为人们争论的焦点。

3.3.1　空间艺术的人文思想

3.3.1.1　人的崛起与自主意识

人文肇始于自然的时代，崛起于自觉的时代，成熟于自主的时代。公元 15~16 世纪构成了人类文明演进过程中的一个重要分水岭，从此，3000 年来推动人类文明发展演变的游牧世界与农耕世界之间的冲突与融合就此结束，代之的是以新兴的西方工业文明与传统的农耕文明之间的对峙和冲突。17 世纪英国的《权利宣言》、18 世纪美国的《独立宣言》和法国的《人权与公民权宣言》其核心思想就是人人平等且拥有生命权、自由权和追求幸福的权利。理性与自由作为人的本质得到空前的弘扬与歌颂。紧接着文化变革而来的是政治上的变革，资产阶级宪政体制和民主政治取代了封建专制制度，而工业革命则促成了西方社会经济体制向自由市场的转型。

思想的启蒙、制度的更新、产业的改变共同助长了人类的自主意识，以人为本成为一切行为的准则。笛卡尔的"我思，故我在"把全部的知识建立在了"我思"之不可怀疑的基础之上，康德的先验直观与综合判断意味着人类"为自然立法"，而尼采一句"上帝死了"更标志着人类独立自主的意志和决心。加上自然科学的突飞猛进和机器的助推极大地提高了人类改变自然的能力，人类的命运第一次真正掌握在了自己的手中。随着意识形态对垒的结束和冷战时代的终结，世界在经济上越来越走向全球一体化，与此同时，许多非西方国家迫切感觉到文化重建的重要性，这样就必然会在弘扬传统文化的呼声下，导致一种多元文化、多元价值和多极世界的格局。

3.3.1.2　价值观念与艺术表达

近、现代的人们更加注重意蕴和生命力的表现，更加强调对传统思维模式和传统形式规律的超越。但总的来说是传承中有发展，解构中有建构，具体体现在工具理性与价值理性、移情与抽象的兼容、平衡上。

1. 工具理性仰或价值理性

近、现代哲学强调人的自我生命意识，关注人如何存在、人的本质的形成过程以及人的精神状态。毫无疑问，工具理性在促进科技发展、改善人类物质生活条件等方面无疑具有举足轻重的作用。但是，其"过犹不及"的负面影响也是十分明显的，那就是资源消耗、环境破坏、生态失衡，人们在依靠工具理性征服自然的同时更加远离自然和物化自己。过度的"以人为本"和物欲泛滥必然引出哲学思辨和艺术表现上与工具理性和物质依赖对立补充的反命题，这就是价值理性和精神超越。今天的人们越来越认识到无形的、非量化的社会价值和精神愉悦的重要性和迫切性，越来越突出生命意识中的价值理性，人的幸福感不再仅仅取决于物质因素而更多地取决于精神文化上的需求。生态革命意味着人类开始节制和约束自己的肆无忌惮和自我膨胀（图3-84）。与大

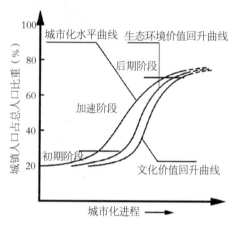

图 3-84　生态、文化价值回升曲线示意图
（资料来源：王纪武博士论文《人居环境地域文化与城市发展关系研究》）

自然的亲和而非对立、人与人之间的和睦而非对抗是大规模工业革命之后痛定思痛的结果，是人心向善的普遍趋势，和平与发展成为全人类的共同愿望。工具对自然的破坏及其反过来对人性的扭曲，单调枯燥的城市空间和匮乏的精神生活促使建筑师、艺术家更进一步重视心理的、人性的空间艺术形式的探索与创造。当代艺术传承并超越传统的美学法则，以更为多样的艺术形式表达人的情感、观念和态度，主题往往聚焦于社会现状以及人的生存、生活状态。

2. 移情抑或抽象

如同哲学上的二元对立，在艺术表现的本质特征上，历来也存在着两个对立的观点：一个是抽象，两千年来它一直是理解人类认识活动的工具；另一个是移情，比较而言，这是一个近来才从浪漫主义哲学中产生出来的概念。

所谓移情，就是要有感情的转移。李普斯将移情归结为"投射"，而"投射"被弗洛伊德定义为"一种将自己的冲动、情感和情绪，归之于别人或外部世界的过程。"简单地说，将生命感受投射到艺术媒介之上就是"移情"。从移情的角度，认知某物就是归属于它，这种态度导致一种"自然主义的"艺术。所谓抽象是从众多的事物中抽取出共同的、本质性的特征，而舍弃其非本质的特征。抽象主义者认为自然是不可捉摸的，科学和艺术是抽象之物，是人为建构的、自然的对立物，因为感觉从未并且不以任何方式促使我们认知事物本身，而只是认知它们的表象。从抽象的角度，认知某物就是制造它。然而，人不可能完全认识自己决定了移情的局限，反过来，对事物的任何抽象都将以损失事物的

特殊性——它同样是此事物不同于它事物的本质特征——为代价。不可否认的是移情和抽象在内容上相互涵括的，移情中包含着人对自然的认识与抽象；而抽象中也涵括了人对自然的移情。每一个移情主义者身上都有一个力图摆脱束缚的抽象主义者，反之亦然。人在能够依照自然法则行动之前，他必须对它们进行阐述，他必须从自然的表面混乱中制订出一个连贯的计划。相反，人类在无限的自然界中构建他自己人为的、确定的世界似乎又是自然进程的必然结局。显然，无论是"移情"还是"抽象"都离不开内外、主客两个方面，在思维层面都涉及感性与理性的交织。前者是"人的自然化"，后者则是"自然的人化"；前者同化可见的物质，后者同化不可见的精神。

无论是工具理性还是价值理性，也无论是移情还是抽象，所反映的都是人与人、人与自然的关系问题，都是在通过（文化）艺术搭建一个人与自然沟通的桥梁。自然中的和谐与秩序既是一种客观存在，反过来又是一种人为的能动意识和建构。无论是统一还是对立，都可归结为老子哲学中"一"和"二"的关系。在柏拉图的"永远变化而不实在之物"与"永远存在而不变化之物"之间、在康德的"星空"与"道德"之间进行沟通是人类恒久的奋斗目标，而美与审美的主客二元又是你中有我，我中有你，并在知觉思维的"象"的层面得以统一（详见第4章4.3和第5章5.2）。

3.3.2 现代山地城市空间艺术

城市空间艺术是真与善的合一，因此，除了超功利的、合规律的一面，它还有功利的、合目的的一面。换言之，它是社会的一面镜子，除了自身的形式美感，它还承载着时代甚至跨时代的人类价值和理想追求。现代空间艺术的特征主要体现在艺术语言的多元化、反叛精神的树立、个性化的语言和视觉方式的革命等方面，现代空间艺术实际上是在一种反叛精神指引下的、艺术家们以个性化的语言所展开的艺术形式领域的一场全面革新，并最终形成了艺术语言的多元化的格局。即或是普适的国际主义风格，也因应不同的山形地貌、气候特征和地域文化而呈现出不同的实体组合与空间样式。

3.3.2.1 曲折蜿蜒的山地城市

近、现代山地城市最大、最明显的变化就是伴随新技术、新材料、新观念以及大规模的高楼、路网、桥梁等出现的空间形态上的巨变。如果说以往的山地城市以石、木等自然材料为依托，犹如苔藓附着于山石，显现的依旧是自然的肌理，那么今天的山地城市其自然形态正在由传统的"图"蜕变为现代的"底"，山头被削平，沟渠被填埋，台地被改造……加上各种交通流线的蜿蜒穿梭和各种桥梁的横空出世，山地城市伴随着流动空间的蜿蜒穿插已然成为一片巨大的钢筋水泥森林（图3-85），而人口增长、经济集约和城市化等必然进程又使得这一发展趋势不可避免。为此，规划、设计行业的无数建筑师、工程师、艺术

图 3-85 朝天门今昔之一

（资料来源：http://image.baidu.com）

家进行了大量卓有成效的工作，以期使山地城市朝着既顺应历史潮流又顺应自然环境且适用美观的方向发展。

1. 人工与自然的交错

随着工业革命的兴起，山地城市经历了一种从静态空间到动态空间、从有限和分离到无限和连续的转变。18世纪后期，非几何性的城市设计再次兴起，其对立面是文艺复兴的理论和实践——对笔直的街道景观和肃整统一的街道布局的崇拜。反文艺复兴突出地表现在两个方面：其一是在城市布局和自然景观中有意识地融入曲线形；其二是在街道设计中不再遵循古典主义原则，在转折增多的同时沿街立面的样式也更为多变。伴随奥斯曼追求技术和效率的巴黎几何化改造的是以卡米洛·西特为代表的《按照艺术的原则建设城市》（City- Building According to Artistic Principles）的主张，如果说前者是平地城市的样板，那么后者就是对山地地形和地域文化的尊重。

现代建筑运动延续了人工与自然、几何与有机相互融合的设计理念和创意风格（图3-86）。勒·柯布西耶的"自然"与他的人文主义宇宙观——一个和谐理想的、秩序井然的宇宙一致，他把诸如雅典卫城、帕特农神庙等古代的不朽之作奉为典范，并且主张回归到基于黄金分割之上的数学创作法。奇妙的张力是勒·柯布西耶所有作品的特征，每一次解决方案都是对立面不稳定的平衡。在《城市规划》中，他写道："由宇宙所创造的人是宇宙之最；他依自然法则而行动，相信自己能够理解法则……我们眼前存在的真实情景，带有万花筒式的碎片和模糊的远景，是一种混乱状态，这里没有类似于我们周围的东西，没有我们创造的东西……但是赋予大自然生机勃勃的力量是一种秩序的力量；我们逐步认识了它。我们在所见和所学或所知的事物之间进行鉴别，因此，我们扬弃表象而求取本质。"[46]从这段充满矛盾的话中不难看出，柯布西耶允许自然的两面同时出现：一方面，人是由自然所创造的，依照自然法则而行动；另一方面，他本人又是这些法则的制定者。自然以一种混沌在我们面前显示，但一种秩序的精神又使得自然生机勃勃。人们往往看到柯布西耶几何规律的一面而忽视其移情于自然的一面。在圣博姆规划中，其尊重自然的山地城市和建筑设计思想昭然若揭（图

图3-86 人工与自然、几何与有机的城市形态

（资料来源：上图：[美]伊丽莎白·巴洛·罗杰斯.世界景观设计.韩炳越等译.北京：中国林业出版社，2005，1.中、下图：作者自拍）

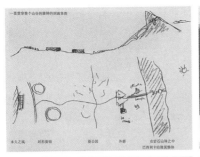

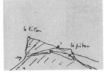

图 3-87　圣博姆规划——柯布西耶

（资料来源：[瑞士]W·博奥席耶．勒·柯布西耶全集·第五卷．牛燕芳，程超译．北京：中国建筑工业出版社，2005，7.）

图 3-88　皮埃尔·朗方的华盛顿规划及其节点

（资料来源：左图：[美]斯皮罗·科斯托夫．城市的形成．单皓译．北京：中国建筑工业出版社。右图：龙翔供稿，中国美术学院雕塑系教授）

3-87）。圣博姆是一片高地：基地南侧耸立着一道峭壁；基地北侧微微翘起。规划主题由三部分构成：岩石山体中的巴西利卡，两座盘踞在风景中的环形旅馆和一座位于高原另一侧的居住的"永久之城"。柯布西耶将设计重点投注于生长在岩石山体内部的巴西利卡建筑，而外部保持原貌，不建任何建筑物。缓缓的坡道连接水平或垂直排列的房间；从峭壁一侧的圣马德莱娜岩穴进入，一直通到山体的另一侧，向着无边的地平线豁然敞开，面向那辽阔的大海；通过竖井或坑道采集部分自然光，其余采用人工光，从而编织一首由明、暗、半明半暗构成的光的交响。环形旅馆与自然景观相互融合，"永久之城"与圣博姆遥相呼应，而设计的方法和形式显现出对自然地形和风景的膜拜。[47]

20世纪60年代对现代城市设计从两个方向的反思一方面导致了对现代主义思想的内部批判，另一方面则指向历史文脉和旧城片段的保留保护，两种方向都在各自的领域重新展开了对"有机"模式的历史性讨论，并重新确立了这些模式的重要性。1961年戈登·卡伦撰写的《城市景观》（Townscape）和西特一样，将城市规划定义为"关系的艺术"，他将城市历史肌理分析的重点放在视觉序列、人体尺度及包括了神秘、慰藉、直观和其他情感在内的"内容"上面，强烈的情感因素支撑着城镇风光学派。即或是在宏伟、几何化的华盛顿规划中，皮埃尔·朗方依然保持了对地形所具有的设计潜力的敏感：他有效利用詹肯山（Jenkin's hill）作为了美国国会大厦的基座，并将类似的自然地形因素与不同等级的公共建筑物通过壮观的道路及绿化结合起来——包括国会、总统府、高等法院以及他认为需要布置在周围的其他一些稍低级别的建筑物（图3-88）。

今天的山地城市空间发展依然游移在集中与分散、几何与有机之间。山地的

图3-89　叠加与新旧并置造就城市的时空嬗变
（资料来源：作者自拍）

图3-90　山水环抱的城镇
（资料来源：作者自拍）

有效利用促使其向高度、集约方向发展，而阳光、绿化、通风、水体、安全等环境要求又令其向广度、分散方向发展，其结果必然是不断地增高和不断地广延，如何与环境协调是视觉美学研究的一个主要课题。城市的发展是动态更新过程，城市应该是新与旧、自然与人工的综合体（图3-89），城市景观环境的和谐与协调更在于尊重城市的自然特色和内在秩序。

2. 天际线的变迁

天际线是一个城市的形体轮廓和个性浓缩，是人们眼中的一幅城市速写、一种城市图像。作为地标，它归纳了城市形式，突出了城市意象。

瑞士阿尔卑斯山下的小镇、维也纳的萨尔斯堡、中国西南地区的传统古镇等之所以拥有独特的魅力就在于有其独特的山水衬托（图3-90）。就如从佛罗伦萨的建筑群中寻找大教堂的拱顶曾经是旅游者的一个参观项目一样，现代城市建筑的尺度普遍增大，压抑了传统天际线中的自然山形和公共象征物。与此同时，张扬的现代技术还产生一种纪念性的尺度，这种尺度能够将城市的某个区域统领起来。最为突出的例子是法国的埃菲尔铁塔和中国的东方明珠，无论褒贬，它们最终成为所在城市的标志和象征（图3-91）。在现代科技的支撑下，今天的山地城市天际线更加强调非对称以及与自然相互和谐、相得益彰的形象塑造。

制造天际线的方式有两种，其一是利用一些特殊的地景来获得；其二是通过突出的构筑物来获得（图3-92）。作为城市空间的轮廓，天际线的高度变化直接影响到空间体的稳定性。对于山地城市来说，当山地建筑位于山顶、山脊或山冈时，建筑与山体不再是图—底关系，山体不是建筑的背景，而是与建筑共同组成图像，共同构成明显的天际线。美国旧金山市是一个地形起伏的城市，20世纪70年代初制定了总体城市设计，为了保护自然地形特征，对于山头的建设，要求建筑总体天际线与山体一致，其目的在于引导和加强山体的趋势，以达到相得益彰的效果（图3-93）。当山体成为建筑的背景时，建筑轮廓线与山体轮廓

图 3-91　法国的埃菲尔铁塔和中国的东方明珠

（资料来源：作者自拍）

图 3-92　自然的和人工的天际线——重庆、丽江、德国小镇

（资料来源：作者自拍）

图 3-93　旧金山城市天际线
（资料来源：www.nipic.com）

图 3-94　建筑轮廓线与山体轮廓线的相互交错、互补
（资料来源：作者自拍）

线适当的相互交错、互补也不失为一种设计选择（图3-94）。

今天的中国正以远快于西方当年的速度融入现代化的进程。以重庆为例，城市结构与大山大水紧密相关，在近代城市发展中出现多板块组团式的主城结构，特别是直辖后，其城市空间形态发生了巨大的变化，形成主城和若干卫星城共同组成的网络式结构，沿长江廊道展开形成两翼式布局。它是一种高度开放、互动、放射、伸展的城市结构，因此它的城市精神在本质上是开放和富于创造的。为了解决日益明显的交通瓶颈问题，重庆不得不冒着风险和争议炸掉隧道，打开长江大桥南桥头的天然屏障，在形成宽广的景观大道的同时勾勒出宏伟的人工天际线（图3-95）。朝天门广场兼重庆市规划馆的建设作为远近闻名的水路门户也是重庆重要的大都市形象标志，只可惜未能保留哪怕是一个局部的原初自然地貌，否则更具历史意义和象征意义。此外，两江四岸的打造、轻轨地铁的建设、山城桥都、温泉之都的经营以及一大批地标性建筑和城市雕塑的兴建和灯光工程的实施等等使得山城更显魅力（图3-96）。江天一色，山水相依，大桥纵贯南北，雾里看花望月，码头、群山、江河，城市的躯体在错落有致地排列组合中尽显丰满，但忽视文脉延伸，过于匆忙的大拆大建致使其间的血液因为缺少文化动力而流动不畅、循环不继，这成为重庆人内心的隐痛。

随着人类在自然科学方面取得迅速的发展，人们对自由与必然、主体与客体有了更深的理解。虽然近一个世纪以来，科学带来的技术进步要比以前任何时代都快得多，但是，"在某种程度上，科学的这种进步和发展证明的恰恰不是人的力量的伟大，而是人的力量的有限、人自身的渺小"。[73]由科学和技术问题直接带来的社会问题、能源问题、人口问题、生态问题，使人类在其能动性得到充分发挥的过程中遇到新的挑战，被迫进行更多的思考。在西方，人们一方面保持了继承传统思想的"主体性原则"，另一方面又对人的"绝对自由"产生了怀疑，对工业革命以后人类向自然的过分索取产生反感。霍华德在其著作《明天的田园城》（Garden Cities of Tomorrow，1902年）中主张"城市与乡村的结合、公园和居民住宅相邻"，并强调"城市设计结合自然地形条件，不把理想化模式强加在现有土地之上"，表现出经历了工业文明种种弊端的人们渴望重新回到自然的怀抱中，与自然和睦相处的心愿。[48]麦克哈格在其长期的研究工作中，对大自然的演进规律和人类的认识进行了理性的研究，并根据人与自然之间的不可分割的依赖关系提出"设计结合自然"的观点，主张人类应该采取与自然合作的态度，而不是与自然竞争或者试图征服自然。[49]

山地城市空间艺术规划与设计的第一原则始终应该是因应具有独特审美价值的自然环境。几何式设计有规则可循，而不规整设计在很大程度上更适合山地。对弯曲的街道、圆润的转角、出人意料的小绿地、不受几何体量干扰的连续沿街面等细腻手法的维护和运用证明，在现代山地城市规划中，这种有机的方法要比

图3-95　重庆长江大桥南桥头的变迁
（资料来源：作者自拍）

图3-96　变化中的重庆
（资料来源：自拍）

那种以效率和利润为核心的几何方法更具创造力。实践同样证明，在山地城市，小的调整要比大规模的改造更为恰当。站在艺术的角度，我们更应该充分尊重并保留富有地域特色的地形微差，因为就山地城市而言，哪怕是稍有一处环境差异即子系统的微差，就势必连锁到母系统的巨差。这样，就形成了传统城市虽然有共同的文化内涵，但由于不同的地形地貌和因借措施而显现出各自不同的城市风貌特色。

3.3.2.2 纵横起伏的山地建筑

建筑的作用是双重的。它一方面能够满足我们庇护、工作以及娱乐等实际需要；另一方面，它还使许多城市展现出独特的景观，为我们的生活增添一种审美的向度。决定一个特定建筑作品是否可以被称作是"艺术作品"的最基本问题涉及形式和功能的相互关系。理论上，任何一种功能都有与之相适应的多种形式，而满足功能前提下的最佳形式的探索历来都是城市空间艺术所面临并要竭力解决的问题。

1. 现代建筑的"雕塑"意味

建筑于体量、空间的相互转换中能够达成雕塑所不及的宏大空间意象，伟大的建筑师最终所关注并玩味的一定是既具有终极情怀又让人赏心悦目的艺术形式。打破古典形式法则的现代建筑更加注重人的心理反应并散发出极具雕塑感的形式韵味。柯布西耶的建筑被看作是大尺度的雕塑，他说过："别人都只知道我是个建筑师，没有人认为我是个画家，而我却是透过绘画来获得建筑的灵感。"[50]从早期

纯净的功能主义向后期的粗野主义乃至神秘主义过渡，可以说他的绘画造就了他建筑的灵魂。朗香教堂之所以经典在于作为一个立体主义的、图腾式和抽象化的空间作品，它混合了超现实主义表达无意识和原始主义表现神秘感觉的愿望，成为一个倾听宇宙天籁之声的独特场所（图3-97）。教堂矗立在群山环绕的山丘上，突破了几千年来天主教堂的所有惯例形制，其形态隐含诸如双手合十、航行中的船只、漂浮水上的圣鸽、教士的帽子、信徒的耳朵等意象，有"视觉隐喻簇"的称谓。教堂内部类似远古洞穴的神秘空间将心灵与自然、神性与人性等融合在一起，中殿通过镶嵌在尺寸各异的、向内的喇叭窗洞内的彩色玻璃采光，谱写了一曲由光、影、明、暗、半明半暗构成的交响。用于举行露天弥撒的主

图3-97 朗香教堂

（资料来源：http://blog.sina.com.cn/hyp）

立面采用被毁旧教堂的遗存砖石材料砌筑，屋面的钢筋混凝土则直接裸露，保持本色。形式的本质是对"生理—心理"感觉的回应，教堂的各个部分相互依存，最终汇聚为集绘画、雕塑和建筑于一体的整体的艺术。柯布西耶的伟大在于他是"通过绘画和雕塑来研究建筑形式的，他赋予功能主义建筑以伟大的形式"，[51]并最终以神秘的象征手法真正达到了"只可意会不可言传"的艺术境界。

如果说贝聿铭的中国台湾美术馆东馆是巧妙因应已有且充满设计难度的三角地形的几何杰作，那么林璎的越战纪念碑就是通过地面的倾斜和下沉形成极富象征意义的双重空间的典范———件无与伦比的大地艺术杰作（图3-98）。"当宝贵的生命首先成为了战争的代价时，这些'人'无疑是第一个应该被记住的，因而这项设计的主体肯定是'人'而不是政治……就在你读到并触摸每个名字的瞬间，痛苦会立刻渗透出来。而我的确希望人们会为之哭泣，并从此主宰着自己回归光明与现实……一座纪

念碑应该是'真实'的写照。"[52]林璎的立意直截了当。按照林璎自己的解释，地球被（战争）砍了一刀，留下了一个不能愈合的伤痕。有建筑评论家说它像一个颠倒的"V"字，喻示美国在越战中的失败，而更为深刻的寓意则是汉字的"人"，林璎在设计这个纪念碑时更多地是想表现一种人性，一种人情，表达对战死者的一种同情与感念。纪念碑两墙相交的中轴最深（约有3米），然后以132°的夹角向两个方向各自伸出200英尺（60.96米），且逐渐浮升，直到在地面消失；两个方向分别指向林肯纪念堂和华盛顿纪念碑，通过诱导和借景联系着这个国家的两个强大的象征符号，从而在国家的现在和过去之间建立一个统一的关系；越战纪念碑的开放，黑暗和低一级的水平状态巧妙地与那些沉默寡言的、白色的和垂直的建筑形成对比，后者在天空的映衬下显得高耸而又端庄，前者则伸入大地之中绵延而哀伤。不仅如此，纪念碑黑色大理石镜面在透射阵亡者姓名的同时还反射出参观者和周围公园的形象，将两个世界——光明的现在与黑暗的过去——同时呈现在人们的眼前，"一个是我们的一部分，一个是我们无法进去的"。[52]鲜花、笔记和其他记号叙说着生与死之间持续的纽带关系。

此外，高迪专注于工艺美术运动倡导者拉斯金的理论，以超凡的想象力，将建筑、雕塑、绘画和自然环境融为一

图3-98　越战纪念碑

（资料来源：http://nipic.com）

圣家族教堂——高迪

吉芭欧文化中心——伦佐·皮亚诺

扎哈·哈迪德作品

弗兰克·盖里作品

图 3-99　大师作品

（资料来源：http://image.baidu.com）

体，整个设计充满了波动的、有韵律的线条和色彩、光影、空间的丰富变化；伦佐·皮亚诺的吉芭欧文化中心与山水环境相互渗透，在人工与自然、传统与技术、回忆与创新之间找到了一种临界的平衡；哈迪德从至上主义出发，将空间拉伸为一种动态的构成；弗兰克·盖里更是完全突破天、地、墙围合的直角方盒子建筑概念，向人们呈现出一种"全角度"、"新视界"的视觉体验，其作品整个就是放大了的立体派、构成派雕塑（图3-99）……所有这些都表明，空间的丰富多样已成为现代建筑运动的重要成果，也是当代建筑形态的核心所在。

建筑的艺术性与技术性、形式与功能是自近代以来被建筑界人士反复争论的问题。英国工艺美术家威廉·莫里斯就把建筑艺术看作是"霸王艺术"，它包括和完善着其他一切艺术。格罗皮乌斯也主张建筑是综合的艺术："所有视觉艺术的最终目标是完善的建筑物"[53]。可以说，现代建筑同现代艺术几乎是同步发展的，德国的包豪斯致力于技术与艺术的统一，把建筑、雕刻和绘画组合在一个统一的形式中，在多样性中寻求简洁性，既务实（讲究经济法则）又务虚（追求美的形式）。像弗兰克·劳埃德·赖特、菲利普·约翰逊以及弗兰克·盖里等等这些著名的建筑师都是以画家或是雕塑家的身份进入建筑设计这一领域的。

2. 传承发展的山地建筑

地质、地形、气候、水文、植被等自然因素都会对建筑及其环境产生影响。古代传统山地建筑一向顺应自然，因地制宜。体现在与地域环境的结合上，不同气候、地质、材料条件下的地区，其山地建筑的构筑方式迥然不同；体现在与具体环境的关系上，背山面水，"高毋近旱而水用足，低勿近水而沟防省"；表现在接地形式的处理上，"借天不借地、天平地不平"等。中国风水学认为，宇宙的完美在于天、地、人三才合一，万事万物生克制化，以平衡和合为最高境界。风水美学的重要内容之一是均衡对称。当地理地貌限制了这些审美条件时，即失去某种意蕴平衡时，在尊重地形地貌及其多样性前提下，在失去的部位，就必须补建某种形态的建筑或水面、绿地，如风水楼、风水池、风水林、风水塔等，即使这些补建的项目并无多少实际功能。

山地建筑实体的表现形态往往因山地地形因素而区别于平地建筑。山地地形是山地建筑具有独特艺术感染力的根本因素，地形的起伏能为人们带来特殊的便利，使山地建筑具有平地建筑所没有的优势，具体表现在如下方面：

首先，由于地形的坡起，山体地表成了山地建筑形体的背景或组成部分，其丰富的现状、肌理变化不仅赋予山地建筑独特的形态感染力，同时还可获得对山地环境的情感触动。如山西浑源建于陡峭山崖上的悬空寺，其自身的出挑形态、裸露的支撑结构、与悬崖陡壁的"粘接"关系等，可引起惊讶、奇险的感情波

图 3-100　山西浑源悬空寺
（资料来源：自拍）

图 3-101　流水别墅——赖特
（资料来源：卢济威，王海松．山地建筑设计．北京：中国建筑工业出版社，2001，2.）

动，造就震撼人心的艺术效果（图3-100）；赖特"流水别墅"的体形、材质，可引起自然、野趣的感情体验（图3-101）；重庆鹅岭两江亭、南山一棵树观景建筑不仅是观景的绝佳制高点，更是城市景观的一部分（图3-102）；四川美术学院郝大鹏教授主持设计的《洪崖洞》是重庆主城区旧城改造项目，规划布局延续该地块老重庆的空间格局及其三横八纵的交通体系，以传统街区纸盐河街、洪崖洞街、天成巷街的风貌再现为重点，用传统风貌区和自然协调区对该地域内的功能布局进行了有效的整合，

图 3-102　鹅岭两江亭·南山观景建筑
（资料来源：作者自拍）

通过保护和保存原有山地建筑形态、空间符号和传统旧城民居的生活形态，"还原"一个紧密集中、聚落感十足的川东吊脚楼民居环境。《洪崖洞》不仅成为一个自然的山地民居博物馆，而且为传统风貌的保护和开发探索出一套具有示范意义的城市旧城改造、建设模式（图3-103）。

其次，结合山地形态的变化，山地建筑的接地方式可以有较多的选择，以尽可能地保持原有的地形和植被。尤其在现代建筑中，人们更自觉地注重维护自然地貌和保护山林景观，山地建筑少接地的特征更多地得到表现。如日本TOTO研修所的层叠与悬挑（图3-104），安藤忠雄直接深入地下而保留其地表的地中美术馆和充分利用地形高差变化的大山崎山庄美术馆（图3-105，图3-106）。

再者，根据地形空间的开闭变化，山地建筑在

图 3-103　重庆洪崖洞传统民居
（资料来源：左上图：郝大鹏供稿，四川美术学院副院长，教授；其余作者自拍）

图 3-104　日本 TOTO 研修所
（资料来源：卢济威，王海松 . 山地建筑设计 . 北京：中国建筑工业出版社，2001，2.）

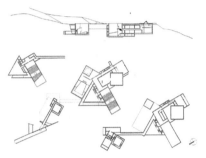

图 3-105　地中美术馆——安藤忠雄
（资料来源：马卫东 . 安藤忠雄建筑之旅 . 宁波：宁波出版社，2005，5.）

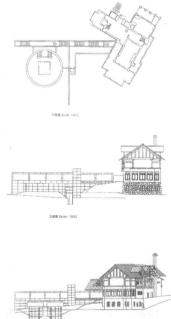

图 3-106　大山崎山庄美术馆——安藤忠雄
（资料来源：马卫东 . 安藤忠雄建筑之旅 . 宁波：宁波出版社，2005，5.）

空间布局上可以具有灵活组织的功能流线，形成一定的空间序列，以强化场所的认同感。重庆西永大学城具有典型的重庆山谷浅丘地形，田坝、溪流、池塘，青山绿水，所呈现的是一幅天然、生态的田野美景。鉴于此，四川美院新校区建设在规划理念上以保留原有地形地貌为基本原则，立足于"十面埋伏"，所有建筑依山而建，散点分布，隐藏在山体后面和谷地之间，其目的就在于尊重地域主体，发现并保存具地域特点的地貌魅力，如自然的梯田、林地、荷塘、石桥、农舍、石拱门、老水渠、传统回廊、石挡墙等；在空间格局上讲究外实内虚，西实东虚，南实北虚，保留11座山头，形成以自然景观为主体的空间底图关系（图3-107）。另外，无论在空间格局、建筑形态等方面都充分吸收了地域文化特色，如学院的造型艺术系馆，借用中国传统造型观念中移步换景的设计手法，整个建筑形态由5个形式各异的组团构成，以东西方向纵向延伸并形成转折，采用内天井内廊形式和不同的台地标高，让

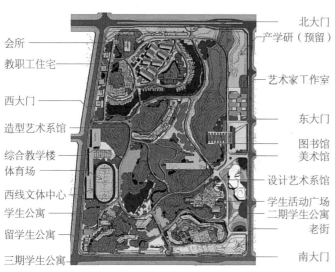

图3-107 生态原则、山地利用的"十面埋伏"——四川美院新校区规划
（资料来源：郝大鹏供稿）

图3-108 四川美院新校区造型艺术系馆
（资料来源：郝大鹏供稿）

建筑与自然场地有效结合；建筑外立面采用清水混凝土墙，既是建筑结构，同时也成为建筑的装饰，并以工业厂房形式语言来表达地域产业特质，淋漓尽致地传承了重庆作为老工业制造城市的城市文脉（图3-108）。地域文化特色的彰显在川美新校区随处可见，如内庭、院落（造型艺术系馆）、街巷（艺术创库）、层叠（美术教育系）、坡屋顶（图书馆）、梯田·粮仓（美术馆）等。新校区规划设计中还十分注重建筑色彩与自然环境的协调统一，注重具有美术院校特点的艺术符号如雕塑、涂鸦等的经营，注重整体的视觉效果（图3-109）。此外，粗材细作，控制成本，使用最普通的材料，根据不同的建筑形式讲究材料的多种使用方式，达到品质的高档化。总之，既追求艺术个性，又突出地方特色；既保留传统意蕴，又充满现代气息。

最后，设计优秀的山地建筑不仅具有特殊的空间、结构美感，而且在山屋共融的同时还具有丰富

图 3-109　丰富的景观视觉元素和地域文化特色
（资料来源：郝大鹏供稿）

的文化内涵和综合的艺术感染力。齐康院士精心设计的武夷山庄依山就势，既突出闽北民间特色，又具江南庭院风采。楼与楼之间高低错落，既各自独立又相互联系；曲径回廊，浅滩流水，池塘小桥等景色浑然一体，形成人工自然化，自然人工化的格局。同时，充分利用地形，错层、组合布局，形成有显有隐，有曲有直的空间转移。山庄群体外观设计上运用舒展的飞檐，层叠屋瓦，白色墙面，突出质朴的地方民居风格，又具有明快清新的现代气息。设计中还十分注重突出山庄的文化内涵，长廊庭柱和绿茵草坪上的石碑都雕刻着大量出自名家之手的书法、诗词、楹联和各种碑雕，给人以极大的文化艺术享受。山庄设计的另一大特色就是就地取材，充分利用当地的木、石、竹、麻等地方材料为素材，运用现代建筑的手法，做出朴实简易的装饰，给人以自然质朴的美感，充分展现了当地民俗风情、艺术风格的魅力。为"世界自然与文化遗产地"增添了一处经典建筑景观（图3-110）。

山地建筑的形态特征是减少接地、不定基面和山屋共融，这取决于山地建筑所赖以生存的山地环境——坡度、山位、山势、自然肌理等。由于山地建筑所处环境的特殊性，它对建筑技术的依赖性要比平地建筑更为明显，将具有特殊性的技术要素组织到建筑设计中去，使之成为建筑造型的一部分，就能获得具有艺术价值的建筑。山地建筑的技艺观既强调建筑的特殊技术要求，又表现出对山地建筑及其环境艺术的追求。能够将技术与艺术充分结合的山地建筑，往往体现了对山地技术属性和艺术属性的深刻理解，它们或以建筑的技术特征为艺术灵感的源泉，或从建筑形态、景观的艺术性出发，在细部处理上寻求与工程技术的契合。

图 3-110　武夷山庄——齐康院士等设计
（资料来源：http://image.baidu.com）

3.3.2.3　融入山地的城市雕塑

自主状态下的城市雕塑在延续神话的幻想、英雄的理想的同时，雕塑家将目光转向他们所处的时代，以人的自由创造来表现内在的生命冲动，以多样的形式来反映人的生存现状和内心世界。

1. 城市雕塑的人性关怀

继文艺复兴之后，人性、人情得到前所未有的释放。城市雕塑艺术形象更加逼真，气势恢宏，动感强烈，构图复杂，极富戏剧性。乔瓦尼·罗伦佐·贝尔尼尼的《四河喷泉》是山地城市广场喷泉雕塑的经典（图3-111）。贝尔尼尼用四个方向上坐成不同的姿态的大理石人体雕像象征四条河流，雕塑的下方环绕着巨大的水池，水柱从各个假山缝隙和泉眼中不规则地流出，有的急剧，有的舒缓，在日光照射下，色彩璀璨夺目，使整个喷泉显得活泼而富有情趣，中间是镂空假山和埃及方尖碑，寓意天主教在全世界的胜利，其宏伟的气魄、生动的形体、夸张的动势和巧妙的组合给人以强烈的心灵震撼和无穷的审美愉悦。如果说米开朗琪罗的突出特点是静中之力，那么贝尔尼尼追求的则是动中之美。

以歌德、拜伦的诗歌，卢梭、席勒的小说以及叔本华、尼采的哲学为代表的浪漫主义把注意力转向了情感和欲望，艺术家们他们通过作品中的美学因素，创造了一个理性主义途径所无法表现的人类情感的宣泄信道。此种风格至德拉克罗瓦、罗丹达到顶峰。

20世纪的艺术形式更加强调艺术符号或艺术语言之间的自我生成与重构，通过符号的重组，既表现艺术家的内心情感，又达到对客观事物的某种抽象和变形。俄国画家康定斯基相信在一件艺术作品中，最关键的要素是形式——对于线条与颜色做出的和谐安排。荷兰画家蒙德里安认为艺术中存在着固定的法则，即事物内在的秩序，"这些法则控制并指出结构因素的运用，构图的运用，以及它们之间继承性相互关系的运用。"[54]这一艺术思想对现代建筑的设计观念起到了很重要的推动作用，使得艺术形式直接转化成为建筑结构。

现代艺术嬗变过程中开一代风气的毕加索推动了另一种既不写实也不抽象（在蒙德里安和康定斯基意义上的抽象）的看世界的全新风格——立体主义。毕加索发现"事实上我们真正看到的东西却是经过心智重新整合起来的碎片。"[4]其作品通过选取一个视觉事件，把它打碎，然后重新生成多视角的几何图形。这种风格以智性的视觉理论（即视觉思维）为基础，它不仅是在还原一个更为真实的视觉经验，一种加上时间维的"看"

图3-111 《四河喷泉》——贝尔尼尼
（资料来源：作者自拍）

的结果，一种新的"观看"方式下的新的形式，而且它同时也是一种情感的表现和象征。

20世纪中叶广泛传播开来的后现代主义可以说是哲学与空间艺术两个领域互动的结果，无论是福柯、利奥塔，还是德里达，他们追随精神上的先驱尼采和海德格尔，对艺术都给予了非同寻常的关注。一方面，他们从城市、建筑、雕塑作品中获取思想的灵感，另一方面，他们又以自己的思想和理论广泛而深刻地影响着当代艺术。透过艺术作品，福柯看到的是隐藏在空间艺术背后不同时代的权力话语；利奥塔试图找到一条抵抗技术奴役和非人状态的崇高之路；而德里达更是视抽象派画家为自己的同路人。艺术与哲学的相互渗透以及艺术向哲学的转化等都是人类的自我塑造。

2. 融入山地的城市雕塑

山地要成为能够吸引人注意的"景观"，地形、植被、自然水体乃至气候、温湿度等元素的合理存在是基本前提。在自然界的变迁中，景观与生态是一组相互关联的因子，景观环境常随生态系统的变化而变化，生态因素往往是景观环境变化的控制性因素，景观则是这种因素关系和结果的外部表象。[55]黑格尔在《美学》一书中说过："艺术家不应该先把雕塑作品完全雕好，然后再考虑把它摆在什么地方，而是在构思时就要联系一定的外在世界和它的空间形式和地方部位。"山地城市雕塑位于山地环境中，其形体表现应与山地环境相协调。从形态的角度来看，山地环境既包括较大范围的宏观山势，又包括具体地段的坡度、山位、地表肌理等因素，因此，山地城市雕塑既要考虑与地段环境的协调，又要注意与整体山势的和谐。根据所处位置的不同，山地环境可归纳为三个山体地段：底部、中部、顶部，不同的山位对雕塑形态的影响各不相同。一般说来，在山体的底部或顶部，雕塑沿水平方向延伸可能性较大，而在山体的中部，由于地形的局限，雕塑向竖直方向拓展的可能性较大。下面，就山体

图 3-112　美国，拉什莫尔公园：总统山

（资料来源：http://image.baidu.com）

与雕塑的具体空间关系，从载体、底座、背景三个方面，结合经典范例予以分析。

1）以山为载体

此法历史悠久，早期的佛教石窟和摩崖造像是典型的直接以山为载体，就地取材、因材施艺的公共空间艺术。"仁者乐山"，山体本身具有崇高、伟岸、坚定、力量等等比德意象，自然而然成为人们心目中的标志和丰碑。

作为弘扬美国精神的永恒象征，《拉什莫尔国家纪念碑》可以说是传承古代摩崖造像手法和古典艺术理想，塑造英雄形象的典型（图 3-112）。耸立在南达科他州西南部高 600 英尺（182.88 米）的拉什莫尔山的四位美国总统的巨大头像与山峰浑然一体，十分壮观。头像的雕刻采用了高浮雕写实的手法，突嵌在高大的山峰上，他们目光前视，仪表庄严，颇为传神。同时四人又各具特色，显示出不同的性格和特征，代表着美国业绩的四大象征：创建国家、政治哲学、捍卫独立和扩张与保守，游人来此无不肃然起敬。为了表示对四位总统的崇敬之情，拉什莫尔山禁止游人攀登，在山脚下设有观瞻中心，上午阳光洒满山峰，是瞻仰巨像的最好时机，同时还备有照明设备，即使在夜间也能真切地欣赏这一艺术杰作。

山地的护坡堡坎同时也是绝佳的浮雕设置带，如四川美术学院余志强教授的长江一路地域风俗浮雕（遗憾的是后因其他建设已拆除），公共艺术家朱成的德阳艺术墙等也充分利用原有地形地貌，将传统文化形态、风土人情、地域特色雕琢在山岩、护坡上（图3-113）。

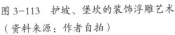

图 3-113　护坡、堡坎的装饰浮雕艺术

（资料来源：作者自拍）

2）以山为底座

视觉观察物象，总是首先对最容易捕捉的单纯的几何构造或整体外形（外轮廓线构成的剪影）有所感知，加上"边界"的视觉引力，使得城市空间的山际线、建筑、雕塑的轮廓线往往成为关注的重点并能反映城市的基本空间特征，也因此成为山地城市空间艺术设计的重点之一。

由法国纪念碑雕刻家保罗·兰多斯基设计，屹立在巴西里约热内卢城郊700多米高的科科瓦多山巅之上的《耶稣基督像》，从远处望去就像一个巨大的十字架，显得庄重、威严。耶稣基督的身影与群山融为一体，漂浮的云团使雕像若隐若现，更彰显其神秘圣洁。基督像身高30米，站立在8米的基座上俯瞰大地，无论白天还是夜晚，从市内的大部分地区都能看到，象征着对人类所怀有的无限怜悯与博爱，以及对人民获得独立的赞许和祝福，因而超越了纯粹的宗教意义，成为里约热内卢最著名的城市标志。此外，重庆南山的鹰塔无论是远眺还是近观，都向人们昭示着远古交感的生命一体化认知和地域文化图腾（图3-114）。

仰视的雕塑尤其是人像雕塑往往存在透视变形的问题，矫正的手法不外乎主看面倾斜、上部（如头部）宽度不变情况下的局部拉长（如佛教造像头身1/5比例）或长度不变情况下的局部收窄（如湖南湘潭《毛主席与乡亲》群雕）（图3-115），建筑学的视觉分析及其相应的三角函数有助于从计算上解决这个问题。近来，通过计算机3D建模和辅助设计，艺术家已经能够在虚拟的场景中寻求矫正的数据和矫正的视觉效果。

3）以山为背景

以山为背景，通过有意味的设计，无论在色彩还是形态关系上都可以形成良好的图底关系。广州美术学院院长黎明主创的《青年毛泽东像》除总体构思将毛泽东意象为一座巍峨的高山，雕像本身横亘于橘子洲头，与背景的河西岳麓山遥相呼应，随着季节的变化，还能产生"万山红遍"、"层林尽染"的神奇效果（见图6-10）。

重庆歌乐山烈士墓广场两侧原设计是由各种标点符号构成的四个巨大几何块体，中心水池中是隆起生锈的铁链，正前方台阶斜面是巨幅国旗、党旗、军旗、团旗和少先队旗，巨大的门框和问号躯体扑面而来。登上顶端平台迎面远眺就是以巍巍歌乐山为背景的《歌乐山烈士群雕》（图3-116），远观

图3-114 巴西里约热内卢的《耶稣基督像》

（资料来源：薄奎．世界国家人文地理．长春：吉林美术出版社，2007，8.）

图 3-115　雕塑透视矫正
（资料来源：上图龙翔供稿，中、下图作者自拍）

图 3-116　重庆《歌乐山烈士群雕》
（资料来源：作者自拍）

可感受其整体气势，近观则是引人入胜的故事情节以及人物的个性特征，高大的体量和巨岩般的造型使雕像更显宏大庄重、伟岸超人。叶毓山先生在构思过程中反复追求一种造型特色，使之既能恰当地体现出这一雕像的深沉主题，又能与自然山地环境相互协调。"悬崖峭壁、山泉深涧、江岸奇峰、滩头巨石、透天洞孔"等大自然的造化开启了先生的灵感："把众多的形象凝聚在巨岩般的整体中，巨岩似不朽的先驱，散下的长发似悬吊的钟乳石，人物之间的夹缝似山泉流淌的沟谷，构思整座群雕似一块从天上降落的陨石，似地下长出的一盘巨岩。雕塑家只是因势利导、以材取形，点化其精神而已。这种回归自然的艺术构想，不正是可以让烈士的英灵安息在他们为之浴血奋战的这块土地上吗！我在处理整体环境时，也把握住这种意念，将群雕处置在歌乐山苍茫沉雄的氛围里，融自然美于艺术美之中。"[56] 具体到雕塑本身，纪念碑主体采用了中国传统石窟艺术"中心塔柱式"的结构，集圆雕、浮雕之所长，以连环组合的形式，通过 9 个人物，依序表现了"宁死不屈"、"前仆后继"、"坐穿牢底"、"迎接曙光"四个主题。雕塑后面是烈士墓地，青青的坟头四周是绿树林和 12 位著名烈士的半身雕像，墓地屏墙的黑色大理石上镌刻着牺牲烈士名录和遗照。山石、松柏、雕塑、景观浑然一体是歌乐山烈士群雕最大的特点。

以山为背景需要特别注意的是，在观看视角和视距变化范围内山际线切记不要出现在人像的头部、腰部或雕像总高一半的位置。前者与人们的生活习惯有关，即避免削头斩腰的消极意味，后者与黄金比例影响下的审美构图有关，即避免任何水平方向的线于纵向二分之一处分割画面。另外，山地建筑的减少接地、不定基面和山屋共融以及悬挑、跨接、退台和显山露水的通透、借景等手法同样适合于山地雕塑。

现代城市雕塑不乏既利用山际线又利用山腰台地等多种山位来进行雕塑的整体构思布局，不同地载高度的空间，常常带来戏剧性效果，特别当同时运用组团式空间构成手法时，两个相连空间的地载高差变化，不但能提高一个特殊空间体的趣味（被逐步地看到全身），而且还会提高空间本身的价值。从低处仰望高处，当高差超过人眼时使人产生期待感。可以看到以天空为背景的轮廓的变动。如四川松潘《红军长征纪念碑》大型群雕，每当夕阳西下，金光闪闪的反射光令位于山顶的亚金铜纪念碑在蓝天的衬托下夺目耀眼，成就另一番意境；群雕位于山腰，远看长征的队伍犹如山岩般融入山体，与高山共永恒；近观则气贯长虹，朴拙大气，信仰的坚定和跋涉的艰辛恰成对比（图3-117）。

山地还给予了平地所没有的各种仰观、俯瞰的可能，如果架空动线或地载，造成外空间竖向的多层化，则将得到更加出人意料的组合效果，达成更为全方位的艺术观赏。天水麦积山曲折蜿蜒的纵向栈道，使整个观瞻过程充满了探险精神和神秘感、期待感（图3-118）；乐山大佛也正是通过江河、对岸以及山岩上的步道，使观赏者于特殊的、移动变化的视点、视角达成远中近、左中右、上中下全景式、全方位的观赏（见图6-11）。大足石刻地处四川荒山环抱山谷里，整个石雕群是处于视平线以下的山坳里的环式场景石刻，既有俯视又有仰视，特殊的地理位置还使它避开许多人为和天然的灾害，完好地保留至今（图3-119）。重庆洪崖洞入口开阔带结合瀑布水体、雕塑和绿化，无论仰观和俯瞰，都有丰富的景观层次和趣味（图3-120）。

对于山地雕塑形态的把握，还应从大处着眼，解决其与较大范围山地环境的关系。因此，需要对"山势"进行研究。"山势"即古人所说的"山川形势"，是对山地地形条件的宏观描述，其主要内容包括山地地形的起伏程度及走向趋势。通常情况下，山势的变化主要通过山体轮廓的曲直、开合体现出来，或陡峭、雄伟，或平缓、秀丽，给人以不同的心理感受。与自然山体相似，任何单体或群体的山地雕塑形态也会表现出一定的"势态"，其物质形体的集聚总会产生某种"势"的趋向，或平缓、或上升，或零碎、或整体。显然，成功的山地城市雕塑应该是与自然山势相和谐，既可以表现为对自然山势的融入，也可以表现为与自然山势的共构。

图3-117　四川松潘《红军长征纪念碑》群雕
（资料来源：作者自拍）

图 3-118　天水麦积山石窟曲折蜿蜒的观赏栈道

（资料来源：作者自拍）

图 3-119　重庆大足宝顶石窟

（资料来源：作者自拍）

随着观念的不断更新和技术的不断扩展，多元的艺术主张和艺术现象接踵而至：波普艺术以其特有的幽默关注日常物品和日常生活；环境艺术将艺术带离了画布或静态的塑造，让艺术变成一个环境的营造；大地艺术在艺术与自然的关系问题上作出了实践性的探索，使自然本身成为艺术的对象；观念艺术更是将艺术革命性地引领到一个极端，并最终使其在形式意义上彻底解体，人的生存现状，尖锐的社会、环境、生态问题等当今众所周知的敏感问题成为艺术关注、表现的对象……

艺术必须虚拟出另一种真实，以"陌生"但有意编排的时空结构和事物间关系引发观者通过联想和想象对生命、社会的深层次思考。21世纪的当代艺术，艺术家不但要思考作为文化元素独立存在的个体，同样也得面对文化交互中的共性基础，超越自身局限，生发出特定时期全人类共同的文化命题。实际上，当代艺术所包含的信息量和艺术价值是传统的、以写实为主的艺术所不能比拟的，产生了大量的艺术观念、艺术思想和艺术手法，并通过艺术家的实践以及与城市规划师、建筑师、社会学家及大众的

图3-120 山地城市的仰观俯瞰以及丰富的景观层次
（资料来源：作者自拍）

广泛交流，深入到了人类心灵和思维的各个方面。城市公共艺术的兴起使艺术审美成为全社会的需求和每个人个人的权利。自主的时代客观上是一个"理性为自然立法"的时代，体现在空间艺术上就是：线条、色彩为绘画立法，建筑、雕塑为空间立法，城市为生活立法。而与此并行的相反方面则是突破和超越理性的惯性，在城市空间艺术中寻求更加多元的、情感上的自由表现。

今天，在机械的生活方式约束下，城市人每天生活在单调乏味的点——线格局中，物质追求占据了普通人所有的时间；资源的匮乏与掠夺，信仰、价值观的尖锐对立等在引发战争、造就英雄的同时更是扭曲甚至毁灭人的心灵；还有那扭曲、坍塌的后现代建筑和空旷荒芜、令人孤独无助的空间以及集大地艺术、行为艺术于一体的对柏林国会大厦的包裹等等，它们以立体的、多维的和解构的方式反映着现代城市人精神状态和反抗心理（图3-121）。

图 3-121　城市雕塑的社会关注

（资料来源：http://image.baidu.com）

3.3.3　演进中的迷茫

人类改变环境，环境反过来影响人。人居环境空间历来都不可避免地存在着正反两个方面的影响：相对于自然，有亲近与背离之分，衡量的维度是生态可持续，体现在人居环境空间艺术上是对自然环境、民风民俗、地域文脉的尊重；相对于个体，有超越与异化之别，衡量的维度是美丑，体现在人居环境空间艺术上是审美习惯、艺术品位和人性关怀；相对于社会，有积极与消极之异，衡量的维度是和谐有序，体现在人居环境空间艺术上是场所精神、集体愿望和社会责任。论文拟围绕人与自然、城市的矛盾，从形（物质）、意（精神）、象（艺术）三个方面就当今山地人居环境空间艺术存在的问题与不足予以分析和归纳。

3.3.3.1　人居环境空间"形"的雷同

人类已经逐渐突破地域界限的禁锢，呈现出世界同步化和一体化的趋势，这种全球化的现象，是社会发展到一定阶段的必然产物，它既是进步，但也起了某种破坏作用。"形"的雷同主要反映在城市空间、建筑、雕塑借现代化之名不顾传统文化的大肆抄袭、挪用和照搬，以及不顾地形地貌的超尺度、大范围重复等缺乏独特性和原创性，"千城一面"的各种空间现象。

技术上，全球化趋势在使人类共享先进技术、改善物质环境的同时，也带来了机械语境下标准化、模具化和商品化的人居环境空间形态，体现为冷峻的直线和模块以及不同商业利益所分割开来的城市碎片，加之山地人居环境规划中缺乏系统的规划理论和指导，盲目地引用平原地区的规划理论方法、结构布局模式、技术指标体系以及政策法规等，使山地人居环境建设难以因地制宜，反而是人工合成的"伪自然"和不伦不类的"假山石"，单调重复成为城市面貌的难以克服的弊病。

经济上，浮躁迷茫的城市社会文化背景下，利益驱动下的急功近利也导致城市建设中忽视地方建筑特色和民族文化的继承发展，不顾地域文脉、气候特征和风土人情，盲目追求和照搬西方表面的生活环境，山地城市原有的鲜明个性、地域特色和民族风韵逐渐消失，昔日传统的山地城市生活方式正在削弱。

图 3-122 密集、呆板、雷同的城市、建筑空间
（资料来源：作者自拍）

僵硬低效的管理体制，各种政绩工程的"贪大求新"和投机取巧，只顾眼前利益的掠夺性的开发等已经造成了自然山地的"伤筋动骨"和严重异化，不仅抹杀了千姿百态的山地生态环境，而且造成普遍的"建设性的破坏"，使人失去了自然环境与自然本性，独特与传统的中国山地人居环境同时面临着生态环境破坏与自我根基失落的挑战。

以重庆主城区为例，如今的容积率高达5.0。[57]以前，能够清晰地看到整个城市建筑依山而建，山水相映，非常有层次感，其山水特色国内少有；夜晚，隔水眺望连绵的山形、移行的江轮与波动的倒影，各自呈现出非凡的神采，那种山水城林上下交织互相辉映的奇观，在平原都市是绝难见到的。然而近年来的快速发展与盲目建设使得渝中半岛建筑密集、交通密集，人群密集，远处的自然山形被建筑遮挡，近处的两江四岸被高楼霸占，而亲水的路径又被堤坝和车道阻隔，视觉通廊被阻塞，失去了以往的依山傍水、富有层次的地理特色。总之，其"建设性破坏"之严重，重庆大学建筑城规学院院长赵万民博士一针见血：为了"政绩工程"牺牲长远利益。而且，在山地城市规划中不切实际地扩大城镇人口和用地规模，整个城市缺少规划管理，凌乱、拥挤不堪，热岛效应逐渐显现。对高度的崇拜和无序竞争，成为当代城市建设突出的主题（图3-122）。

3.3.3.2 人居环境空间"意"的迷失

城市的目的应该是让人生活得更好。20世纪存在主义哲学家海德格尔提出"诗意的栖居"，把审美作为人回归自己精神家园的途径。城市社会的真正内涵，是市民的交往空间、共同文化、政治生活的形成和扩大。然而，人们虽然生活在现代城市中，却往往找不到自己的精神家园。希腊哲学家迪凯阿尔库斯说过："人类的最大危险就是人自己。"[32]"意"的迷失体现在人居环境空间艺术精神指向上指缺乏社会责任、道德感召和精神引导的各种空间现象。

俗话说，一方水土养育一方情怀。山地人居环境对生活在其中的居民的审美情趣有着潜移默化的作用，只有在自然中，才有安居之地，只有在自然中，才存在真正的、永恒的美。不仅如此，生态文明还涉及人自身内部以及人与人的平衡，这就意味着生态的重要指向还应该包括人的精神层面。工业文明以来，以自然为美的传统美学思想渐渐消隐，取而代之的是凌驾于自然之上的审美意识，山地人居环境审美创造不是去适应山地自然环境，而是试图以钢筋水泥去驯服自然。置身于现代化洗礼后的五光十色的城市中，人们已经淡忘了对自然的感受，空间批判与整合的能力明显衰退，城市空间艺术设计出现了"失语"的问题。从表面混乱的现代化直至深层次的意义缺失，都不同程度地反映在普遍缺乏价值观念的现实生活当中，并引发了诸多的道德危机和精神荒芜。工业革命的结果证明，自由竞争可以创造财富，但不能创造幸福。赵万民博士多次强调"匠在下，意在上"，指出当今城市建设受制于人们对于物质利益的追求，城市空间艺术设计缺乏意象和意境的浅薄现状。另一方面，类似于古罗马的大众娱乐趋势使得今天的艺术甚至已经不再追求美，不再表现某种特定的、永恒的理想。

图 3-123　意蕴含混的重庆大剧院
（资料来源：作者自拍）

　　以城市雕塑为例，目前我国山地城市雕塑的主要问题是缺乏统一规划和通盘考虑，乱立乱建、无序发展。其次是缺少原创性和艺术个性，既不尊重地域文脉也不挖掘城市性格，且立意模糊，甚至不知所云。如重庆八一隧道口的抽象雕塑，完全猜不到作品意图，不知道究竟想表现什么。山地城市的建筑设计中忽视城市整体环境的重要作用，毫不顾及山地空间的特殊性以及应有的空间比例、尺度关系，甚至喧宾夺主，表现出流于浮华和表面化的审美趣味。重庆歌剧院建筑总设计师、德国 GMP 的冯·格康尽管有意通过粗犷的线条、叠加组合的块体来象征重庆人的豪爽耿直，以高低错落的轮廓来模拟重庆丰富的天际线，但由于造型生硬突兀，块面单调重复，缺乏空间意象、意境的提炼，被东南大学齐康院士揶揄为"巨型坦克"。不仅如此，其过大的体量使本已狭小的环境空间更显阻塞，破坏了原有的山水自然景观，使一直以来成为重庆地景标志的朝天门半岛退居背景成为"底"，从某些角度弱化甚至完全阻挡了两江汇流这一独特的水文风貌（图3-123）。

3.3.3.3　人居环境空间"象"的紊乱

　　无论是形的雷同还是意的迷失，在一定程度上都可归结为第5章将要讨论的审美的"象"的层面出了问题，这里不妨先从现象上审视一番。城市空间艺术"象"的紊乱主要指艺术品位的低劣，既无形式美感又缺乏必要的造型能力，缺乏统一中的多样和多样中的统一。而更为重要的是"象"的紊乱必然导致"形"不达"意"或者反过来"意"不附"形"，表现在空间艺术形态流于表面的"形"和不管地域文脉、不计民风民俗的模仿和抄袭，缺少对美感机制的深入研究和自觉觉他的人性关怀，或者只顾个人情感的宣泄而不管"人类情感"的共鸣和体验。

吴良镛先生几年前浏览重庆后感叹说："重庆原来是两江交汇美丽的山城，而今超尺度的高楼林立，杂乱无章，令人窒息，很多原来颇有特色的地段——山景、江景、场所感，而今不见了。"[58]这就是无视环境的规划和设计造成的美学上的灾难。对旧城区采取大拆大建的改造方式导致历史文化的消失，比如抗战陪都政府大楼拆了，山城宽银幕电影院、菜园坝吊脚楼、缆车没了，临江门的老街区消失了，而某些新建的标志性建筑如三峡博物馆，既无地域文化特色，也无自然山水环境……这些都是我们城市不可逆转的遗憾。今天的艺术在关注、批判社会现实状态的同时，开始追求视觉的"轰动效应"和生理上的感官刺激，表现出审美心理的盲从与浮躁，并导致艺术名义下的各种视觉垃圾等，人们的环境质量和生活质量"被提高"。之所以有此现象，除了体制的、经济的和社会的因素，更主要的还是设计思维、基本素质和设计水平的低下，正如齐康先生所言："现在的建筑师是有观念，没有手法"[59]，这也是目前普遍存在的问题，即缺乏艺术的手法来充分、完整地表达一种设计的理想。今天的城市雕塑精品少垃圾多，诸如材质选用不当、制作工艺粗糙、造型比例失调等。更有甚者，以自我异化为表现对象的所谓当代艺术、观念艺术完全驱逐了审美的过程，以此掩盖艺术家自身造型能力的薄弱。重庆北碚健康大道浮雕及广场圆雕加工制作粗制滥造，形象完全失真且缺乏必要的环境视线分析与设计；沙坪坝三角碑雕塑盲目照搬西方人体表现手法，造型不美，比例失调；大学城重医毛主席像更是比例失调，形神皆无，且选材不当（图3-124）；上清寺转盘系列小品雕塑，单件雕塑的艺术水准和加工质量较高，但体量较小，且放置在市民无法近观的地方，与其应有的亲和功能及其空间尺度、周边环境都不协调……再如那些"腾飞型"、"科教型"、"明珠型"、"构成型"等主题概念化、产品化的劣质雕塑更是一种视觉污染。

判断居住环境的好坏，主要是衡量它满足人们需要的程度。人的需要从大的方面讲可分为两类：第一类是客观可量度的需要，如人们每天需要一定量的热量、水、氧气，需要一定面积的空间供居住和进行日常活动等，这些基本需要一般差异不大，可以量化。第二类是主观上不可直接量度的需要，如对城市居住条件、生活环境、出行路径等的选择，以及各种精神上的需求。对于这类问题，很难做出简单的回答，因为人们的行动不总是合乎逻辑，而人们的审美、精神需求更是复杂多变。历史上没有一种文化能够永远对社会发展起到促进或者阻滞作用，西方现代文化确实促进了西方现代社会的大发展，但在经历了工业社会、后工业社会直至信息社会后，那种"以分析为基础，以人为中心"的西方现代文化已经开始受到质疑。分析需要综合予以协调，过度的"以人为中心"必然引发人与自然的矛盾，任由物欲横行不仅带来心理的种种问题，甚至引

图3-124 形态失准的劣质雕塑

（资料来源：作者自拍）

发社会的动荡不安……再者，尽管熵定律统治着时空的横向世界，《增长的极限》的作者也因此得出历史是一个不断倒退、衰亡的过程的悲观结论，但在纵向超然的精神世界里，它却不能左右思想的发展，精神世界并不受熵定律的专制统治。

总的说来，通过梳理，可将山地人居环境空间艺术的审美演进归纳为自然状态下法天之象辨方位立规矩定方圆至天人合一、自觉状态下法地之象取比例重节奏树理想至人地合一、自主状态下法人之象抗自然争空间创奇迹至山河改颜的发展演变史。自然状态下的空间艺术所呈现的是基于交感梦幻的神秘、鬼魅之美；自觉状态下的空间艺术所呈现的是基于集体理想的崇高、优雅之美；自主状态下的空间艺术所呈现的是基于个体感受的多样、个性化之美。如果说科学在思想上给予我们秩序，道德在行动中给予我们秩序，那么，艺术则在可见、可触、可感的外观把握中给予我们秩序。

3.4　小结

本章通过山地人居环境空间艺术的审美演进与文化脉络揭示出人类文化的两条主线——共时性的空间存在与历时性的演变发展。前者指涉人与自然的天然关系，体现为天、地、人三位一体；后者指涉人与自然的能动关系，体现为自然——神话、自觉——英雄、自主——人文的演进过程。天、地、人作为本体犹如公理公设，不容置疑，人类通过审美折射其如何存在，具体体现在整体观、生态观以及一系列形式法则在山地中的灵活运用。

山地城市依山傍水，拥有良好的自然生态环境，人类在山地人居环境的塑造上积累了丰富的经验。山地城市拥有更为开阔的视角、更为丰富的落差以及相应的环境体验和生命体验。处于高地的城市往往能够鸟瞰四周、统揽一切，神人之别、安抚与敬畏就产生在这俯仰之间。

山地建筑既有融入自然的山水和谐美，也有人与自然的对抗美；既有贴近山地的组群式布局，也有挺拔向上、交错互依的体量构成，其多样统一中的主从协调、尺度比例、节奏韵律等具有显著的节点标识作用。山地地形是山地建筑具有独特艺术感染力的根本因素，具体表现在如下方面：1）地形的坡起使山体地表成为山地建筑形体的背景或组成部分，其丰富的现状、肌理变化不仅赋予山地建筑独特的形态感染力，同时还可获得对山地环境的情感触动。2）结合山地形态的变化，山地建筑的接地方式可以有多种选择，以尽可能地保持原有地形和植被。3）根据地形空间的开闭变化，山地建筑在空间布局上具有灵活组织的功能流线，能够形成富于变化的空间序列，从而强化场所的认同感。4）设计优秀的山地建筑不仅具有特殊的空间、结构美感，而且在山屋共融的同时还具有丰富的文化内涵和综合的艺术感染力。

山地城市雕塑的形体表现应与山地环境相谐调。1）以山为载体的雕塑往往就地取材、因材施艺，或者充分利用其天然优势达成山塑共融。山体本身具有崇高、伟岸、坚定、力量等比德意象，自然而然成为人们心目中的标志和丰碑。2）以山为底座的雕塑其轮廓线往往成为关注的重点并能反映城市的基本空间特征，因此成为山地城市空间艺术设计的重点之一。仰视的雕塑尤其是人像雕塑透视变形的矫正一般是主看面倾斜、上部（如头部）宽度不变情况下的局部拉长或长度不变情况下的局部收窄；建筑学的视觉分析及其相应的三角函数也有助于从计算上解决这个问题。近来，通过计算机3D建模和辅助设计，艺术家已经能够在虚拟的场景中寻求矫正的数据和矫正的视觉效果。3）以山为背景，通过有意味的设计，无论在色彩还是形态关系上都可以形成良好的图底关系。成功的山地城市雕塑应该是与自然山势相和谐，既可以表现为对自然山势的融入，也可以表现为与自然山势的共构。

总之，山地城市空间艺术规划与设计的第一原则始终应该是因应具有独特审美价值的自然环境。历时性回顾的目的是为后续关于人居环境空间美学真—善—悟三位一体的审美机制和空间艺术意象—形三位一体的建构方法的进一步研讨打下基础。

第4章
我们如何审美——关于空间的美学思辨

把我们引向深入的只能是大胆的思考，
而不是事实的积累。

——阿尔伯特·爱因斯坦

科学和艺术是人类通过相应的两种语言符号——抽象的逻辑推论性符号和形象的情感表现性符号——认识空间的途径，尽管方式不同，但目标一致，殊途同归。艺术可以说是经过筛选和重组的感知，是包括直觉在内的特定状态下感受到的自然。艺术源于生活而又高于生活，源于生活即经验，而高于生活显然只能是主观能动、思维抽象的结果，是智能在生物学意义上的"量子跃迁"。接下来的理论研讨需要理清空间审美何以可能并寻求一般的空间美学模式。

4.1 空间美学的认知基础

人首先是一种生物性的存在，其次才是文化性的存在。生物性保证了人与自然的有机链接，它是人类与天合一、回归自然的物质保障；而文化性使得人有别于动物，在自然的人化过程中，通过有意识的能动反映，人能够更深刻地体验、认识和表现空间。生物性和文化性共同成就了人类。

空间艺术的千变万化以及空间科学的可错性局限促使我们再次将目光转向过去，转向心理学领域和先哲们形而上的思辨。不可否认，在艺术的形式、语言以及艺术的创造性思维方面，存在着值得探讨和总结的、粗线条的基本规律和思维模式。近、现代物理学的数学思辨先于经验事实以及遵循美感直觉发现真理的事实一再说明形而上的思辨不仅必要，而且也是接近事物本质的途径。

4.1.1 空间审美的理论基础："先验结构（图式）"

先验结构（图式）是指一种介于图像与概念之间的中介，是概念思维的认知结构或图景。"先验"的出现以灵长类动物为标志，朝前的双眼和对握的脚（手）趾（指）使得对深度的感知和工具的制造成为可能。但人类与动物的更为本质的区别还在于文化符号。在哲学中，真理被看成是语言与事物的一致，但事物是具体的和物化的，而语言是抽象的，这种一致如何才能成为可能？实际上人的感知所提供的只是物体的某些主要特性，如质量、体量、形状、数量、重量等，没有这些特性，我们就无法对物体展开想象。但物体还有其他一些从属特性，如颜色、声音、味道、温度、速度感觉等，这些从属特性虽然是物体的一部分，但是人们可以进行不同的想象甚至因人而异。例如我们可以对同一空间艺术作品作不同的解读和想象，"色盲"可以"颠倒黑白"，视红为绿。既然我们对物体的某些特性可以进行不同的想象和不同的观看，也就是说这些特性似乎只在我的感知中存在，那么我们也可以由此推断世界至少部分地存在于我的头脑当中。也就是说，语言与事物的一致似乎只有在人的头脑中才成为可能。于是，康德把这个问题颠倒过来，让事物向我们的认识看齐。他认为，不是事物在影响人，而是人在影响事物，是我们人在构造现实世界。康德把传统哲学的本体论研究转向了认识论研究。在他的哲学中，认识就是一种"先验综合判断"，而这种先验综合判断又必须在两个先决条件下才能进行。首先是要有感官知觉的客观对象，这是认识发生的第一步。其次，感官对象通过先验感性直观（时空形式）为先验知性直观提供对象，然后这些对象为知性直观（十二范畴）所思维和理解，由知性产生概念。也就是说感性的直观对象和具有统觉作用的知觉思维是先验综合判断的前提，也是知识的两个必要条件，二者缺一不可。康德的"先验"尽管不是来自经验，但不违背经验，而对于经验有效的东西。康德本人对"先验"一词的规定是："我把所有这样的知识称为先验的，这类知识完全不与对象相关，而是就我们认识对象的方式应为先天可能的而言，与这种认识方式相关"。[61] "先验……这个词并不意味着超过一切经验的什么东西，而是指虽然是先于经验的（先天的），然而却仅仅是为了使经验知识成为可能的东西而说的"。[61]

康德的一个著名论断就是"知性为自然立法"，他的这一论断与现代量子力学有着共同之处：事物的特性与观察者所采取的观测方式因而也就与观测者的意向性行为有关。康德认为，我们所能认知的正是我们所制造的，而我们不能认知的是包含我们自身在内的自然造物的一部分，也就是说我们自身就是需要求证的对象。康德甚至认为，我们根本不可能认识到事物的本体（物自体），我们只能认识事物的表象。康德哲学主张的"真实的世界"，其本质是我们自己的直观能力和悟性的构成物。通过对世界的现象与物自体（自在之物）的划分，康德首先排除了那"不可说"的"彼岸"部分，进而通过先验综合判断第一个将争论了两千多年的现象世界中的主、客二分世界合二为一。康德哲学第一次全面地提出主体性的问题和人类意识的能动作用。

在空间艺术思维中，"先验结构"作为介于物理空间的"形"和意象空间的"意"的必不可少的中介环节，对应着"非主非客"的"象"，它既有"形"的客观成分，同时又充满着主观想象。从后面的分析中，我们将会看到，尽管这"想象"是主观能动的，但实际上却有着客观"刺激"的内化、观念化基础，它包含着人类的"经验"，是心物辩证的结果。

4.1.2 空间审美基础的形成："建构"与"内化"

人类的意识源于漫长的生命进化过程中不断的建构，首先是先天物质构造（大脑、神经网络、感觉器官等一套完善的信息接收、处理、输出系统）的搭建，随后，直至量的积累越过某个度发生质变，形成能动的先验结构（包括基因结构和观念等）。

瑞士心理学家、哲学家让·皮亚杰的发生认识论认为，认识（知识）源于行为，取决于主客体之间的相互作用。生物的发展是个体组织空间和适应空间这两种活动相互作用的过程，也就是生物的内部活动和外部活动的相互作用过程。"认识起因于主客体之间的相互作用，这种作用发生在主体和客体之间的中途，因而同时既包含着主体又包含着客体，但这是由于主客体之间的完全没有分化，而不是由于不同事物之间的相互作用。"[62]发生认识论揭示了知觉的性质。

皮业杰认为康德的先验观所针对的是人类认识的高级阶段（逻辑运算阶段），此时，如果没有先验的内因，任何经验的外因都不可能起作用。皮亚杰通过实验研究，赋予康德的图式概念新的含义，他把图式看作是包括动作结构和运算结构在内的从经验到概念的中介，是主体内部的一种动态的、可变的认知结构。这种图式在认识过程中发挥着不可替代的重要作用，即能过滤、筛选、整理外界刺激，使之成为有条理的整体性认识，并在同化过程中将外在的行为外化为经验和内化为先验，从而建立起新的图式。在康德"先验结构"基础上，皮亚杰进一步指出，知觉是借助作为认识主体的人头脑中所具有的某种先天"结构"完成的。皮亚杰称这种结构为"图式"。"图式"在人脑中具有某种相对的恒常性，空间观念就建立在这种恒常性的"图式"之上，是外感内化的结果。

皮亚杰反对行为主义S→R公式，提出S→（AT）→R的公式，即一定的刺激（S）被个体同化（A）于认知结构（T）之中，才能作出反应（R）。当今生命科学对"小宇宙"的不断探索和基于DNA密码破解过程中对人类文化的可遗传性研究印证了皮亚杰理论的"先见之明"，其核心关键在于：

对刺激作出反应的必要条件——起"同化"作用的"结构"（"图式"是其"象"）是认识的核心。皮亚杰从发生认识的生物学角度肯定了认识是外与内、经验行为与先验结构合力作用的结果，而结构又是由外在的、应对环境挑战的应战行为不断内化、建构的结果。皮亚杰把适应看作智力的本质。通过适应，同化与调节这两种活动达到相对平衡。平衡既是一种状态，又是一个过程。平衡的不断发展，就是整个心智的发展过程。

卡尔·波普尔说过："固有观念的理论是荒谬的；但是每一种有机物都具有天生的反应；其中包含适应突发事件的反应……因此，我们生来就有期望，有'知识'——它虽然不是先验有效的，但是在心理学上，或遗传学上却是先验的，也即先于所有观察经验。"[46]波普尔将康德的洞识——"只有理性的原则才能够为各种和谐的现象提供有效的法则"[61]——视为现代科学及各种艺术的必不可少的前提条件。"我们必须放弃如下的观念：即我们是消极的观察者，静待着自然将其规律性印在我们心中。我们必须接受一种看法：即在理解我们的感觉数据时，我们积极地将我们理智的秩序和法则加之于它们之上。我们的宇宙带有我们精神的烙印。通过强调观察者所起的作用，康德这位伟大的研究者和理论家不但深刻地影响了哲学，而且深刻地影响了物理学和天文学。没有它，爱因斯坦及玻尔的理论是难以想象的……"[63]

康德的"先验结构"和皮亚杰发生认识论给我们的启示是：

1. 艺术灵感的产生不仅有其先天的生物性构造，而且有先验的"结构"支撑，更有新的适应与创新背后对已有结构的"解构"与"重构"。

2. 在同化过程中通过建构所凝固的结构或图式一旦形成，它们便以主观能动的"自由意志"反作用于主观世界和客观世界。人自身本质力量对象化的一切创新包括空间艺术等就是这个能动反作用的"感性显现"。

3. 秩序既是混沌世界中能量的一种对称排列，又是人类文化建构的结果。宇宙孕育出生命，生命演化出各种连接内与外的、先天且"有限"的感觉系统，由这"有限"的感觉系统我们在无序的世界里建构出一系列的表征秩序的图式和结构。

4.1.3　空间审美的能动反馈："表象"和"意志"

叔本华在《作为意志和表象的世界》中开宗明义："世界是我的表象"。这里的表象实际上就是康德的现象，意志则是康德那不可知的"物自体"。叔本华说："作为表象的世界……它有着本质的、必然的、不可分的两个半面。一个半面是客体……另一个半面是主体……这两个半面是不可分的，甚至对思想也是如此。因为任何一个半面都只能是由于另一个半面和对于另一个半面而有意义和存在：存则共存，亡则共亡。"[63]根据叔本华的论断，主与客、内与外、唯心与唯物并不对立，而是彼此依赖，辩证统一。

更进一步地，在叔本华看来，这个主客体统一的世界只是一个表象的世界，它实质上只是一个梦中的假象。叔本华承认康德彼岸世界——物自体的存在，但认为它不是不可理解的，从而在此岸与彼岸之间筑起一座桥梁。这座强梁不是理性，而是同外在世界毫无关系的纯粹主观直觉——意志。在这个直觉里，整个现象世界、我们自己和物自体被压缩为一个整体。也就是说在直觉里现象、自我、物自体成为三位一体的整体——意志——我们自身，这时，我们自身不再是一个认识的主体或者客体，而是以直接展示自己内在本质的意志而出现的。

意志是欲望、本能、意愿、倾向、冲动等的综合，其内涵是根据确定的目的调节支配自身行动，克服困难，去实现预定目标的心理状态。在叔本华看来，意志就是人的本质，就是物自体。通过意志我们还获得了另一样东西——自我意识，凭着这个自我意识我们能够认识许多事物，例如自然界的万事万物，并且探究其本质。相对于认识而言，意志更为基本。认识是同理性相关的东西，其对象只是现象世界，得到的是世界的表象。而意志的对象却超越现象世界而达至了物自体，且是对物自体非理性的直觉，而不是理性的认识。

然而，我们自己却不能证明有一个内在的意志。人在更为基本的层面上（也就是动物层面）实质上并不是有意识的、智能的理性生物，而是无意识的、非理性的生命之冲动。正因为意志是无意识的，所以我们恰恰不能认识意志。也就是说，意志与认识完全不同，并且将意志与认识完全区分开来也正是叔本华的哲学区别于以往所有其他哲学的主要之点。尽管人类能否真正认识自我还是一个需要长期实践、有待证明的问题，但是，通过了解叔本华的哲学，我们发现：

1. 它实际上再次强调了古希腊关于大宇宙和小宇宙基于法则的同构等价的观点，认为柏拉图的"理式"、黑格尔的"理念"等就隐藏在我们自身内部。

2. 它为我们梳理出一条由内在的意志（逻辑起点）到意向（对象化愿望）再到意象（虚拟的对象化）这样一个既有"道理"推动，又有客观认识基础的能动的意象生成渠道。

3. 其物自体（直觉——意志）、自我、现象三位一体为接下来关于空间艺术由内向外的意、象、形建构提供了间接的支持。

4.2　空间美学的心物辩证推演

必须解决的先验结构（图式）的心物辩证问题，使其与经验相等价而不再"悬空"，使主客、内外能够合一而不再分离。为此，从哲学、心理学层面通过以下途径对其进行讨论。

4.2.1　人的天然性与文化性

人的基本构成是细胞核内的双螺旋链状脱氧核糖核酸（DNA——包含一组完整的生成、维持和复制生命所必需的指令）、细胞核外的蛋白质（根据DNA遗传指令，由氨基酸按精确顺序连接而成）以及作为中介的核糖核酸（RNA——将细胞里的DNA信息以蛋白质所能理解的形式翻译出来并以此作为蛋白质行动的指令）（图4-1）。匈牙利精神分析医生和生物学家利波特·孙迪所秉持的"家族排列"理论认为，人并不是赤条条来到这个世界上的，每个新生儿都是一段历史的载体，DNA不仅可以遗传人的体貌，而且可能遗传甚至复制家族历史。换句话说，婴儿从一出生就接受了来自家族的"遗产"，这笔"遗产"不仅决定了他（她）的长相，还决定了他（她）的行为举止、与他人的关系以及感觉幸福和施爱他人的能力。这笔"遗产"被孙迪称为家族潜意识，储存在来自父母细胞染色体的隐性基因中。这种家族意识只有在一个人发现自己一次又一次做出同样的选择时才会觉醒。[64]

直立行走给人类带来的最大变化是大脑的增大和骨盆形态的改变，从而导致智力的改变和生理学意义上的"早产"。发育过程变成两个阶段：第一阶段，胎儿在"生物子宫"里孕育；第二个阶段，婴儿在"社会子宫"孕育。而婴儿在"社会子宫"获得的能力既不是纯粹自然的、本能的，也不是纯粹后天的、习得的。如果说怀孕期间母子是"生理关系"，智力基本健全后的母子关系是"社会关系"，那么可以把出生后几年之中的母子关系称为"天然关系"。正是建基在"天然关系"之上的"社会子宫"保证了儿童的正常发育，儿童在"社会子宫"中获得了直立行走、语言表达、角色扮演、绘画等介于先天能力和后天能力之间的"天然能力"，它与知识的根本区别在于前者是所有人都必然具备的，而后者只为一部分人所掌握。可以说正是"天然能力"首先决定了"人之为人"，而这种"天然能力"又取决于人类特有的大脑和行为方式。

另一方面，不同的文化背景又有着不同的空间知觉。实验表明，图画上的深度感不同程度地受到文化的影响，如前述的非洲部落、爱斯基摩人等，其艺术表现不用源于透视的深度暗示，它们并不以视网膜映像作为造型的依据，他们不仅习惯而且很容易从自己的记忆中画出如图4-2所示的图形。文化神经系统的研究还表明，不同的文化塑造不同的大脑。有的文化认为自我是独立自主和独特的，有的文化则把自我同更大的群体相联系。根据人所处文化环境的不同，该神经系统表现出不同

图 4-1　双螺旋链状脱氧核糖核酸

（资料来源：[英]史蒂芬·霍金.时间简史.插图本.许明贤，吴忠超译.长沙：湖南科学技术出版社.）

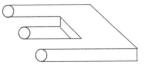

图 4-2　模棱两可的图形

（资料来源：自绘）

的功能。可见，文化影响脑神经的运作。人们往往认为所有涉及基本数学运算的神经过程都是一样的，而事实上它们似乎根据文化而有所不同。[65]反过来，神经系统科学又指出脑差异或许可能导致价值分歧。神经系统学家阿姆巴迪认为，"自我/母亲方面的发现"证明集体主义文化中自我与亲近的人之间的强有力的重迭，以及个人主义文化中自我与他人的之间的分离。[66]因此，将有关分析推进到大脑水平上能显示出文化差异的根本性。究竟是文化塑造了大脑还是大脑塑造了文化的问题实际上就是经验与先验的关系问题，而先验与经验这对认识过程中不可或缺的两个方面长期以来"被对立"。

我们的大脑无论从物质构成还是意识形态都保留着整个宇宙生成演变的"印象"及其演变的规律，即"宇宙精神"。尽管随着时光的打磨，"印象"早已变得模糊，规律似乎也仅仅依稀可见。但每个人都是一个小宇宙，宇宙有多复杂，人类就有多复杂。更直接地说，宇宙的许多奥秘就残留在我们的基因中，人类能否最终认识宇宙及其规律还有待于人类的长期而艰难的进化。从某种程度上说，我们还处在进化过程中的初级阶段，但这并不妨碍我们大胆地思考。

4.2.2　先验与经验的等价性推论

远古的圣哲——不管是自然哲学家还是逻辑学家——都从这样一个假定出发：即如果在认知主体与被认知的实在之间没有一种同一性的话，那么知识就是不可能的。巴门尼德认为一切皆一，我们不可能分离存在与思维，因为它们是同一的。小宇宙作为大宇宙的精确副本，使得对大宇宙的知识成为可能。

人的自身经验并未给人类带来有关世界的全部真知这一事实表明有些真理一定是独立于体验之外的，因此赋予知识以普遍性必然性的先验范畴也应该是先于经验而存在的。"先验"在论文中主要指介于形上和形下的知觉思维，具体分两种情况：一方面是基于五官、大脑和神经中枢系统的先验直观形式——时空观念和知性，由生理结构和遗传基因乃至基因突变决定；另一种是不依赖于人的"物自体"——宇宙能量及其演化法则，它会潜移默化地影响我们的思维，如美感直觉、灵感等。论文这里的先验首先是指前者，后者作为一种现象虽然明显存在，但因目前科学的"目力"不及，所以只能作逻辑推论式的粗略论述。

英国经验主义哲学家洛克认为知识源于经验，而经验本身包括内部经验（间接经验）和外部经验（直接经验），洛克将其统称为"观念"。在经验（思维的原材料）基础上，经过心灵的复合加工，我们便得到观念，而观念才是思维的直接材料，它是两种经验的复合。洛克的观念中包含有格式塔知觉思维的因素，其"内部经验"也就是康德——皮亚杰的先验结构图式，或者形象、意象中的"象"。经验和先验可以说是同一事物（行为）的不同现象，无论是康德的先验还是洛克的经验，都存在着相互覆盖、重合的部分。康德的先验中"凝固"着经验，而洛克的经验中也"掺杂"着观念。经验与先验之争似乎是一个语言游戏问题。

人与动物的不同在于文化符号行为，但人又从属于动物，与动物在动物性方面具有同一性。传统哲学、心理学认为人对外部环境刺激既具有动物性的条件反射，又具有人所特有的、能动的经验反映。条件反射与能动经验的最大不同在于前者是无记忆、无意识的被动行为，而后者是记忆下的有意识的能动行为。事实上，研究表明动物也同样具备一定的记忆和某种程度的逻辑演算能力。尽管人的双重身份（人性与动物性）使问题变得复杂，但基于达尔文的进化模式和基因突变理论，条件反射与能动经验以及能动经验与先验结构之间始终都存在着一个转化过程，与此相对应的则是起决定性作用的大脑内部结构以及神经网络系统的建构、调适过程。根据皮亚杰发生认识论的观点，外部刺激经先验结构图式同化（即认知）后分别外化为经验和内化为结构，这说明外在的经验与内在的先验其形成具有等价性，它们是因应同一个外部刺激的同一个应对行为及其同一个结果的不同反映方式。而另一方面，皮亚杰又说已有的先验结构先于经验且主导着经验的形成，显然，倒退回去，这已有的先验结构在外化出第一次经验之前只能是人类前身的动物性大脑结构及其空间"观念"，其外化被定义为条件反射。事实上，对空间的感知早在人类的动物阶段就已形成，只不过随着生命意识的出现这种对空间的感知从所谓动物性的条件反射"被改称"为经验。也就是说，在进化过程中，以时间认知的出现以及分类区别的需要，人们人为地断开并区分了条件反射和经验两个概念，至少在空间感知方面是如此。或许，不妨说"条件反射"就是未被记忆的"经验"。

尽管我们无法在人类进化的时间轴上找到类似公设、公理那样的逻辑起点，但可以说人类的先验至少部分地来自于动物的先天生物性结构。在人类漫长的动物阶段，也可以说正是物我同一的被动体验起着决定性作用并推动着人类的动物前生的生物性进化，而那时的体验尽管不能被称为"经验"，但却有着经验所包含的客观内容。一项挑战传统基因理论的研究表明，经验的确可以反过来转化为先验的基因并遗传给后代。[67]因此，经验行为与先验结构是同一过程中同时产生的人类认知的"外化"和"内化"，先验结构既是"现在经验"也是"过往经验"的内化（物化、观念化），它一方面通过亲情与血缘以基因结构的形式储存和遗传下去，并通过外显的行为经验在文明碰撞和文化交流中得以广延；另一方面又通过基因变异来不断调适自我，接纳和储存新的经验，如此生生不已，其形成过程具有共同的原动力——行为及其环境。内化的"人之为人"的先验结构一旦形成，便有着巨大的、能动的反作用。首先，它在意识的助推下，通过理性的形而上思辨或本能的直觉可以超越经验，直接洞悉客观事物；其次，它不仅能够结合经验，认识世界，指导人类的思想和行为，而且在生命的体验、认知过程中还能处于不断调适、重构的进化状态。事实上，知识的获取是一个双向的过程，是大脑与其对象的一种合作。"真理说穿了就是物质与心智的一致。"[46]

先验结构在人居环境空间艺术中表现为审美的知觉思维，即第5章将要重点讨论的"意、象、形"三位一体中的"象"。

4.2.3　基于宇宙能量的心物辩证

人类的主观意识首先显现为对客观事物的辨别和分类，并由分类创造出众多不同的概念，物质与精神等对立范畴就是分类的结果。现象学认为现象就是本质，差别显然是不同事物在现象世界中的本质特征之一，但无论是本质还原还是先验还原，其结果都是不同的事物或事件共存于同一个时空中，相互间有着这样或那样的关系，而美就在这些关系中。因此，可以说本书的目的就是要建立事物间的相互关系。如果说经验与先验的内在统一从人的角度确保了意、象、形三者的某种相互关联，那么，物质与精神的统一则使得这种关联从根基上变得更为牢固。这也是本书不惜笔墨的唯一原因。

研究结果表明，婴儿对时空的初始意识，同以光速运动的观测者对时空的体验，这两者之间有着很强的相似之处。这是否说明，人类很早已经具备了对时空统一的真实感知并深深地嵌入人类的潜意识，儿童心理不过是这种潜意识的显露。如果是，那么，说明"内"与"外"确实有某种相互对应的关系，它们在更为基本的层面接受自然规律的统一，正是这更为基础的统一性超乎我们感知地支撑着古老的"天人合一"和"万物有灵"等神秘观念，而这是否就是"性本善"和"明德"的基本内涵呢？更进一步地说，如果说不同的分子状态及其组合构成了不同于无机物的有机生命体，那么，回到原子或更基本的粒子状态，它们却有着潜在的同一性。从根本上说，不是物质本身，而是物质的内部结构、组合关系决定了万物的不同，它们共同遵守着能量法则，上帝不过是能量的拟人化表述和表现（图4-3）。

辩证法告诉我们，矛盾双方是对立统一的，即矛盾双方不仅具有相异性和区别性，同时又是相互依存、互为存在前提的，且在一定条件下还可以相互转化。如果承认物质与精神是一对对立的范畴，那么，按照波尔的互补原理、易经的阴阳辩证、爱因斯坦的时空、质能统一以及当今科学界的大爆炸模型关于法则与物质同时产生且统一于能量等结论，它们也应该是彼此相生相克，你中有我，我中有你的矛盾关系。物质也好，精神也罢，皆是用于表达思想的语言符号。说世界统一于物质仰或精神其

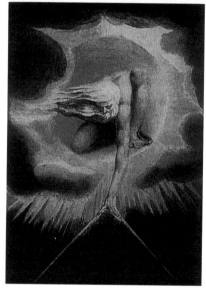

图 4-3　宇宙能量与上帝

（资料来源：资料来源：[英]史蒂芬·霍金.
时间简史·插图本.许明贤,吴忠超译.长沙:
湖南科学技术出版社.）

实是看问题的角度与方法不同而已，这两者之间并无谁先谁后、水火不容的区别，说其中一个，也就是在说另一个，它们共同的"象"就是能量，是能量的聚和散两种状态。

审美的基础是物质性的大脑，不仅如此，人们对客观的认识还必须以物质的显现和存在为基本前提，这些都是不言而喻的。然而，我们可以设想，如果没有宇宙法则的作用，如果不是能量主导下的哪怕是以偶然显现的自发对称破缺和量子跃迁所导致的宇称不守恒（正反基本粒子的无中生有并演变为非镜像对称而没有相互湮灭），也就没有我们所说的物质，更不会有复杂、能动的有机生命体；如果没有恒星和宇宙射线主导下的适宜的环境，同样没有生命。"有无相生，难易相成，长短相形，高下相盈，音声相和，前后相随，恒也"[68]说明，事物的成立必以它的对立面的存在为前提和依据。德国哲学家、数学家哥特弗里德·威廉·莱布尼兹认为，物质的固有本性是运动。他确信，物质的终极成分本身并不是物质，而是非物质性的活动中心（也就是今天已经众所周知的能量场）。[9]近现代物理学认为宇宙与法则同时诞生，宇宙中的一切统一于能量。$E=mc^2$实际上说明，实体与虚空是以质——能相关联并可相互转化，物质的湮灭意味着能量的释放，能量的聚积过程也就是物质的形成过程。

中国传统哲学从来都指向一种二而一的更为本质的原初存在，认为一切事物的生灭都是阴阳开合、相生相克所致，即所谓的"一阴一阳谓之道"。海德格尔说过"语言是存在的家"，作为语言符号的中国文字素有会意、指事、形声三大特征，在表述某个概念时往往也是单字根概念的各种组合。比如，土下为根，土上为本，两者合为"根本"，土下为"基"，土上木柱下的垫石为"础"，两者合为"基础"，一阴一阳，缺一不可。"物质"、"精神"在单词意义上同样可以看出是形下的物、精（阴气下沉所致）与形上的质、神（阳气上升所致）的原初合一。"物质"与"精神"皆是对物与质、精与神既相互关联又各有侧重、既统一又区别的不同表述，前者是能量的密聚和显形，后者是能量的弥散和隐没。物质中的"质"，精神中的"精"具有某种统一性，皆是介于物、神之间的某种"度"，以这个"度"为中庸，"物质"更偏重于事物"物"、"精"的方面，"精神"更偏重事物"质"、"神"的方面。聚散、分合是宇宙及人类的大象。聚则显形，散则化气。所以，"大音希声，大象无形"强调了往往被人们忽略的另一半。物极必"精"，聚"精"则会"神"。

其实，我们今天所用到的许多概念，早在其形成之初就包括了对立面的内涵要素。探讨经验与先验、物质与精神的内在统一，其目的在于为后续的"形"和"意的"在"象"的层面的内在统一前置一个认识论基础，同时也为进一步讨论人居环境空间艺术创作的意、象、形生成机制建立起更为基本的逻辑出发点。

4.3 "三位一体"的空间美学思维

康德曾经说过："有两种东西，我对它们的思考越是深沉和持久，它们在我心灵中唤起的惊奇和敬畏就会日新月异，不断增长，这就是我头上的星空和心中的道德定律。"这"星空"意味着天地，"心"、"道德"意味着人。尽管"天地有大美而不言"（图4-4）但人作为天地之中介，作为自然之生命代言者，却被赋予了理解、解释并创造空间、创造美的能力。如果生命是一种运动，一个过程，那么，天地与人一样，也有生命，也有岁月刻下的痕迹。自古以来，天、地、人三位一体一直是人类思考的起点和归宿。第3章实际上隐含着以天—地—人为文化主线的人居环境空间艺术，这条主线同时又分别对应着自然、自觉、自主三种状态下充满神韵幻想、英雄慈悲和人文情怀的人类空间表现过程。天、地、人是一种无蔽的存在，而审美则体现了存在的方式和意义。

本节结合中、西哲学，试从存在、觉悟、审美三个层次进一步展开讨论。

4.3.1　三位一体的空间存在

老子言："道生一，一生二，二生三，三生万象"，并率先指出"天下万物生于有，有生于无"，认为整个宇宙、世界、宏观、微观的本质是无，是信息、能量，是"道"。信息、能量无形态，不可见，因而玄虚。信息指导能量按一定态势存在，能量是基础，信息是指令，而物质，是从这些能量态的"无"中聚集产生的。这与当今杨振宁、李政道弱力下的宇称不守恒——对称破缺、爱因斯坦相对论中的奇点相吻合。无独有偶，在相距遥远的西方，圣经·约翰福音开篇就说："太初有道，道与神同在，道就是神。"而"道"在希腊语圣经中，就是逻各斯。可见，无论是东方的"道"，还是西方的"神"，皆指向宇宙的真理、法则。包括爱因斯坦在内的许多物理学家都倾向于认为，即使不是传统犹太基督教意义上的上帝，起码也有某种神灵（即规律、法则）存在于宇宙的背后。

老庄之道和孔孟之道都对中国文学艺术产生过重大影响。老庄哲学思想核心的"道"既是宇宙本体，又是宇宙万物发展变化的根源，即能量运行、演化之准绳，相当于毕达哥拉斯的"数"、柏拉图的"理念"、西方拟人化的"上帝"。"道"原指道路，哲学术语中通"理"，理是对道的认识，指法则、规律，与具体事物的"器"相对。《易·系辞上》曰："形而上者谓之道，形而下者谓之器。""器"即自然万物，有形有色，是"道"的载体和显现。《周易》提出一阴一阳之谓道的哲学命题，乾阳之天道与坤阴之地道合为"太极之道"。老子的"道"用最有限的文字表达无限，用极少表示极多。"道"是超验的，视之不见，听之不闻，搏之不得。所谓"大音希声，大象无形"皆"道"使然。道之"无"，非空无一

图 4-4　天地之大美

（资料来源：http://image.baidu.com）

物，而是无形、无味、无色、无迹的物质与精神合一的抽象实体，其玄远高深，抽象混沌，无法让人直接感知，无法用形象的语言描述。庄子说："语之所贵者，意也。意有所随，不可言传也。"[34]所谓"意之所随"就是"道"，而"道"是不能用语言来表达的，这就是所谓"言不尽意"。进而庄子又提出要"得意而忘言"。人们从庄子的言论中受到某些启发，在总结艺术形象的特征时，提出了"象外之意"的美学主张，要求"不著一字，尽得风流"[69]，"但见性情，不睹文字"[70]。我们通过对美的知觉与体验能够窥视"道"的某些特征。今天的奇点或黑洞被定义为与我们这个世界无关的"无意义"。而这个所谓的"无意义"所隐含的或许正是康德的物自体——那些不被我们所知的宇宙之"道"，它在宇宙诞生后以能量聚散的物质及其规律形式显现出来并被我们所不断认识。

"道"是中国哲学思想的核心。老子的"一"、"二"、"三"是很典型的意象符号，引起的联想越丰富，意象的多义性和不确定性就越是明显。

"一"者，是开天辟地前未成形的宇宙混沌，阴阳相抱成一团的元气状态。当代非线性科学证明：混沌、不确定、不可测性、突变性、无序性等是客观物质世界的总体特征。太极一方面具有宇宙原始的混沌意义，另一方面又具有万物归于"一"的意义，"一"是万象所聚。

"二"者，天地，阴阳、乾坤也。能量之分解。有与无、正与反同时出现，相反相成。"故有无相生，难易相成，长短相较，高下相倾，音声相和，前后相随。""有"，是能量的密聚态、显态，同泰勒斯的"水"、德谟克利特的"原子"。今天的量子物理学让实宣先有正反基本粒了的成对出现，其次由弱力下的宇称不守恒和对称破缺（也就是量子涨落过程中由于作用量的非对称而导致的正、反粒子相互湮灭的不均衡）生出物质。"无"非虚无，它是物质的对立面，是能量的弥散态、隐态，以一种物质间的作用力（电磁力、强力、弱力、引力）及其规律形式显现。"天尊地卑，乾坤定矣……在天成象，在地成形，变化见矣。"[24]至此，宇宙显现出能量有规律的变化。从"在地成形"的广度看，万物相互交杂，构成丰富多彩的自然景象；从"在天成象"的高度看，万物是"杂而不越"，无序中又有秩序、有尊卑，有贵贱、有上下、有等级，有道义，有礼节。

"三"者，天地人也。《周易》里的卦象以阴爻阳爻组合而成，每卦六爻示之，上两爻为天，下两爻为地，中两爻为人，象征人居于天地之间。孔子在《易经·系传》中说："六爻之动，三极之道也。""三极"就是天地人三才。由老子"三生万象"可见，欲认识域中万象，这"第三"——认识的主体——尤为重要。天地人三才统一是先祖观察宇宙的基本观点，是以人为中介，仰观天象、俯察地理得到规律性的认识：天道有日月昼夜之变，地道有寒热燥湿之变，人道有行止、动静、吉凶、善恶、美丑之变，三才之道变化成错综复杂的景象，故而"三生万象"。天人合一把人的生命存在价值提高到与天地同尊的最高位置，人与宇宙自然的高度统一，凸显出人的生命存在、心灵境界、智能文明与宇宙自然生命、天地万物运行节律的同构同体、冥然契合。

孔子寄希望于当朝天子能够象天法地，以天道来安排人间的和谐秩序。西方哲学前期关注天，后期关注人，近来强调人地关系，但其重点始终在人——人的天性、独立与自由，以人为中心，竭力构筑一个理性的世界。地心说、拟人化的上帝、日神酒神等在本质上都隐喻着人的意向、意志；康德的人类"为自然立法"，叔本华的"世界是我的表象"，现象学的"现象即本质"等等均是从人的角度出发。无论主动或被动，人始终是不可或缺的一个方面。"天、地、人"构成了老子"道"的"三位一体"，不仅如此，它还以自然、自觉、自主三种状态隐含在空间艺术的审美演进与文化脉络中。

4.3.2 三位一体的空间觉悟

人于天地间，天道地道皆不可违背，人道效法天地之道，并受到天地之道约束。《周易》"天道为尊，地道为卑"，并不是言重要与次要的问题，而是以天的高大，地的处下为象征，说明人道文明的礼制依据。天地人合一体现出宇宙常理与人之常情的统一。宇宙有常理而无常情，人有常情、本性又需要理。人的本性须通过宇宙自然常理的制约、规范、改造、成就，才能适应生存的环境，从而以天地之理建构人的生命存在真理，形成社会伦理秩序。

人生的终极意义在于审美和创造。美是事物的一种特质，它使人的感官和理智感到快乐和愉悦。古往今来人们对于美可谓众说纷纭，归纳起来不外乎三大类：①客观说——认为美是事物客观存在的均衡、对称、和谐等物质属性，是理念等客观存在的精神属性及其感性显现；②主观说——认为美是主观心灵的产物，是移情和抽象的结果；③主、客观统一说——认为事物的性质、形状为美提供了条件，但只有符合主观意识时才是美的。马克思主义美学认为：美是自然的人化，是人的本质力量的对象化和形象显现，是人类社会实践的产物。

本书倾向于客观说，认为美作为"真理的光辉"本质上就是天、地、人三位一体的存在及其相互关系，以及隐藏在背后的存在根据——宇宙法则，"天何言哉？四时行焉，百物生焉，天何言哉？"[71]而规矩、定律则是对秩序的认知和解释。秩序必须成为定律，也即是被人所认识、理解时才具有审美意义。生命意味着秩序，因此生命本身也就意味着美，是美的结果和显现。另一方面，人类又通过对天、地的真、善认知以人道折射出天地之道。因此，在"人"的层面，美与审美因人的特殊的能动反映而相互包容、互为辩证。一件自然物品之所以"美丽"，是因为在我们的心目中，它的形态赏心悦目，结构线条充分满足了功能需要。客观的美必然引发主观的美感，反过来，审美行为也必有其审美对象——美的事物。不仅如此，客观美中还包含着主观的审美行为，而主观的审美也必然包含对作为客观美的审美行为本身的审视（图4-5）。

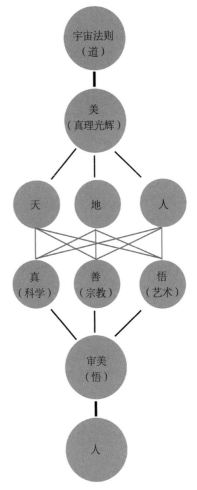

图 4-5 美与审美的关系图解
（资料来源：作者自绘）

"天地有大美而不言，四时有明法而不议，万物有成理而不说。圣人者，原天地之美而达万物之理。"[72]如果说天、地、人及其相互关系是美的本体构成，那么，从人的认识、理解、情感角度，则"真"、"善"、"?"就应该是相对于美的人的主观认知，是主客合一的结果。如果说"真"是对合规律性的天行健般自强不息的能量聚散和生命演进的认知，"善"是对合目的性的地势坤般厚德载物的道德范式和方向的认知，那么，与真、善并列的"?"显然就不能是理应处于本体层次的"美"，而应该是人对天地及自身的关照——审美，即对宇宙法则及其多样性显现的知觉和认识。康德认为审美是一种判断力，具有"非功利性"，"共通性"及"没有目的的合目的性"，是道德活动与认识活动的桥梁。

美和审美之间的互动演绎实际上也就揭示并回答了三位一体的本体如何存在，且在如何存在的过程中滋生出人类的本质——符号行为以及

论文的三位一体

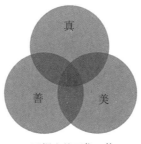

习惯上的三位一体

图 4-6 审美的真、善、悟三位一体
（资料来源：作者自绘）

最早的文化符号。我们在这里不妨暂时以"悟"字替代传统"真、善、美"中的"美"。"悟"即"审美",是真、善、人自身及其相互关系,也即合规律性、合目的性以及合情感悟性的统一。本体的三位一体(存在)所对应下来的相应的"真""善""悟",是本体通过人的审美观照所呈现的存在的方式,也就是"如何存在"(图4-6)。更具体地说,生命中"悟"的过程就是不断思考、审美和建立秩序的过程。在《林中路·艺术作品的本源》中,海德格尔通过对"思与诗的对话"的研讨以及对存在方式和存在意义的不断追问,最后将艺术归属于"成已发生(Ereignis)",即"存在意义"。天、地、人三位一体的美的光辉透过人的"无蔽"状态下的"悟—审美"显现出来。一如维特根斯坦回避形而上的"不可说",海德格尔也在回避哲学上不能证明的本体的存在,转而通过"如何存在"回答何为艺术的问题。

"真"即是真理,但非绝对、终极真理,与"假"相对,其本身具有相对性,它是人们对宇宙法则的一种"悟",一种解读,而至高的真理—超元的道—作为自然而然没有对立面。几乎所有的科学家都相信宇宙中存在着远未被我们所认识的终极真理,它是科学孜孜以求的对象,我们现有的科学成果实际上都是对真理的局部认识,且是一个可错并不断纠错的过程。在与爱因斯坦的讨论中,德国物理学家、量子力学奠基人之一的海森堡提出了科学理论的美感问题。他认为,自然界向人们展现的美往往令人震惊,同时,他还提出了一个方法论的原则,即在科学发现中科学家常常遵循美感直觉去追求真理,因为在美的形式中往往包含着一种比局部范围或局部时间的真更普遍、更根本的东西。[73]这说明"真"只是美的必要而非充分条件。

同样地,合目的性的"善"亦不能完全等同于滋润并养育生命万物的"地","天地无情,以万物为刍狗"[68]说明作为本体意义的"天、地、生命"本无真假、善恶与美丑,这些都是在"悟"即审美的过程中通过符号所承载的、被对象化的人的本质力量、情感意识。这就好比光,作为电磁波,本来无色,相对应的各种颜色全赖视网膜的成像反映。汉语"善"字从"羊"从"口",满足温饱,象形出合目的性,故"善",与"羊大"对应,在意愿上一致,故美。苏格拉底同样认为美是合目的的,美就是善。这种合目的性的意愿相当于叔本华的意志。

"悟"是对真、善和自身生命的解读和审美。悟致极点即走向其对立面的"痴"。痴心,痴迷,痴人说梦,一种"病态"(反常态)的"知"。杜尚曾经说过:"在我看来,艺术是一种瘾,类似于吸毒的瘾。"以此说明艺术家的另类和反常。"痴"有时又好比色盲,视红为绿,补色颠倒,但他并没有也不可能改变光波的频率,只是由于自身成像结构的反常而已,他同样能够构筑一个同本质但非主流的另类的表象世界,看到美的"另一面"(这里不是指"丑")。

"真、善、美"的并列实际上既混淆了元概念(美)与亚概念(真和善)的层级关系,也忽视了审美主体在审美过程中的自为作用,直接将人的作用完全归并到合目的性的"善",从而造成显现美的关键环节"知觉"的缺失。再者,在真、善、美并列前提下又把美简单地理解为合规律性的真与合目的性的善,实际上也就否认了美自身所应该具有的与真和善对等的相对独立性。总之,美应该是比真和善更高层次上的概念。从更为开阔的视界看,如果把假、恶仅仅看作真和善的反题(好比数学中与实数、正数、有理数相对应的虚数、负数、无理数)而不带好恶偏见的话,那么,美则是真/假、善/恶及悟/痴的合命题。其中真与假、善与恶、悟与痴同样具有对称互补的辩证统一关系。

4.3.3 三位一体的空间审美

大卫·休谟说过:"事物的美存在于思考者的心中。"[60]大自然本无所谓美丑,美是被审出来的。在审美过程中因人类情感、伦理价值的介入而分美丑。人类从无常、无序中体认、推断、归纳出秩序,并借助自身文化对自然"立法"。立法的基础是古老的生命一体化认识,是尚处探索阶段的内外、心物辩证,是先天、先验和经验的三位一体。当"悟"面对天、地及其人自身时,意味着对内外、主客的双向关照。

　　"悟"，从"心"，从"我"，即自我觉悟，是对天、地、人包括自我发自内心的参悟。觉悟的前提是"觉"，先有"觉"才有"悟"。这里的"觉"即知觉，它是客观事物整体的外部特征在人脑中的反映，是对感觉的综合判断。知觉不是一个被动接受外界刺激的过程，而是通过大脑对刺激进行分析，并结合以往经验对信息加工整合，最终形成认识的能动过程，"知觉具有主动建构的心理机制。"[74]当然，如前所述，还有一种基于先验的、直接越过感知的直觉的"悟"，同样能够于"量子跃迁"式的灵感闪现中"透视"到存在及其美的本质。如佛教中的觉悟就是一种非认知性的、任何语言都不足以描述的体验，觉悟之人会达到涅槃境界，进入到宇宙精神之中，以事物本真的样子来看待事物。"悟"是创造的前提，创造力的发生和发展，不是一个自然、自发的过程，它离不开客观世界，但在主体方面，创造力的源泉和动力却来自于人的深层心理。美国心理学家S·阿瑞提认为，人的无意识的欲求构成原发过程的主要内容，体现为原初冲动；概念活动构成继发过程的主要内容，体现为有意识的思维；上述两种过程的完美匹配是构成第三级过程的主要内容，体现为审美的升华。而创造力的秘密就在于这两种过程——无意识欲求和有意识思维的有机整合。阿瑞提指出："创造的精神并不拒绝这种原始（亦或古老的、陈旧的、脱离实际的）心理活动，而是以一种似乎是'魔术'般的综合把它与正常的逻辑过程结合在一起，从而展现出新的、预想不到的而又合人心意的情景。"[75]意识与无意识不但能相互配合，而且很大程度上能相互转化。与意识相比，无意识有着更为广阔的世界，它既有与无意识领域相对应的无意识的情感、无意识的记忆、无意识的表象，又能将意识中的内容加以贮存和加工，并直接参与人的创造过程。

　　现代科学逐渐证明了物质世界广泛的全息性。人是小"宇宙"，宇宙是大"人体"，人作为宇宙演化出的精灵，必然把演化过程中的一切信息囊括在自身之内，从宇宙中最美的精神花朵，到细胞王国、原子世界、质子模型……凡宇宙中所具有的信息，人体中无不具有，正如果子把果树以前的各个发展阶段包括在自身之内一样。也正因如此，"悟"才拥有了内在的客观基础，能够于理性的智能和感性的情感中主观地悟出客观的真和善，自主状态下对形而上的数理逻辑的坚信（实则是对人自身的坚信）所带来的天文、地理、人文大发展便是明证。没有"悟"，也就无所谓真假、善恶，也无所谓和谐、秩序。而"悟"既有形而上的思考，也需形而下的践行。美作为真理的光辉，唤起了人类对宇宙的惊奇和觉悟，并通过人的审美反映为真、善、悟，是对天地生命的认知。不仅如此，通过能动的"悟"，人类还能发现并创造无功利的形式以及并非真实实体的"象外之象"、"象外之境"，这或许就是艺术审美的魅力。

　　审美的"悟"在空间艺术领域就是知觉的"象"，它向外延伸出具有善用的器物、形象，向内延伸出具有真意的意象、意境。形象是外显的表现形式，意象是内隐的表现内容。这里，为了更进一步分析空间艺术思维，我们把"象"从主、客观两个方面抽取出来，一来是因为它本身既是内与外、主与客的中介，又具有相对的非主非客、非内非外性质，二来以往的论述总是在形象—意象之间跳跃，缺乏相互间的连接环节，忽略了其中"象"的关键作用，尽管它分别隐含在形象和意象两者之中。更为重要的是，通过对"象"的深入探讨，能够拓展美学视野，促使我们更深入地理解空间艺术创造和鉴赏的内在生成机制，而这对山地城市空间艺术的建构无疑具有认识论和方法论的意义。

　　由真、善、悟，以及第2章的物理空间、知觉空间和意象空间，它们在空间艺术领域所共同折射出来的便是相应的意、象、形三位一体。这里"形—善"，"象—悟"，"意—真"两相对应，这里的"象"实际上类似于康德、皮亚杰主客、内外、心物合一的"先验图式"，阿恩海姆的"知觉思维"。意、象、形三位一体是人类存在的一种具体方式和方法。外在的形与知觉的象构成人们所认知的客观形象，内在的意和知觉的象构成主观的意象。甚至，外在的形和内在的意在先验结构的解构、重构过程中超越固有的先验图式于灵感的瞬间通过直觉相互关联，前提是能动的、新的"象"的建构在先并通过意象扩展至"形"。

至此，联系第2~4章的写作思路与论述内容列出如表4-1所示的相互对应关系（表4-1）：

三位一体的对应关系 表 4-1

	三位一体			哲学	美学
	天	地	人	存在	美
对应关系	真（科学）	善（伦理）	悟（艺术）	如何存在	广义的审美
	意	形	象	审美的存在	艺术的审美
	意义空间	物理空间	知觉空间	空间	空间艺术

资料来源：作者自绘

从认识主体的角度，严格地说，"真、善、悟"是人类通过科学的、宗教的和艺术的手段对天、地、人本体的综合审美，而"意、象、形"则是人在人居环境空间中的具体审美方式。各层次的三位一体彼此包容，并无绝对分野，各层次之间也并非就是绝对的一一对应，而是互有交叉。这里的对应关系不过是关系集合中的一支，用来说明从"本体的存在——美"到"如何存在——审美"再到"存在的方法——艺术创造"这样一个逻辑关系。人孕育于大地，视乾阳为父，大地为母，故，天意为"真"，有道可循，大地为"善"，有器之用。

如果说哲学思辨是在不断地追问中启迪人类心智，那么，空间艺术就是人类心智通过知觉思维向物理空间的投射。美国科学史家萨顿从人类文明的进步出发，将科学、宗教和艺术形象地比喻为三棱锥的三个面。这里，根据本书的观点略做调整和修改，将自然和相对于自然的人类文化的三个方面科学、宗教、艺术以美、真、善、悟为顶点构筑起另一个简洁、明了的正四面体（图4-7）。其中，"美"作为集天、地、人三位一体的真理之光位居顶点。如果说传统的真、善、美三点一面更多地体现了自然的规律与秩序，那么，真、善、悟三点一面则体现了人对规律和秩序的审美——艺术，而美的境界、善的虔诚和自觉觉他的悟性三点则共同构成了宗教应有的基质；同理，寻着"真理的光辉"，在不断的觉悟中追求真象，在追求真相的过程中不断觉悟，便是人类的科学精神。萨顿说过："当人们站在塔的不同侧面的底部时，他们之间相距很远，但当他们爬到塔的高处时，他们之间的距离就近多了。"[76]人类的文明是一个不断攀升的过程，随着高度的不断上升，真、善、悟以及科学、宗教、艺术不断接近，并在最高点，"美"达到自然与人文、理想与现实、美与审美的统一。

空间艺术就其思维的结构性状上看具有共时性，是形和意在象的层面的交织；就其建构过程看具有历时性，是意、象、形三者的循环往复。也就是说，意、象、形三位一体是空间艺术得以成立的前提，而意、象、形三者的循环往复并最终定格在形的层面则是空间艺术创造的必由之路。

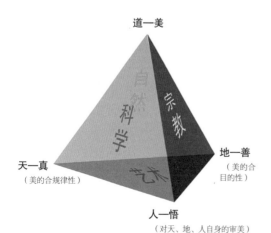

图 4-7 人文与自然的几何图解
（资料来源：作者自绘）

4.4 小结

现代哲学之所以回避"存在"问题转而寻求"如何存在"，其原因在于哲学的基石——空间科学的不完备性，但其终极目的依然是在拷问"存在"——天、地、人的存在。

　　人的审美能力是自然选择和能动积累的结果，是先天的物质载体、先验的内在结构和后天的生命体验的综合。通过对先哲思想的梳理，并结合现代科学成果，首先论证了"先验"与"经验"的等价性问题，指出："先验"即"经验"，是经验的内化（物化、观念化），体现在空间艺术思维上就是知觉的"象"的生成、发展过程。经验与先验的内在关联决定了主与客、内与外、形而上与形而下的必然联系。其次，通过三位一体的基本认识和层次梳理，以"美是真理的光辉"为据，在长期以来所形成的"真—善—美"共识基础上，通过"天—地—人"三位一体的本体存在，推演出"真—善—悟"三位一体的存在方式（广义审美）和"意—象—形"三位一体的空间艺术审美与建构思路。

　　接下来，本书将从符号学入手，就人居坏境空间艺术的意、象、形三位一体以及"象"的中介作用进一步展开讨论。

第5章
艺术如何表现——基于空间美学的艺术建构

艺术不是再现可见的东西，
恰恰相反，
它使不可见的东西变得可见。

——保罗·克利

所有的文化现象都是由物质层面、心理层面和心物结合层面构成的有机体。艺术的一个重要品质在于知觉思维和心灵的直觉表现。"艺术是直觉，直觉是个别性相，而个别性相向来不复演"[77]，这就是艺术的不可重复性。艺术的审美性和审美的独特性注定了艺术的历史不存在，从第3章可以看到，历史上所有的艺术只是关于它们的事实或者审美对象的记载而不是审美的记载，"审美"作为直觉和表现是独一无二的整体。艺术的发展和延续虽然有自己的历史过程，但是，它们作为心灵的直觉表现没有过去，它永远是"现在"。艺术不以其产生的时间先后论高低，而是以其审美价值论沉浮。科学的历史是"过去"，是人类认识世界的"脚印"，而艺术的历史就是艺术的"现在时"。本章所要讨论的就是艺术创造和审美的共时性问题——意、象、形三位一体。

5.1 空间艺术的符号学途径

语言是表达和交流思想感情的手段。造型艺术语言是艺术家用造型艺术方式表达思想感情的手段。恩斯特·卡西尔（Ernst Cassirer）认为："人是'符号的动物'"。动物只能对"信号"（Signs）作出条件反射，只有人才能够把这些"信号"改造成为有意义的"符号"（Symbols）。人—符号—文化三位一体，人就是符号，就是文化。

5.1.1 符号的一般特性

符号一词，最早出自古希腊语Semeion，其词义与医学有关。中世纪奥古斯丁认为符号（Signum）是使人想到这个东西加之于感觉而产生的印象之外的某种东西。可见，符号既是物质对象，也是心理效果。现代符号学发轫于瑞士语言学家索绪尔和美国逻辑学家皮尔斯，其理论思想主要有四大来源：自然科学、社会与人文科学、现代哲学和现代语言学。符号学研究的就是一种表现为特殊类型的相关关系现象，即信号（Signals）与信息（Messages）的关系，换言之，也就是交流中社会的、约定俗成的和系统的关系现象。

符号（Symbol）与记号（Sign）的共同点在于它们都是信息的载体，区别在于：记号是符号的子集，是物理世界的一部分；而符号不仅包括记号，更主要的还是人类意义世界的一部分。记号起标识作用而符号不仅有标识作用，更为重要的是还有指代和象征的作用。符号与记号的区别意味着人与动物的区别，符号意味着人类所特有的想象力和智能。

5.1.1.1 符号的共性与个性

艺术同语言一样都是表达观念的符号系统。索绪尔认为，一个符号包括两个不可分割的组成部分，能指（Signifier，也可称为"标记"，即语言中的一套表述语音或一套印刷、书写记号，艺术中的形式表达方面）与所指（Signified，指称对象，即作为符号含义的概念或观念，艺术中的意义内容方面）。一切符号之所以能传递信息是因为它们与意义（Meaning）相联系，意义就是符号的内涵，是人的头脑中激发出来并赋予符号的概念。然而，"能指"与"所指"的联系具有任意性，它潜在地意味着符号一开始被创造出来时并不具有共性，但这种"任意性"随着约定及共识的不断形成，渐渐变得有条件、有范围。一个符号一旦确立和形成共识，个人是不能随意改变它的。索绪尔说："能指对它所表示的观念来说，看起来虽然是自由选择的，但对使用它的语言共同体来说，却是固定的、不自由的。"[78]语言符号既是言语机能的社会产品，又是社会集团为了使个人有可能行使这种机能所采用的一整套必不可少的规约。个人独自不能创造语言，也不能改变语言。语言是同质的、被动的和社会性的，是"一个社会事实"；而言语是异质的、主动的和个人性的。言语通过语言起作用，是社会贯约系统和个人言语机能的共同产物。言语的使用以先天机能为基础，而语言却是后天习得的、约定俗成的。

　　法国语言学家、结构主义批评家罗兰·巴特针对索绪尔重语言轻言语、重社会性轻个性的符号观进行了补充。巴特认为语言与言语是辩证的关系，一方面只有从语言中吸收言语才能运用言语，另一方面只有从言语出发，语言才能存在。简言之，语言既是言语的产物，又是言语的工具，并指出，符号学的能指和所指与语言学的能指和所指在实质上存在区别，某些符号如实物、手势、图像等并不所指什么，且能指也并非只是音响形象。因此，他提出以更为灵活、更为宽泛的"表达"和"内容"概念替代"能指"和"所指"概念。

　　符号的共性与个性或者说社会性与心理性，是矛盾的统一。体现在建筑上就是外部公共空间和内部私密空间的统一，体现在雕塑上就是城市雕塑与个人创作的统一。就空间艺术而言，城市以空间布局的形式赋予空间意义并规范人们的行为，建筑以其"间"的内外表面形式界定空间并渲染空间氛围，雕塑则以实体形象表现人自身的理想和情感。所有这些或隐喻或象征的空间符号语言的解读皆是在长期交流中约定俗成并在主体间性的知觉系统基础上完成的。当然，任何空间艺术符号既包含有发送者（创造者）的设计意图，也取决于接收者（欣赏者）的解码背景（时代背景、社会背景等）和解码水平（知识水平、审美品位等）。任何创造既要立足于社会现实，又要有所突破，这就意味着个性、特殊性在创造过程中的"始作俑者"地位。本质不仅仅意味着一般和普遍，它也意味着具体事物的个别与特殊。事物由特殊与一般构成，历史由个人和群体共同推动。

5.1.1.2　符号的逻辑性与非逻辑性

　　美国逻辑学家、符号学家皮尔斯把符号学范畴建立在思维和判断的关系逻辑上，注重符号自身的逻辑结构，认为符号或表现体是某种对某人来说在某一方面或以某种能力代表某一事物的东西，是一种自身独立的自在的存在，属第一性的存在，独立于时间和空间，是依据可能性的存在，它对应着论文中的"意"。对象（主语）是符号本身所呈现的一种存在样式，它是相对的，始终依存于一定的时间和空间，是经验的和现实的，属第二性的存在，它对应着"形"。关系（连词）属于所有精神的、意识的存在方式及活动所决定的东西，同时也作为一种"解释"用于符号本身，所以它是一种以思维或符号为核心的第三性的存在，对应着"象"。由此，我们可以看出皮尔斯符号学所呈现出的逻辑关系实际上也就是本质（意——理念）、现象（形——经验）和它们的统一关系（象——结构）三位一体（图5-1）。

　　然而，除了这种连续、线性的逻辑方向（I—M—O或O—M—I）外，是否还存在着非线性非逻辑方向（I—O或O—I）呢？不能证明并不就意味着不存在（图5-1）。如果说以罗素等人为代表的英美理想语言学派是要不断地巩固、加强、提高、扩大语言的逻辑功能，因而他们所要求的是概念的确定性、表达的明晰性、意义的可实证性，那么，后期维特根斯坦等人却恰恰相反，他们要竭力弱化、淡化、以至于拆解、消除语言的逻辑功能，他们所诉诸的恰恰是语词的多义性、表达的隐喻性和意义的可增生性，把语词从逻辑定义的规定性中解放出来。维特根斯坦认为："我们所要做的就是把语词从其形而上学的用法中带回到它们的日常用法。"[109]海德格尔之所以也极为相似地一再申言，"语言之生存论本体论的基础乃是言说"[110]，实际上都是力避从定义、概念等抽象固定的逻辑规定性上来把握语词、语言，而是返回到语言的具体性、生动性以致诗意性。维特根斯坦说："想象一种语言就意味着想象一种生活方式"[79]，海德格尔说语言是存在的家园，实际上都是在强调：语言来

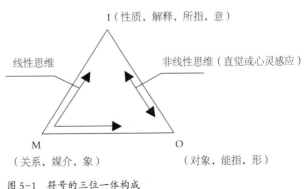

图 5-1　符号的三位一体构成
（资料来源：作者自绘）

自于言语，语言的本质绝不在于逻辑，而是那些先于逻辑的东西，是体验，是生活。语言总是不能完全地表达我们自己的心意，也正如席勒所言："一旦灵魂开口言说，啊，那么灵魂自己就不再言说！"[80]《庄子·知北游》也说："道不可言，言而非也"。这些都说明了语言文字的局限性和深刻的"道"的不可言说性，也凸显了语言的一个弊端，即海德格尔所说的语言的"遮蔽性"。中国古人主张返回到神秘的内心体验，即所谓"迷人向文字中求，悟人向心而觉"。[113]

量子非连续的能级状态和涨落现象为突然生发的、灵感式的创造性思维提供了物质的和物理学的解释基础。而这"突然"的背后又纠结着无法用语言表达的、基于量子概率的"道"。爱因斯坦相对论的时空弯曲及一定的相对论条件下因果律不再成立（光速状态下时间延伸，不再有过去和将来）向我们揭示了"另一个世界"的可能性。比如，空间艺术的原创性一方面体现在通过"陌生化"的视角，发现新的可能性，并对已有的"象"（先验结构、观念、图式等）进行解构与重组；另一方面也体现在以"量子跃迁"式的灵感、顿悟，超越或跳过已有的"象"，在形—意之间的自由切换。

几乎所有的符号学都强调其社会性、逻辑性、线性等特点，而对潜在的个性、非逻辑非线性等"对立面"或忽略或视而不见。事实上人类的任何符号行为，尤其是符号的创新皆是情感与理智的交织，是一种价值选择，其中有着共性与个性、逻辑与非逻辑、连续不变性与非连续可变性的相生相克和相互转化。它们最终统一于建基在"悟"基础上的各种审美判断。

5.1.2 空间艺术符号的特殊性

人居环境空间艺术作为人类认识和交往的符号形式其独特性在于感性直观的空间形象。建立在符号与所指"同构"关系上的象征空间不同于建立在符号与符号"同质"关系上的抽象空间，象征空间的首要作用是"认同"，其次，以具体事物表现某种特殊意义。因此，这种符号具有直观和具象化的特征。在象征空间中，一旦两个事物之间建立起了同构关系，那么不管它们之间在时空上、在分类上悬殊多大，都被看成是本质相同的。象征空间常常具有令人惊叹的宏大视野或微观洞察，并且执着于空间的整体性和结构性的同一。由于象征浓缩了精神意义并升华为形象，所以常常与该时代的精神密切相连。

隐喻、象征和图像的结合就是艺术。尽管所谓的客观世界是可以相当精确地加以描述、度量和分类的，但对内心世界的情绪和感情却无法进行这样的分析。真正的视觉艺术在精神层面是无法详述甚至无逻辑的，当艺术超越知觉思维成功地依靠隐喻把我们带到更高的境界时，需要的是一种顿悟，一种一下子突然发生的"量子跃迁"。但不管怎样，它终究要回到直观的"形"和"透明"的"象"。因此，空间艺术符号承载情感的表现性形式及其透明的"幻象"是其主要特征。

5.1.2.1 空间艺术符号的情感表现形式

人类最初的语言都是通过形象思维而不是通过抽象思维形成的。意大利哲学家、美学家克罗齐认为："语言的哲学就是艺术的哲学。"[77]其《美学原理》的主要观点就是：直觉即艺术，艺术即表现。人人都有直觉，人人都是艺术家，人人都在表现。艺术家与一般人相比只是在直觉的量上不同，直觉的成功表现即是美。直觉的功用在于给无形式的情感赋予形式，使情感成为意象而"对象化"。这种"心灵的综合活动"有成功与失败之分，美只是指成功的表现，不成功的表现则是丑。美感就是成功的表现引起的一种快感。克罗齐持形象思维论认为语言就是一种形象思维，在本质上和艺术相同。克罗齐关于"艺术即直觉"的观念所强调的艺术及其审美中的"意象"，也就是艺术符号的象征。

卡西尔认为，艺术可以被定义为一种符号语言，是我们的思想、感情的形式符号语言。每一个艺术形象，都可以说是一个有特定含义的符号或符号体系。为了理解艺术作品，必须理解艺术形象，而为了理解艺术形象，又必须理解构成艺术品形象的艺术符号。符号的表现性体现在最重要的两种符号形式——语言和神话在起源上都是表现的。名称是构成语言的最基本因素，而名称产生于直觉的聚合，即把直觉意象聚合为一点而形成的。在人类的早期，语词的表现力来源于神圣化命名，人类后来的许多名称都来源于早期的神明，神名在早期人类思维中有着决定性力量。而语言的抽象性来源于人类早期的隐喻思维，隐喻思维是语言的分类功能形成的基础。从语言的生成可以看出，语言从诞生起就是具象的和诗性的，是和神话形象联系在一起的，只是到了成熟阶段，它才变得严格抽象。神话和艺术从开始生成就有着密切的联系：首先，神话和艺术同样都是一种虚构；其次，神话具有概念和感性、理论和艺术的双重结构；再次，与神话思维的特征相关，神话具有直觉与情感的统一性；最后，神话情感有交感性的特点。这些特点都和艺术的特点有很多的重合。

艺术形式的创造过程是一个构形的过程，在这种构形活动中，同时需要感性和理性思维，所以，艺术形式应该是一种"感性—理性结构"。但是，从根本上讲，艺术主要是一种感性的直觉，其功能在于使受众在形式审美的过程中获得一种精神的自由。总之，无论是科学符号还是艺术符号，都表现了人类对其所生存的这个世界的认识，而这个世界本身就是一个人化了的世界，符号渗透了人的文化积淀和情感因素。符号不可能纯客观地再现世界，它是观念的产物，无不打上思想的烙印。

5.1.2.2　空间艺术符号中的"幻象"

卡西尔把符号上升到本体论的位置，认为符号不是反映客观世界而是构成客观世界。符号行为的进行给了人类一切经验材料以一定秩序，符号表现是人类意识的基本功能。苏珊·朗格认为艺术是人类情感符号的创造，但是侧重点有所不同。苏珊·朗格并不是从大而化之的人类文化的角度来看，而是具体到艺术活动的个别，从而使符号的创造活动和理解活动给人以更为清晰的印记。

苏珊·朗格结合卡西尔关于人的本质在符号以及怀特海关于符号的抽象性、有机性、整体性和表现性观点，认为语言是一种推理形式的符号体系，它的逻辑结构中所包含的对象之间是同一性关系，这种明确与固定排除了情感的混沌，矛盾状态，而艺术是人类情感（这种情感是概念性的、普遍性的情感，而非日常生活的情感）的表现性符号体系，它是直接呈现在人类知觉面前的、包含了多种复杂含义的综合体。因为它的不确定性，所以留给人类更大的余地，并使其本身的包容量和承载能力均发展到最大程度。对于艺术中的形象，朗格借用物理学的术语把它同时界定为一种"幻象"，每一门艺术都创造了一种基本幻象。更为重要的是，朗格将这种附着于具体形象之上的"幻象"进一步归结到她所称之为的"他性"（Otherness）——透明的形式法则及其意境而非具体直观的形式或形状，[81]它使得艺术这种符号与现实相分离，从而使其"形式直接诉诸感知，而又有本身之外的功能"。

叶毓山先生在谈到北京军事博物馆毛主席汉白玉立像的创作体会时说过："为了表现其博大的胸怀和近乎神一般的强烈的精神气场，我大胆舍去一切不必要的烦琐和衣纹，以高度洗练的块面、上下贯通的线条、厚重敦实的形体来达成一种万众所归的境界（类似物理学的万有引力——笔者注）。"（图5-2）这里无形、透明的万众所归的境界就是朗格所说的"他性"。正是这种"他性"使各门艺术相互关联。换句话说，透明的"他性"是各类艺术共有的特征。朗格具有透明"他性"的幻象的诱发和升华取决于接下来将要讨论的"象"及其隐藏在表象背后的"式——势"关联。

图5-2　毛主席汉白玉立像（叶毓山）

（资料来源：叶毓山雕塑·第一卷.成都：四川美术出版社，2003，1.）

空间艺术所呈现的不仅是空间形状，而且更为重要的是空间的形式，并且把空间形式转化为视觉可体验的形势，以表达基本的生命秩序与节奏。艺术品所表现的知觉、情感、情绪以及旺盛的生命力本身用任何词汇都难以准确表达。如何使一件艺术品的意义不仅能被其创造者所了解，而且能被每个人所了解？这需要直觉的基本理性活动来认识艺术符号的意义。优秀艺术的标准在于它把握人的思维并表露一种人们信以为真的情感的能力。

无论对于创造者还是受众者，符号的主体间性是思想、情感得以交流的基本前提。对于推理性语言符号或科学符号，需要共同的语言结构和逻辑思维，对于表现性艺术符号，则需要共同的形式语言和形象思维。但在连接主与客、内与外的中介桥梁作用上，它们不仅具有同一性，而且具有交感性，也就是说，科学的理性与艺术的感性在"先验结构——象"这个知觉思维层面存在融汇或者说交点。科学家依据美感直觉探索真理或者艺术家通过理性思考直面生命的无数现象就是证明。科学也好，艺术也罢，其实都需要人类的情感和智能。思维方式的不同并不意味着思维本质的不同。

综上所述，尽管索绪尔等人的符号观各有侧重，但都是对人类文化的不同描述，它们的共同点在于都认为符号作为指称系统联系着主观与客观、内与外两个方面。由符号指向概念的过程就是内涵，而从概念向具体事物的过渡就是外延。任何创造性的符号都是从"给定"（先在的显现或想象）的图像中产生的。符号产生的过程就是人类心灵的内感意象不断外化的过程，一个表现的过程，而在空间艺术符号的结构层面涉及意、象、形三个方面（表5-1）。

几种符号理论的比较 表 5-1

符号构成 不同的符号表述	形	象	意
索绪尔的符号构成	能指	逻辑	所指
皮尔斯的符号构成	对象	媒介	解释
卡西尔的符号构成	形式	构型	认识
贝尔的艺术符号	形式	知觉	意味
苏珊·朗格的符号	表象	幻象	意象

资料来源：作者自绘

5.2 空间艺术的意、象、形

5.2.1 传统观念中的二维——"形"和"意"

关于"形"和"意"古往今来已有大量著述，在此只打算略作论述。

5.2.1.1 空间艺术的"形"

"形"即形象、形状，万物之外貌、构成。无论多么伟大的艺术品，它必然承载于一定的物之中，物是艺术的载体，离开了物，艺术无法显现自身。

1. 形式——形象的基本内涵

形之成像为形象，而这里的"象"似"像"非像，它既来源于纯粹的客观物体，又是被知觉思维过滤、筛选、"完形"后的像，包含了主观认识到的客观形式，并构成形象的基本内涵。形式是事物的结构、组织和关系等，有内在形式和外在形式两个层面，内在形式是指事物的内在结构和框架，而外在形式则是指事物可见的外部形态和关系。从美学角度看，形式主要是指艺术作品的结构、要素关系和外在形态。形式不仅有着"自律"的构成法则，它同时还是"情感"的固化。

形式美学以古希腊为源头，有毕达哥拉斯的"数理形式"，柏拉图基于神的"理式"，亚里士多德基于质料的"形式"等。尽管其内涵不相同，但在艺术与形式的关系问题上基本是一致的，都是从"形式一元论"规定美的本体存在：或认为美是一种"数理形式"，或认为它是精神理式的外化，或认为它是"质料"的形式化，都将美与艺术等同于形式。这一思想对整个西方美学产生了很大的影响，甚至可以说塑造了整个西方美学的基本品格。

如果说西方形式美学的理论形态是思辨性的，那么，中国形式美学则是经验性的。中国的实践哲学历来强调"观物取象"、"格物致知"，但重点却在"诚意正心"、"立象尽意"。从经验出发，最根本的就是从审美主体出发，从审美主体的意向出发。因此，"形式"在中国美学中鲜有独立自主的意义，而是为审美主体的思想、情感等内容服务的，或者说只是内容的辅助和手段。例如，所谓"感物吟志"，"感物"是手段，"吟志"是目的；"以形写神"，"形"是手段，"神"是目的。不像西方美学中的"形式"概念那样具有宽泛的含义，更不像西方美学中的"形式"概念被提升到宇宙和美的本体或本质意义的层面。

尽管西方与中国在"形象（式）"问题上各有侧重，前者重自然、科学，后者重人文、道德，但中国《易经》"仰观天文，俯察地理，中通人文"的实践理性和西方的"先验直观"又分别在不同程度上弥补了各自的不足。从本书的角度，总的看来"形象"是客观的"形"与中介的"象"的合一，但侧重于对"形"的关照。

2. 寓情于形

造型艺术语言是艺术家通过造型媒介（形态、色彩、材质）和手法构筑生动的艺术形象，进而表达出思想感情的手段，而"形"是造型语言的基础。

1）形式美感产生的根源

物体主要通过视觉被感知，而视觉不是纯客观的，它是视知觉与客观对象相互影响、相互作用所形成的。人有一种在外在事物上面刻下他自己内心生活的烙印，实现自己的冲动。人类在能动的生命意识中天生着求生避死的愿望和意志，经过长期与自然的抗争，人类在求生的斗争中通过工具的坚韧（对敌有害）和圆润（便于手握）等形态逐步认识、掌握和抽象出了规则几何形，不过，在生产力水平极为低下的情况下，功利性目的占压倒一切的绝对优势。随着社会的发展，人的认识能力不断提高，而形状好用的往往又是好看的，形状的形式情感由此产生，人类祖先在运用和享受形状的功利成果的同时获得了对那种形状的形式快感，功利与审美二者结合在一起难分难解。随后，人类对形状的本能快感，以及由功利性长期积淀转化而成的形式美感，逐渐形成强化，实用性让位于审美特性，形状终于冲破实用造型的功利性局限，成为艺术造型的语言媒介而独立开来。

视觉既是主动积极的生理活动，又是高度选择性的心理判断活动（完形）。视觉能够对物像进行有效的选择比较和判断分析，判断出视觉对象之大小、位置、亮度、张力等，最终赋予其形状和意义。外部客观事物的形状呈现出两种基本特征：规则、简化的抽象几何形态以及非规则、复杂的自然形态，前者多为无机物质、人造物，是能量的静态守恒；后者多为有机物质、生命体，反映出能量的动态变化。总之，视知觉是外部客观事物与人的视觉生理、心理以及智能共同作用的产物。

2）三维空间的形式情感

影响三维空间情感的因素很多，如量感、质感、触感、节奏、运动、光影、色彩等，但作为三维空间艺术，基本艺术语言是体积，以及与之紧密联系、不可分割的空间关系。雕塑的三维空间造型，是实在的立体物，只能凭借有限的动作姿态、体型服饰、结构和空间语言，来表达更多的情感内容。如罗丹的作品《思想者》紧缩低垂的形体表现了思想的困扰和桎梏（图5-3）。我国霍去病陵墓石雕的卧虎，只在一座巨石上略加雕琢，刻出几条凹痕，几乎是一个石头毛坯，但其勇猛雄健之形态昭然。

一般具有纪念意义的大型雕塑其位置空间要求高大开阔，欣赏时仰角大，由此引发一种神圣、崇高、威严、雄伟的情感。且大型雕塑的三维造型往往以少胜多，强调明快、单纯、简洁、概括的特性，这样才能从纷繁的背景中脱颖而出。如中国山西的云冈大佛、美国拉什莫尔山的四总统像。

建筑是介于空间与实体的艺术形式，由于人们欣赏建筑空间时是一个时间的流动过程，空间的形状、大小、方向、开敞或封闭、明亮或黑暗都可以对情绪产生影响。恩格斯在评述欧洲三种典型的建筑

图 5-3 《思想者》——罗丹
（资料来源：自拍）

风格时说："希腊式的建筑使人感到明快，摩尔式的建筑使人觉得忧郁，哥特式的建筑神圣得令人心醉神迷；希腊式的建筑风格像艳阳天，摩尔式的建筑风格像星光闪烁的黄昏，哥特式的建筑风格像朝霞。"[82]建筑的审美首先由环境与空间关系所引起，建筑与地形地貌的不同匹配，以及建筑群的不同组合形式所构成的观赏序列，可以形成不同的美感效应，比如开朗、幽深、雄健、柔和、神圣、亲切、恬适等感觉，这种感觉是感性的、朦胧的，有时因人而异且只可意会不可言传，较为抽象。

5.2.1.2 空间艺术的"意"

空间艺术作品之所以是艺术作品不仅仅因为它是一个物，还因为它要承载人的意图和目的。"意"者，人之本质力量，形之所载，符号中的"所指"，康德哲学的"合和目的性"。在空间艺术中往往通过想象以"意象"的形式内显于我们的意识。

1. 意象溯源

"意象"一词，《辞海》的解释是：表象的一种，由记忆表象或现有知觉形象改造而成的想象性表象组成。意象理论在中国起源很早，先秦时，"意"和"象"是有机结合在一起的，通常以"象"来表达"意"的本质内含，但并未将"意象"合为一个范畴。西汉王充的《论衡·乱龙篇》出现"意"、"象"二词合一，然而，并未进行详论。南北朝刘勰的《文心雕龙·神思》始将二词合一，并进行详论。"意象"的范畴在魏晋玄学中，得到进一步独立论证与发挥，特别是易学义理派代表王弼"得意而忘象"的命题，融进了老庄思想，开辟了"意象"研究的新视野，对"意象"学的确立产生了巨大的影响。《周易·系辞》已有"观物取象"、"立象尽意"之说。《系辞上传》记述，子曰："圣人立象以尽意，设卦以尽情伪，系辞焉以尽其言，变而通之以尽利，鼓之舞之以尽神。"孔子指出，书、言都难以表达真正的"意"，于是圣人用"立象"的方法，把观察自然本体所总结出的一阴一阳、一奇一偶的道理通过设立"卦"象来传达其情性，分析具体的凶吉盛衰、命运转变。艺术创作过程中具有审美品格的意象称为"审美意象"，它借助"象"来表"意"，是非物态化的内心图象。尽管属于主观想象，但却不是纯主观的东西，而是主观与客观的合一。不同于抽象的概念，它是以"象"作为思维主、客体的联系中介，意象思维过程始终不脱离"象"，呈现出直观领悟的思维特色。

"意"不受"象"约束、进一步广延就是"意境"、"象外之象"。其范畴属于思想性、纯精神性的，不可感知，只可意会，而且广深不可测，书、言皆难尽其意。宗白华先生对意境的解释是："在人与世界

之间，以宇宙人生的具体为对象，赏玩它的色相、秩序、节奏、和谐，借以窥见自我的最深，心灵的反映；化实景而为虚境，创形象以为象征，使人类最高的心灵具体化、肉身化，这就是'艺术境界'"。[83] 如果说中国早期哲学以先秦理性精神为主导，强调格物致知，那么，伴随着"万法性空"的佛学思想的渗透和溶解，以魏晋南北朝"玄学"为标志，便开始了向纯粹精神上的梦幻境界的追求。南朝齐梁间的谢赫在其《画品》中以"六法"（气韵生动；古法用笔；应物象形；随类赋彩；经营位置；传移模写）为品评标准，将古画分为"六品"，认为作品之"极妙"不在于"体物"之精粹，而在于能够"取之象外"。"象外"是对具体物象的突破和超越，化有限为无限，充满特定的艺术情趣，是极为微妙的虚象，属于审美联想的自由精神境界。唐代诗人、诗论家王昌龄在《诗格》中把诗境分为"物境"、"情境"和"意境"，其中第一种"境"：诗人得自然山水"极丽绝秀"之神于心中，处身此境，对自然之物进行深刻思索，将物象全部容纳于心中，获得形似。第二种"境"：诗人将情感在内心意识中进行扩张，情意在自身精神中进一步深化，然后通过神思飞越，得其深情。第三种"境"：将"意"、"情"、"思"、"心"融为一体，进入审美意识的高级阶段，得到"真"意，思获真谛，形成意味深远的艺术境界。三种"境"体现出诗的三种格调和三种境界，其中"意境"突出了"意"在"思"中的扩射，表达了诗人的内心审美体验。"意境"的概念在此已正式确立，并反映出诗人对"境"的深思和重用。

意象与意境两个概念既相互联系，又各有侧重。从"心"与"物"的关系看，"意象"是主观与客观的统一；而"意境"重在"超以象外"，追求虚幻、虚。从审美特征上分析，"意象"突出"意"，得意而忘象；"意境"突出"境"，这里的"境"不是指实景、实境，而是指虚境、情景。

2. 空间艺术中的"意"

"意象"概念乃是中国古典美学的基本范畴，它是古典美学飘逸，虚灵的独特风格的象征。又由于中国艺术起源十"观物取彖"的实践方式和具有象征寓意的实际功用，"意象"观较为直接地转化为艺术的认识观和方法论，使中国传统美学在总体风格上带有"意象"的审美特征，艺以显道。

中国建筑不追求单座建筑的新奇，而讲究运用最简单的单元组成最丰富的群体，即使一座单体建筑也是由若干最基本的单位重复组合而成，这是由中华民族的群体意识、利他意识、统一意识、专制等级意识等的民族意识积淀而成的，其背后隐含着东方的社会道德意识和哲学观念。此外，建筑的形式美中还融入了社会性、时代性和民族性。如古希腊建筑潜心推敲各部分的和谐比例，罗马建筑致力于表现巨大豪华，哥特式建筑追求飞腾朦胧感，文艺复兴建筑又转而寻求稳定感和节奏感，这些都是寓意于形的结果。

审美中的直觉意象

在中外美学史上历来有"美在心"和"美在物"两种观点。其实，两种看法是各执一隅。审美主体有一种介入对象的意向性，而审美对象又有一种吸引主体介入参与的"召唤结构"。在这个对象向主体敞开，主体静观对象的过程中，便生成出审美意象。它既不是物本身，也不是心自体，而是两者互动共生的产物。哲学家维特根斯坦曾经对"鸭—兔图形"做过深入分析（图5-4）。这个图形其实既不是鸭子，也不是兔子，但是，当你去审视这个图形时，它既可以被看作是一只兔子的头，也可以被看作一只鸭子的头，但不可能同时既是一只兔子又是一只鸭子。这里的"看作"便是观者和图形之间的一种默契和互动的产物。

就空间造型艺术而言，形象思维有常规性和直接性之分。当作者在进行人物、情节等描写、刻画

图 5-4 "鸭——兔"图形
资料来源：[英] 马丁·奥利弗. 哲学的历史. 王宏印. 北京：希望出版社.

的时候，所进行的思维就是有步骤地对形象进行分析和综合的过程，属于常规性的；而当作者在审美观察中捕捉形象时，往往又是直接性的，可以说是一种灵感式的创造性知觉，一种无缘由的心灵顿悟而非理性的认识。爱因斯坦的那句名言："天才是百分之一的灵感加上百分之九十九的汗水"后面其实还有一句："但是那百分之一的灵感更重要，甚至比那百分之九十九的汗水更重要。"[84]直觉不受人类意志控制，也有人视之为一种由遗传而来的本能，通常也称为"第六感觉"。在心理学上，直觉思维与逻辑思维相对，具有直接性、跳跃性、个体性、或然性等基本特征。

笔者认为直觉就是一种超越逻辑思维的"悟"，一种生命一体化的交感。具体说来，心灵活动作为一种创造性活动，由认识和实践两种形式构成。而认识活动又分直觉和逻辑两个维度，实践活动又分经济和道德两个维度。在这两对"度"中，前者独立于后者，而后者依赖于前者并且包括前者，是对前者的发展。艺术思维作为"直觉形式的知识"，不仅独立于作为"实践"的经济与道德，而且可以独立于逻辑的"认识"。也就是说，它是非实践和非逻辑（概念）的知识，具有自主性。在直觉中想象，在想象中直觉，任由来去，体验和享受创作与情感的自由。很显然，这种自由，一方面意味着艺术表现的自由，另一方面彰显为审美鉴赏的自由。另外，这种自由不仅是直觉想象的结果，而且为逻辑、经济与伦理等其他人类活动形式奠定了基础。直觉中的一切东西都是原始的、纯粹的、朦胧的、个体的、浑整的，所以，直觉所产生的知识只能是意象，而不是概念和理性。直觉还不同于知觉，它并不区分实在与非实在，直觉就是印象、感觉或感受的对象化，但并非印象、感觉和或感受本身。从这一意义上说，直觉就是心灵的"表现"。

3. 虚幻空间及其意蕴

空间艺术符号的创造首先来自于能动的意象，可以说意象是看不见的艺术形象，是经由我们的想象力产生的幻象。艺术幻象的作用并不是为了达到弄假成真或以假乱真的目的，相反，它是一种关于感觉性质的超然思考。所以，艺术是以幻象或类似幻象为媒介的范型化，使事物的形式抽象地呈现它们自身。这里的抽象是指艺术中的一切形象或形式都是通过思维从现实生活中抽象而来的，不是关于现实生活的复制。

朗格认为艺术的职能就是创造新境界，这种新境界的实质是幻象或"纯表象"。为此，她提出艺术中的"他性"概念，即"现实事物的某种虚幻的光泽力"。[85]具体地说，每一件真正的艺术作品都有脱离现实生活的倾向性。这种倾向性促使它所创造的最直接的效果是一种离开现实的"他性"。朗格把这种"他性"描述为"奇异性"、"虚幻"、"透明"、"超然独立"、"自我丰足"。朗格的艺术幻象、"他性"与中国的意境概念有相似之处。

1）城市空间的场所氛围

城市空间主要由建筑来划分和界定。建筑自身的功能与形式、建筑与人、建筑与建筑的相互关系决定了城市公共空间的形态和性质。建筑通过体量组合、空间编排和立面处理等艺术设计为使用者、观赏者营造一种有意味的公共空间"幻象"，一种意象中的空间秩序。这种幻象通过圣彼得教堂象征天国的十字造型、哥特教堂令人敬畏的纵向大尺度空间和充满神秘光感的镶嵌玻璃画等生成于体验者的心中。许多纪念建筑的外部空间尽管没有有形的界限，但其周边的氛围却受到纪念建筑的影响，在以纪念建筑为中心的视觉距离范围内，存在着影响体验者心绪的气场，一种明显的心理定势，一种场所精神。空间意象和场所象征是中国传统建筑文化的重要特色之一，观象制器历来是中国古代指导器物和建筑设计以及城市规划的美学思想，象天法地是其设计规划之原则。中国的传统建筑，从立意构思到平面规划、建筑造型、装饰装修，处处都闪耀着象征主义的神奇光彩，洋溢着象征主义的浓郁情趣，从帝都、宫苑、道观、庙宇到遍布神州大地的村落民居，概莫能外。吴庆洲先生在《建筑哲理·意匠与文化》中将中国传统建筑总结为五大观念、意象系统：天人合一的哲学观念及其意象表达；向往神仙胜境、佛国世界的宗教观念及其意象表达；宣扬儒家文化的礼制观念及其象征表达；希冀子孙繁

衍生息的生殖观念的象征表达；祈求幸福、平
安、吉利的生存观念及其象征表达。[86]

2）城市雕塑的能动体积

雕塑是一种体积。但在实际体积之外，它
还被艺术家构筑和创造了一个如能量场般可感
但不可见的意义空间。这个虚幻的意象空间不
仅比有形的体积实际占据的空间要大得多，而
且还是对有形雕塑的"有意味"的填充。"实
际上，并不存在着雕塑作品的生命体，就是用
来雕刻的木头也是无生命的物质，但由它形成
的可视空间被赋予了生命，就像被中心的有机

图 5-5　《老子》——陈云岗
（资料来源：作者自拍）

活动赋予了生命一样。它是一个虚幻的能动的体积，由生命形式的表象创造并伴随。"[85]恰恰是生命体
的情感表现而不是生命体的功能联想，构成了雕塑的"生命"。

中国哲学思想和艺术表现向来注重意象、意境。在中国人的眼里，从来就认为最高的艺术准则是
表现和写意，写意高于写实，具象不如表现。这一点在中国传统雕塑艺术作品中得到充分体现：简洁
流畅，以线代面，追求整体的含蓄与韵味，其造型圆润概括，关节处并不深挖和强调低点，而是重在
块体的整体衔接与过渡。"意象空间"可以说是中国传统雕塑的特质，也是对世界雕塑的独特贡献。西
安美术学院雕塑系陈云岗教授的作品《老子》（图5-5）堪称写意雕塑的典型，作品以大写意手法，表
现坐而悟道的老子。身形、面容依稀可见的智能老人，被作者风格化为波状的衣褶形态所统一，形模
糊至消解，实在幻化为虚无，人融入山水，既表现了老子"上善若水"的思想境界，又做到了"意到
笔不到"。正如魏晋南北朝的文艺理论大家刘勰所言："窥意象而运千斤"。罗丹认为："艺术的整个
美，来自思想、来自意图，来自作者在宇宙中得到的启发和意图……生命之泉，是由心中飞涌的；生
命之花，是自内而外开放的。同样，在美丽的雕刻中，常潜伏着强烈的内心的颤动。这是古代艺术的
迷。"[87]罗丹的雕塑尽管从严格意义上讲还是写实的，但其大胆的手法，充满激情的形态已经开启了现
代意象雕塑的大门，如上面提到的作品《思想者》，通过收缩、思考的感性形态所生发开来的是更加广
阔、深邃的理性思维空间。

事实上，绘画、雕塑、建筑呈现了"虚幻的空间"，音乐表现了"虚幻的时间"，舞蹈则是一种在
连续的"虚幻时间"上可见的"虚幻的力"；诗的材料是语言，它所描述的事件也非现实，只是纯粹的
意象。艺术存在于虚幻之中，因此艺术并不是我们要探求的某种有形之物，而是引导我们去体会与之
关联的象征，进行一种关于感觉性质的超然的思考。艺术创造的关键在于附着在"形"上的抽象的形
式以及与之相关联的意蕴，而这种形和意的关联其交集就是"象"。

5.2.2　创造性思维与建构的关键——第三维的"象"

要深入了解"形—意"所体现的符号——象征关系，其共有的因素"象"是关键。万物都有象，
有的象显，有的象隐，建筑、雕塑中的形、色，音乐中的音、节都是各自的象。西方科学家和音乐家
将天体运行规律谱成美妙的天体交响乐；一条节律优美的街道建筑群，一座优美的人体雕塑，其高
低、进退节律和流畅蜿蜒的线条、体量必然是合于音乐旋律的……所有这些看似"风马牛不相及"的
"象"，却又如此一致，皆缘自万象同源。

18、19世纪英国、法国和德国在心理学方面的兴起以及20世纪心理学的发展为人居环境空间艺术
提供了新的理论和新的契机，艺术审美的移情和抽象作用得到了广泛的认识。前者是一个由内向外的
投射过程，后者是一个由外向内的抽象过程；前者是人的本质力量的对象化，后者则直接强调人的本

质力量。显然，无论是"移情"还是"抽象"都离不开内外、主客两个方面，在思维层面都涉及感性与理性的交织，"投射"与"抽象"是你中有我，我中有你。格式塔的整体、简洁倾向——"完形"、阿恩海姆的"知觉思维——空间力象"、康德——皮亚杰外感内化的"先验图式"和内感外化的观念——经验以及近年来神经生理、心理学领域的"文化遗传"研究等，其焦点无疑均是集中在主客、心物合一的"象"的层面（图5-6）。

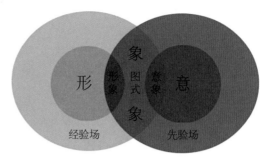

图5-6　意—象—形关系图解
（资料来源：作者自绘）

观看先于语言。不仅如此，表征记忆的神经细胞网络还通过成像系统向我们传达过往的"看"，甚至因情感与构图的需要对其进行能动的编排与重组。如果前者属于"外观"，那么后者就是"内审"。毕加索说过："我作画是本着我所想，而不是本着我所看。"立体主义的核心是对不同角度的空间的同时观睹，即将物体的前后左右一起表现出来。空间艺术的终极目的在于表现情感生命意志与其相适应的空间伦理秩序，而这些都离不开一个"悟"字以及由此生发开来的自由联想和想象。在空间艺术的体验、创造过程中，无论意象如何天马行空，肆意超越，它最终必须回到具体可感的形象，"成象"是必由之路。即或存在对已有"象"的跨越或摒弃，也必有重组或者新生成的、原创性的"象"作为形的支撑。

传统心理学认为，知觉是对客观刺激物的直接反映，是人的心理过程中低层次的认知心理现象；而思维则是对客观事物的间接反映，具有概括性和抽象性的特征，它被认为是心理过程中高层次的认知心理现象。这里知觉与思维之间的区别和界限是明显的。正是传统的二分法使我们更多地注意到形象和意象，而往往忽略起中介传递作用的"象"，或者误认为"象"就是"像"，知其然不知其所以然。对于空间艺术的一般观赏、体验而言，作为一种自然的心理情感反映和精神消费，达到好的效果就行，并无深究的必要。但从艺术创造应该为受众提供良好的空间艺术环境、空间形象以及诱发观者合规律性、合目的性与合悟性的心理情感反映而言，把"象"抽取出来进行讨论却是非常必要的，因为它直接关系着"形"如何载"道"、载"意"的问题。

5.2.2.1　"象"的概念解析

1. "象"的内涵与外延

"象"介于图像与概念之间，是一种知觉思维定式。"是故《易》者，象也。象也者，像也。"[88] "象"按《辞海》的解释："凡形于外者皆曰象"，似乎"象"就是"像"，其实不然。"形于外"指具体的形象如人像、物像，"像"仅仅是"象"所呈现的外在的形，而除了外在的形，"象"的内涵更在于形之所倚的、被知觉、理解和认识的形式及其内在结构、变化规律以及附着于形的主观生命意识和情感意识。"象"可以说是一种机制，对应着康德、皮亚杰的先验图式、阿恩海姆的知觉思维、格式塔的完形能力乃至克罗齐的艺术直觉，它一方面是客观的"形"经验直观与综合判断"格式塔"后对"形"的能动再认识；另一方面它又是主观的意在知觉思维场中的"成像"。作为外延，它向外在的形和内在的意两个方向渗透，或者投射并显现为有意味的情感表现形式，或者形成丰富的联想和想象，甚至超乎想象外，进入意境。"象"不是二元极端性的，而是一个明暗、隐显之间的混沌而广阔的"灰色区域"，在感识与领悟之间，既不确定，无声无息，又深藏真理，浩瀚无垠，极具特殊性。清代史学家章学诚在其《文史通义·易教上》中指出：《易经》"以象为教"的非个人创作的远古原始礼仪性质，作为一种特殊的、具有文化生成功能的知觉思维极其心理反映，它是内与外、主与客、人与物、情与景的中介和桥梁。

空间艺术中的"象"同样来自于"观物"后的抽象，也同样需要按照人的主观意志和情感愿望"立象尽意"。所不同的是科学形成表达空间构成、运动变化的抽象空间和抽象符号。"法象莫大乎天地，变通莫大乎四时，悬象着明莫大乎日月，崇高莫大乎富贵。"[24]可见，天地、四时、日月、富贵乃科学着重之"象"，而艺术最终还要回到具体可感的形象，寓情、寓意于象征空间。"黄帝作宝鼎三，象天、地、人。"[89] "禹收九牧之金，铸九鼎，象九州。"[90] "以制器者，尚其象"[24]雕塑、建筑、城市均属"器"，所以，"象"是空间艺术创造之关键，观象制器是古代指导器物和建筑设计以及城市规划的美学思想，象天法地乃其设计规划之原则。建筑师、艺术家的创意、构思经过"象"的组织，灌注于"形"成为"形式"，驻留于心，形成意象，并进一步升华为"象外之象"或"他性"。

2. 象的基本属性

首先，象和形都是一种广义的视觉形象，与图形、图像相关。"仰以观于天文，俯以察于地理"，中国的书、画、八卦都是古代中国人观察天地事物而后创造出来的，也就是观察天地之象与形。其次，"取象"有章法，有赖于先验结构和现世经验，"立象"有规矩，须尽主观把握之天意。本书认为，"观物取象、立象尽意"中前后两个象既有联系，又有区别：前者重在"观"，是对所见客观之"像"的抽象、概括与"完形"（第一次能动），是感知过的事物在头脑中重现的记忆表象，相当于郑板桥的"眼中之竹"；而后者重在具有创新意识的"立"，是由记忆表象或现有知觉形象经意识改造（第二次能动）所形成的想象表象，融入了人的能动反映和主观意识，与知识、情感纠结在一起，相当于郑板桥的"胸中之竹"。"象"具有如下三个基本特征：

1）"象"是主、客观的统一。

"象"的确立是以对自然的全面观测为依据的，是人对自然的整体认识和表象。所取之象，虽为万事万物无穷无尽、错综复杂之象，但明显带有分类别、分等级、分秩序、分尊卑的人类主观意识作用。"取象"有一定的法则、成规，具象与抽象互渗，形象与意趣互融。"象"的选择与确立主客互融，不可分开。圣人以心去观，以心去取，以心比心，移情传神，用真情实意将万物品类的性情统一起来。象的主客合一使其具有合规律性、合目的性、合情感悟性。

2）"象"的不确定性与含蓄性。

"象"作为"先验图式"在知觉思维层面既是建构的结果，又在不断的继续建构过程中解构与重构，其动态性决定了"象"的不确定性。再者"象"从自然形态中转化提升出来，"意"又在转化和提升的过程中发挥重要作用，因此"象"有主观性、想象性、创造性、再生性、个性乃至惰性，"象"的意义随实践和认识的深化而变化，随研究和理解的不同而有多义。而"象"又是含蓄的，深远的，提摸不定，它不是如"形"那么清晰，那么直观，那么肯定。正因为"象"的含蓄无限与变易复杂，才使"意象"的内容更丰富更广泛，其意难尽。索绪尔关于符号"能指"与"所指"联系的任意性特征归根结底也在于"象"的不确定性与含蓄性。

3）"象"的虚拟性

"观物取象"所取出的象并非是实象、实例，相反它是某种虚拟、虚幻之"假象"，表现出"象"的虚拟性特点。"假象"是假借一象而生另一象，以此象悟彼象，化虚象为实象，透过现象看本质，通过符号推真理，认识理解难以捉摸的"意象"。"假象"的"假"，一是假借，借此论彼；二是假设，凭空虚设，借假论实。"象"的虚拟性特点还表现在依据经验、规律，虚构暂不存在之"象"，或者预设"未来"之"象"，此"象"可以超越具体时空域界，超出现实范围，以有限囊括无限，具有艺术的创造特点，促使"取之象外"、"象外之象"、"象外之意"的理论诞生。虚拟之所以能"尽情伪"，在于虚拟之中以情为主线，以真情实意去联想、去移情、去会通，既"望之无形"又"揆之有理"，有感而发，出神入化。

5.2.2.2　中西文化中的"象"

空间、生命、社会皆有其"规矩"可循，西方更多地将其作为自然本体进行科学研究，探讨自然秩序；而中国则将其纳入人伦的范畴，用于建立社会秩序。无论是西方所偏重的"形"，还是中国所看重的"意"，归结到知觉思维层面，都体现为一个"象"。

1. 西方文化中的"象"

在西方，毕达哥拉斯确立了"数是万物之本源"的哲学思想。据此，他们在算术、几何、天文学、谐音学等方面取得巨大的成果，后经柏拉图、亚里士多德的大力发扬与畅说，使这一体系更加完整，建立了美学、哲学的基础，奠定了一条基本的、清晰的路线，使他们的哲学思想体系一开始就建立在自然科学的基础之上。无论后代们走得多远，数作为本源和更高一级的存在始终是他们的出发点。在艺术领域，柏拉图的模仿论影响深远，西方艺术基本上一直在追求"逼真"的客观再现效果，无论是理论建设还是艺术实践，都取得了丰硕成果。与中国艺术一开始就缺乏精深的逻辑、数学精神大不一样，西方的艺术植根于科学精神方面，两千五百年前的古希腊建筑和雕塑是明显的、最有说服力的证据。模仿自然，尊重自然，掌握自然的规律性，从而改造和征服自然成为西方文明的主线。也正因为如此，西方空间艺术的关注点也更主要地体现在"象"的客观形式方面。

2. 中国文化中的"象"

中国先哲们的思想在兼顾客观自然的同时更专注于人自身，在符号与象征的关系上，中国人把符号看成是体悟圣人之意的工具。从先秦开始，中国哲学就以象为中介展开了物我、形意关系的讨论。《易传》既肯定"言不尽意"又承认"象以尽意"，并通过"象"把言、意联系起来。汉字作为象形文字，源于原始图画符号，特别是汉字以形义联结为特点，所蕴含的审美价值，是西方文字所没有的。王弼在他的《周易略例·明象》中，以庄子的"得象忘言"、"得意忘象"来解释言（卦辞、爻辞）、象（卦象）、意（圣人之意）之间的关系。他说："夫象者，出意者也。言者，明象者也。尽意莫若象，尽象莫若言。言生于象，故可寻言以观象；象生于意，故可寻象以观意。意以象尽，象以言著。"[88]王弼肯定言是来表达象的，象是用来尽意的，承认言、象有尽意的作用。但他又进一步说："故言者所以明象，得象而忘言；象者所以存意，得意而忘象。犹蹄者所以在兔，得兔而忘蹄；筌者所以在鱼，得鱼而忘筌也。"[88]只要得象，就可以忘言，只要得意，就可以忘象，因为言，象只不过是得意的工具，只要得意，就达到了目的，就可以把工具抛开，否则，就丧失了明象出意的功能。王弼的用意是要人们不要停留在言、象的表层，而是通过言、象这种媒介去体悟圣人之意，去抓住事物的根本，体会那种言外之意，弦外之音。

然而，"得意忘象"，"得象忘言"论强调一个"忘"字，把言、象当作可弃之工具，其结果反而把思想悬在了空中。于是，"得意忘象"后的思想，任由头脑发挥，"恍兮惚兮"，渐渐地失去了坚实的基础。王弼之后，中国古典美学即在有意无意中因循着这种习惯思维而发展，因此而辉煌，也因此而困惑。在张法所着的《中国美学史》中，开篇即探讨了中国美学史的"内在困难"。认为，中国至今并无明显成熟的美学，原因是过去缺乏美学之理论性著作和论述"主要概念"的著作。那么，形成这种现象的主要原因是什么呢？其关键还是在于"得意忘象"论的影响，使人们忽视了对思想之载体——语言文字、形象及其表达方式的关注。中国艺术中的"神"又始终是主要的、主导的，形是必要的、附属的。所以，在中国画论中写实称为写真，而写真则不只是写形，更是写意、写神、写心。这种不满足于"形似"，而强调"神似"的追求，以"身心"与天地本体相交融的情性，以深层把握和整体统摄的观照方式，从而获得"尽意"、"体道"的最终目的，极大地影响了中国古代的空间造型艺术，并逐渐成为中国古典美学的重要的审美观照方法和审美创造法则。

总的来说，天人合一乃是整个人类文化的大象。中、西方美学的差异主要体现在：西方偏重于科学

的 "形象"，中国更在意人伦的 "意象"。只是到了近代，随着文化交流的不断加深，大家都开始更多地吸取各自的长处。熊秉明先生曾叮嘱吴冠中先生，"对于造型规律的问题，回去一步也不能退让。"[91]包括建筑界的梁思成、冯纪中，雕塑界的刘开渠、滑田友等大师们通过走出去、请进来的中西文化艺术交流，都体认到在线条、色彩、体积、结构以及相应的解剖学、透视学、色彩学、构图学等方面有着东西方传统相辅相成的艺术自律或者说原理，并在教、学、研的过程中倾注毕生心血于艺术实践。

其实，西方的现代艺术和当代艺术也在摆脱 "形" 的束缚，追求更大的创造自由。但是，皮之不存，毛之安在？只有 "以形写神"、"形神兼备" 的时候，矛盾才得到统一。当代艺术家大都尽力回避 "技法" 问题，似乎 "技巧的问题" 是形而下的，可以不屑一顾，只有形而上的观念才是应该追逐的更高一层的东西，于是，技巧拙劣的所谓观念艺术鱼目混珠，大行其道。他们似乎都忘了，尤其对于造型艺术，没有形而下，哪有形而上？从这个角度看问题，足见唯物的合理性。我们首先是通过知觉了解有形的能量（物质），而后在意识的能动下才达到对无形的能量（精神）的了解的。如果没有中介的桥梁——"象"，彼岸的神秘就只能永远停留在臆想上。科学和艺术的目的始终是在理想与现实之间搭建桥梁。

5.3　"象" 的构成及其关联机制

5.3.1　"象" 的内在构成

符号产生于图像，图像是 "看" 的结果，而 "看" 是一个建构的过程。在此过程中，大脑以并行的方式对空间的很多不同 "特征" 进行响应，并以以往和现世的经验为指导，把这些特征组合成一个有意义的整体。"看" 涉及大脑中的某些主动过程，它导致空间明晰的、多层次的符号化解释。观看绝不仅仅是一种感觉，它里面也包含着理性。尽管艺术 "可以给我们最稀奇古怪、荒诞不经的幻象，然而却保持着它自己的理性——形式的理性"。[2]因此，艺术具有 "感性—理性" 结构。艺术追求美，并非仅仅求真求善，还需要审美主体合情感的自我觉悟，而基于 "象" 的能动建构的美感直觉更是一种创造性知觉、一种心灵的悟。

如前所述，悟性即知觉思维，知觉思维即 "象"，而寻象的途径不外乎两种：其一，外感内化、观物取象的抽象过程；其二，内感外化、立意成象的移情过程。无论哪一种，都离不开知觉思维的 "完形"。"象" 在意、象、形三位一体中有其独立和独特的内涵，它既有过去的经验基础和受意识主导的反身能动，又有现世的经验实践，是 "形" 与 "意" 在知觉的 "悟" 的层面的合一。这里的合一指 "形"、"意" 之间相对的耦合关系。同样的 "意" 可以用不同的 "形" 来表现，反之，同样的 "形" 也可以有多重意涵与象征，空间艺术设计的 "成象" 就是要在这众多具有相同的符号——象征性质的不同的形—意组合中 "悟" 出最美、最佳的那一对组合。可见，"象" 具有拓扑抽象的性质，是空间艺术思维与创造不可回避的中介环节。那么，这个中介和桥梁又是如何搭建起来的，问题的要害在于，"象" 的内在构成及其生成机制涉及更为深层次的遗传基因研究和神经生理、心理等学科，目前尚处探索阶段，远非本书所能及。但根据第4章的分析以及现象学悬置先在的规定，回到事物本身，从 "象" 的外延及关联对象中，我们至少能够捕捉到 "象" 的影子并对其进行现象学的分析。

5.3.1.1　"象" 的构成因子："式" 与 "势"

人总是将自己能动想象的空间寄托在城市中，物化在建筑、雕塑上。尽管空间艺术的形本身是客观存在的，但由于是经由我们有选择的 "看" 以及大脑中枢的统筹与甄别所显现的 "表象"，因此，不可避免地带有知觉思维上的主观性。更进一步地，我们说宇宙万物是能量的密聚，有其自身的内在结构和相互关系，这些 "结构" 和 "关系" 被人们以 "象" 的方式体认、提取出来，进而由客观物体向认知主体显现出某种"形式"。三维立体的空间艺术与包括二维平面艺术在内的其他艺术形式的最大区别在于它首先必须回到真实的实体,从结构上满足一定的物理学规律,而这些都隐含于"形式"之中,成为空间艺术创造的限制性条件。不仅如此,形式还有着艺术的自律或者说原理,即或在建筑中,形式在满足功能的前提下也并不完全追随功能或者由功能所规定,迄今为止我们所知道的功用只决定可容许采纳的形状是在怎样一个范围内,而并不决定实际的形状本身,同一个功能可以有不同的形状,而特殊的形状必须通过发明和精选才能得到。形式就是特殊的、艺术的形状,而形式的关键在"式"。"式"即合规律性,是美与审美的"真、善、悟"三位一体中的"真",涉及材料、结构、比例、尺度等可量度的科学范畴,它代表着美的秩序——事物间的和谐、均衡,是宇宙法则在头脑中的反映。

另一方面,客观的形式一旦为知觉所"悟",便会引发相应的心理上的"形势"判断。外部形象通过内置于人的先验结构并结合人类情感,又同化、催生出认知主体内心的"意",反过来投射成"象",转化为形中之势,这就是我们常说的"内感外化"的过程。"势"即合目的性,是审美的"真、善、悟"三位一体中的"善",涉及由相应于"式"的心理力象、场所精神、情感趋势等所引发的不可量度的空间艺术体验和审美,它是"式"的人化、情感化,或者换句话说是"式"的心理镜像。当意象要回到具体实施的空间艺术形象时,则不能超出"式"的允许范围。也就是说,它必须在合规律性前提下方能实现。因此,情感意象对形体的投射、移情或者反过来说形体对情感意象的承载、表现都是有条件、有限度的。"势者,乘利而为制也。"[92]是以"利"为基础而裁制其"轻重","有之以为利"。圆的物体因为圆而能转动,方的物体由于方而能平放……这些自然的趋势经过经验长期反复的潜移默化,最后总是会转化为相应的情感趋势和价值坐标。

"式"更倾向于工具理性,而"势"则倾向于价值理性。审美鉴赏取决于审美主体的知觉选择和心情状态。空间艺术审美并非完全是对象中实有的东西,它还包括对象与心理器官功能之间的某种协调或关系。对象的形式美与不美,与审美主体的情感尺度关系极大,即使客观形状,也不是"纯客观"的。外界的事物一旦纳入人的视野,参与人的活动,与人发生关系,便不可避免地通过知觉产生意象,哪怕是"无意义"也是一种意义。"长城下的公社——竹屋"的设计者隈研吾致力于建造一种既不追求象征意义又不刻意追求视觉需求的"负建筑",其目的在于避免赋予建筑过多的寄托而偏离其本初的面目,即或如此,他仍然在追求一个度——与空间的适宜,与自然的适宜,与人的适宜。所以,不可能有不表达任何东西的形式。即或是最天然的形式,也会在人的知觉、智能、情感介入中构成"式—势"关联。

当然,由于符号能指与所指的任意性,式、势之间也并非完全——对应,同样的"式"在不同地域、不同文化或者不同的空间场景中可以关联不同的"势",如同样的红色在洞房表示喜庆,在战场则意味着血腥。反过来,同样的"势"也可以有多种"式"来表现,如干枯崩裂的僵硬土地上破土而出的小草与高大巍峨的纪念性人物雕塑都能表现顽强的生命意志。当要表现强"势"时,完全可以借尺度的对比、体量的超常、力量的非均衡等"式"的"不正常"而显现出数学和力学上的崇高。

传统哲学的"形式"概念本身一直以来就是"美"和"审美"的代名词,客观的"式"与主观的"势"往往在"形式"中纠结缠绕,难分彼此,因而也是一个似是而非,不能说清楚的概念。将三维立体的空间艺术外在的形和象征的意归结为合规律、可量度的物理的"式"与合目的、不可量度的心理的"势"在合情感的"悟"—"象"的层面的和谐统一似乎更为清晰合理。并且,将本属哲学、心理学的、隐晦模糊的"象"撤分、表述为"式—势"关联比"形—意"关联在概念及其表述上都更为接近审美的物理—心理本质,也更有利于问题的探讨。

5.3.1.2 "式—势"关联的哲学、心理学分析

1. 心理学范畴的异质同构

受物理学中"场论"思想的影响,格式塔心理学家认为,在人类的知觉世界里也有一个极为类似

的"视觉场"（Visual Field）存在，知觉到的东西既包括客观世界，也包括主体的主观世界，且永远大于眼睛所见到的东西。一个完形是一个完全独立于原有构成成分的全新的整体。完形不仅仅是指客观的形，它还是先验结构对客观之形进行组织建构的一种动态过程和结果。另一方面，美作为事物的一种直接属性，还必然地与人类的心灵相联系，是主体审美的结果。美不能根据它的单纯被感知而被定义为"被知觉的"，它还必须根据心灵的能动性来定义，它不是由被动的知觉构成，而是一种知觉化的方式和过程。艺术家的眼光不是被动地接受和记录事物，而是构造性的，并且只有靠着构造活动，我们才能发现自然事物的美（图5-7）。美感就是对各种形式的动态生命力—"情势"—的敏感与把握。每当我们看见不同元素的知觉对象，就会与知觉中的一系列原则或结构相互映照，这些组织性原则是：图底原则：在一个视野内，有些形象比较突出和鲜明，构成图形；而有些形象对图形起烘托作用，构成背景。邻近性原则：在时间或空间上相接近的各部分，倾向于一起被感。类似性原则：类似的各部分有被感知成一群的倾向。封闭性原则：我们的知觉对不完满的对象有一种使其完满的倾向。格式塔趋向：在许多条件下，有尽可能把感知对象知觉为一个完好的形状或模式的趋向。

　　继而，格式塔心理学提出了"同型论"——假定外部行为和与之相应的精神过程有着可直接感知的结构上的相似性。柯勒对此又作了一个概括的表述："实际经验的具体秩序，是相应的生理过程的动力秩序的一个真实表象。"[93]格式塔心理学家认为，介于行为环境和地理环境这两个世界的媒介物，乃是有机体里面的生理过程。后来的格式塔心理学家根据这一学说提出了异质同构学说。他们认为，作为观照对象的客体总是具有一定的物理结构，如下垂的杨柳、奔腾的海潮、屹立的山峰，这些结构分别呈现出一种物理结构的力场，或重力，或引力，或升腾的力，或下潜的力等。而在人的大脑中也存在一个相应的具有场的属性的系统，即大脑皮层细胞的兴奋、抑制过程，体现为一种生理性的力。后来的科学证实，这种力是存在的，是由大脑生物电流引起的，而这种生物性的力又直接与人的心理活动的力，即知觉力联系着，表现为一种心理的运动。这样一来，客体物理性的张力结构，大脑中的生物电力场，心理活动过程中的知觉场就发生相对应、相感应的关系，而这种关系就是"异质同构"。异质同构说多少有些类似于古老的万物有灵论，认为各种不同的事物之所以相通，是因为尽管其质料相异却有着共同的形式和结构，从而在神经系统中产生某种相同的效果。正是在这种异质同构的作用下，人们才从外部事物和艺术作品中直接感受到某种活力和运动，而这种活力和运动又会与人们心灵深处的情感联系起来。异质同构说从另一个角度解释了康德始于行为经验并与之有着异质同构关系的先验结构和观念。

图 5-7　艺术家的构造性

（资料来源：根据相关资料整理）

2. 现象学范畴的先验还原

布伦塔诺在《从经验的立场看心理学》中，提出"意向性"（Intentionality）这一概念，而该概念后来对现象学与格式塔心理学都产生了重大影响。他认为，全部现象可以分为两类：物理现象和心理现象。心理现象由听、视、感、判断、推理等现象构成，而这些现象的类的特征就在于意向性。一切意向都是关于对象的意向。因此，可以将心理现象定义为有意识地把对象包容于自身的那种现象。胡塞尔更进一步，认为意识与对象的关系不是像传统认识论所认为的那样，是一种"实在的含有"的关系，而是"纯粹意识"的意向活动中一种观念的指向关系、构成关系。对于认识来说，重要的事情不是对象是否被感知，而是对象以何种构成方式被构成。胡塞尔认为康德的构成思想仅仅停留在认识对象的"形式"上，未进一步到认识对象本身，即认识对象的"质料"。在胡塞尔看来，认识对象的形式与质料都被构成，都是先验构成的产品，说得更直白一点，我们所看到的世界是一个由先天构造的眼球和先验直观的形式所限定的"变了形"的世界——一个观念的世界，一个叔本华的"表象和意志的世界"，它代替了纯粹的客观世界。

当艺术家们在运用视知觉进行艺术实践时，其实也就是在这种知觉活动中进行着对事物的理解、选择、概括和抽象；而当科学家们在进行科学创造时，同样也是在其科学思维或科学的理性活动中，有效地运用着自己的视觉意象。正是基于此，阿恩海姆才如此鲜明地认为，一切知觉中都包含着思维，一切推理中都包含着直觉，一切观测中都包含着创造。知觉不是初级的、零碎的、无意义的，而是显示出一种整体的、统一的结构，情感和意义就渗透于这种整体性和统一结构之中。知觉的整体性并不是对元素进行简单复制的结果，而是对元素的一种创造性再现。艺术家的视觉形象不是对于感性材料的机械复制，而是一种创造性把握，它把握到的形象是含有丰富的想象性、创造性、敏锐性的美的形象。因此，知觉结构是审美体验的基础，是联结审美对象与审美情感的纽带，表现性乃是知觉本身的一种固有性质。在外部事物、艺术式样、人的知觉组织活动以及内在情感之间存在着根本的统一，它们都是力的作用模式，而一旦这几个领域的力的作用模式达到结构上的一致时（异质同构），就能激起审美经验。

3. 笔者的判断

结合第4章的分析、论证和判断，本书认为，"式"和"势"不仅在知觉心理层面有着某种异质同构的同一性关系，而且其深层的原因首先在于历经千锤百炼、与外部世界相适应的内在先验结构。知觉思维是在先验的结构、观念主导下对感觉经验的过滤、筛选、统筹与"完形"。但这一先验主导过程并不排斥行为经验的触发、启动、选择以及同化过程中对先验结构的调适、建构作用，先验结构本身恰恰是行为经验的不断内化、物化和观念化，这是达成主客、内外同一的关键。可以说，先验结构好似不断适应经验的容器，容纳着每个人各不相同的经验阅历，并在遗传、交流过程中相互融汇。后天的学习不过是将经验通过先验结构的同化、对接，最终抽象为概念而已。

其次，这种耦合关系在更为基本的物质、精神层面统一于能量。形式以物质及其结构影响人，而人以其精神回应并深化这种影响，人体的每一部分无不是能量的传感器，思维与实践本质上都是以能量的方式对外部能量及其变化所作出的感应和回应，显现为知行合一。可以说，不仅物质与精神、形式与情势在更为基本的层面统一于能量，而且相互之间于能量交流中彼此感应、彼此影响甚至彼此转化，它们都在更高的层面服从能量运行变化的宇宙法则。

简言之，知觉结构或者更准确地说先验结构才是审美体验与创造的基础和关键。

5.3.2 "式—势"关联的具体讨论

艺术可以说是在特定情绪下感受到的自然。艺术与科学都源自对自然的好奇和探索。科学与艺术原本是不可分割的，英国博物学家赫胥黎曾在《科学与艺术》中形象地比喻说："它们是自然这块奖章的正面和反面，它的一面以感情来表达事物的永恒的秩序；另一面，则以思想的形式来表达事物的永恒的秩序。"广义地讲，科学与艺术追求的价值目标都可以归结为"真、善、悟"，都具有把握和反映世界的功能，但把握世界的方式和追求的目标不同。科学是用理性方式来把握世界，而艺术则用情感方式来把握世界；科学的目的在于再现世界的本质和规律，而艺术则主要表现人的心灵和情感。前者创造的是概念世界，具有普遍性、必然性，是客观事物规律性的反映；后者创造的是形象世界，要表达的是个体的审美体验，弘扬的是更典型、更普遍、更理想的价值追求。

本书所要强调的是，在科学家和艺术家从事创造的过程中，无论是用理性方式把握世界，还是用情感方式把握世界，总是自觉不自觉地实现着感性与理性的统一，创造的主体都有强烈的求知和审美的欲望，在求索中都会产生起于惊异的原始骚动，使艺术家的激情与科学家的理念合二为一，拓展出自然、人生和心灵世界的新空间。科学借助艺术的直觉和想象力可以突破固有的思维框架，实现概念的跳跃，艺术借助科学的幻想和推理可以突破感性的直觉，实现情感的跳跃。对那些有艺术修养的科学家和有科学修养的艺术家来讲，科学与艺术在他们身上是融为一体的，世界"可以由音乐的音符组成，也可以由数学公式组成"。[94]科学与艺术从过去的异途而走到今天的殊途同归是历史的必然。确切地说，尽管科学是抽象性、推论性符号，艺术是形象性、表现性符号，但由于科学所揭示的世界和艺术所揭示的世界都来自于人的大脑，对于二者而言，相同的比率和形状都是有效的。换言之，科学与艺术在认识和发现美这一点上是相同的，而且都有着"审美"的情感意向。

科学是抽象的艺术，艺术是形象的科学，人居环境空间艺术是科学与艺术的结合。正是基于这样的认识，我们不妨从科学的"数—理"和艺术的"图—理"两个方面来阐释空间艺术"象"的"式—势"关联。美国数学家赫尔曼·韦尔在他的《对称性》一书中指出："一种隐匿的和谐存在于自然，它以一种简单的数学规律的图像，投射到我们的大脑之中。数学分析和观察的结合之所以能够对自然中所发生的事件作出预测，原因即在于此。"[46]作为自然的一部分，顺理成章地，人的一切，包括数理、图理，也都是自然使然，是自然的一部分。数理、图理充斥整个宇宙，既外在又内在于我们，客观的理式覆盖着主观的精神，主观精神蕴含并彰显着客观理式。通过数理，思维能够逻辑地把握包括不能感知的事物，通过图理，思维能够归纳、"完形"和把握事物简约的空间形式。数理之"理"是对宇宙法则的认识及其在头脑中的反映，图理之"理"是客观事物所引起的心理情感共鸣。在空间艺术中，"数"、"图"是可知觉的造型媒介、文化符号，"理"则是理性的认知和情感的共鸣。

通常来说，数理是由外向内对空间的抽象，图理是由内向外对空间的移情。心理学家荣格在《心理学类型》一书中将移情与外向性、抽象与内向性联系起来，并指出，移情预先假定了客体的一种最初的虚无状态，目的是使得主体能够将他自己的活力和创造性意志灌注其中。这种自我投射在很大程度上是无意识的，艺术家并没有意识到，在认同于客体时，他同时也依照自己的形象在改变着它，注视客体时，他并没有注意到他所看的是自己的映像。移情意味着人的意志投射到自然中，主观性先于客观性。而当人认识到自然强有力的存在以及它与我们相互隔离的时候，抽象就开始了。它预先为客体假定了某种生活方式和作用力，因此力图摆脱客体的影响。抽象态度是趋向中心的，也就是内向的。如果移情是一种对人类征服自然并使其臣服的能力的自信，那么抽象就是一种对自然的思考和一种对自然的提炼，它始于对自然界的一种强烈的敬畏感。实际上，抽象与移情、数理与图理往往相互交织，你中有我，我中有你。作为一个整体，数理往往隐含在图理之中，而图理又彰显着数理，它们共同支撑着人类的智能表现与情感表达。

"数"之所以进入"象"的范畴，在于不管物像及其形式多么复杂，经过数的抽象便显得简单明了。人类最早就是以可视符号的数来表示"在天之象"（阴阳八卦）和"在地之形"（阴阳五行），并由此预测吉凶，且在不断的抽象过程中逐渐转化、形成观念和知识。"数"是《周易》立象的基本元素，《易》用数字集中表达了物质世界的变化规律，故"立象"参合数理、数据、运算等因素。显然，《易经》不仅是象学，而且又是数学，或称象数学。

尽管就视觉直观而言只见形、色不见数，然而，形态、颜色正是通过冥冥之中的数得以规范和统一。形态是尺度、比例、间距等规矩的产物，是由数所规定的更为基本的几何图形的组合与变化；颜色是不同频率的电磁波或者如计算机分色的C、M、Y、K四个百分比参数。因此，从更为基本的层面看，数、图、色应该是象的更为基本的三位一体。近、现代的几乎所有抽象表现艺术都是剥离具体的感官形象，通过数、图、色三个方面对"象"的重新建构。密斯提出"少即是多"的建筑美学命题，认为秩序就是事物之间的关系。这里的"少"就是形体的简洁——源于抽象的图；"多"则是简单形体的复杂组合以及环境、光线在镜面上的投射和反射；而"关系"可以归结为毕达哥拉斯的"数"，秩序与数理是等价的。数不仅自成道理，数与人、数与数的相互关系更是空间艺术美和审美的重要依据。当空间意象回归可见之形时，作为观念化的比例和尺度，始终是我们想象和感知世界的"标尺"与限度。今天的城市空间艺术之所以难有精品，甚至良莠不齐，鱼目混珠，很大程度上正是由于艺术家自身在包括基本数理等知识方面的结构性缺失。

由第3章可以看出，空间艺术的数理主要体现在数自身的意蕴以及数与数、数与人的关系等方面，而空间艺术的图理则主要体现在形、色两个方面，它们以物理——心理机制共同显现为"式—势"关联（表5-2）。

"式—势"关联的具体方式

表 5-2

空间艺术的"象"：式—势	隐性的"象"：数—理	数的意蕴	五洲、四海；九五之尊；二十四节气等
		数与数（比例）、数与人（尺度）的关系	黄金分割；人体比例；希腊柱式等以及物像与视距构成的各种人与物的相互关系
	显性的"象"：图—理	形态（包括材质）	空间、建筑、雕塑
		颜色（包括光效）	物体的固有色、环境色和光源色以及色相（冷暖）、明度（深浅）、纯度等颜色性质。

资料来源：作者自绘

有关数、图、色及其相应的心理反映，格式塔心理学以及阿恩海姆的《艺术与视知觉》已经做了大量卓有成效的实验和研究，并总结诸如心物同形原理、形基（图—底）原理、变换律、"力"场论、简化律等；在生物学、神经心理学、人类文化学等相关领域也正在进行着大量的研究并有可能获得颠覆性的成果，随着人类的进化以及科学的进步，相信还会有更多的发现。这些方面的深入研究非本书目的，这里，仅从最基本的方面、以最基本且众所周知的事例来进一步探讨"象"的特征。

5.3.2.1 "数"与量度

通常，人们总是就建筑论建筑，就雕塑论雕塑，而不太涉及它们与周边事物的空间关系。建筑师、雕塑家有时过于或者说不得不更专注于他们的作品本身，因为庞大的城市体系早已将城市分割得支离破碎；不同设计者从事着不同的局部设计；另一方面，专业的细分也使得我们的设计者从主客观都很难涉及空间和技术上的相关领域，再加上经济上、体制上的种种限制，这些都使他们很难有机会从更宏观、更整体的角度掌控全局。与此相反的另一个极端便是特立独行、我行我素，根本不考虑作品与周边的关系，而是试图引导一种新的关系，在这方面扎哈·哈迪德可算是一个典型，她以抽象和解构的语言，代表着当今最前卫的设计思潮。她有一段名言："我不相信和谐。什么是和谐？跟谁和谐？如果您旁边是一堆屎，您也会去效仿它，就因为您想跟它和谐……擦去一切东西，开始一个新的时代。"[95]或许，没有关系本身也是一种关系或者换句话说是一种潜在的、将来式的关系。哲学家狄德罗说过，美在关系。岂止是美，世界上的一切都或多或少地相互关联着，生态学用蝴蝶效应作为比喻，来说明一个小局部的、细微的关系改变可能带来意想不到的、整体的剧烈变化。

古希腊哲学和中国《易经》都认为"万物有数"。美妙音乐尽管被称为时间的艺术，但其乐谱所反映的实际上是空间中的比例关系；法国的笛卡尔总是将美与审美同比例、协调、适中等联系起来，在《音乐简论》中，他对各种比例进行了详细的分析，并用图解的方式和数学的分析陈述了音调和音程的条理性，这就把音乐只是"感觉"的简单理解理性和科学化了。"数学不仅是真的，而且是美的——像雕塑那样的冷峻朴素之美。"[60]在空间艺术"象"的层面，数就是图形的量度。艺术的目的就是把观众放在一种数学性质的状态之中，一种高尚的秩序状态之中。第3章通过例证说明了城市空间艺术的"数化"特征，圆规、三角尺等工具集中了最特殊、最典型的图形要素。尽管城市空间艺术中的心理空间却是不可量度的，因人因地因心情甚至因气候而有所不同，因意象、情态、神态、理想的表现乃至视觉矫正等需要而对形体有所夸张、变形的情况在城市建筑、雕塑中也比比皆是，并不追求绝对的精确，也容许有较为宽松的限度，而这同时也是事物的多样性以及意象或者"象"本身的模糊性、不确定性所决定了的，但是，依据一定的形式规律毕竟能够满足造型诸要素和谐、秩序关系，可以说形成富于美感的、意象、形三位一体就是对度的最好把握。当然，接下来的讨论虽然针对的是具体量度，但并不绝对。

1.　30°、45°、60° 仰角

视觉世界之所以不同于物质世界就在于生理和心理的作用。从视觉心理上看，感觉到的外来物像经过先验结构或观念的"完形"进入心理空间，关联到情感、意象；从视觉生理上看，视野中央最为敏感和清晰，越到边沿越模糊，物像越远，其尺度、外形变化也越小。物像的尺度由视距与视角共同判断，视角大小不同以及视距差别并不能改变物像尺度，但感知上却有远近、大小的差别。五代后梁荆浩《画山水赋》中的"远人无目，远树无枝"反映的是远近透视，"丈山、尺树、寸马、豆人"既反映物像间的比例关系，又体现了远近关系。对于城市公共空间，垂直视角是艺术体验的一个重要因素。就人与城市空间中的建筑、雕塑而言，因建筑、雕塑一般尺度较大，加上台阶、基座、地势等影响，相比之下视平线以下部分分量较轻，一般取视平线以上的垂直视角进行分析。

事实与经验告诉我们，理想的观赏视角为27°～30°，即物像高度为视距的1/2左右。从视野图上可以看到，60° 视锥范围内为注视中心，有最佳的水平视角和垂直视角（上27°、下35°及水平54°～60°夹角），且在这个静观锥范围内基本能够保持物像不变形，这就从生理机制上进一步保证了经验判断的正确性（图5-8）。就城市空间中的广场、街道而言，此时为封闭感的界限。当建筑物高度（H）与视距（D）之比等于1/2时，有良好的围合感和安全感，反之为开敞空间或压抑空间。

视觉如果偏离中心视轴（最高敏感区）哪怕几度，其敏感性就迅速降低。以垂直视域清晰与否的水平线以上30°（上、下共60°）为限，仰角小于30° 正好在自然、清晰直视的限内，而仰角大于30°，超过直视的清晰范围而开始显得虚幻模糊。当建筑物高度（H）与视距（D）之比为1（仰角45°）时，空间有最佳封闭感。当仰角超过45° 后，因视野及睫毛的原因，视线开始明显模糊，不确定性增加，物像变形明显，导致朦胧、异样、神秘的印象。而欲看清事物，要么上转眼

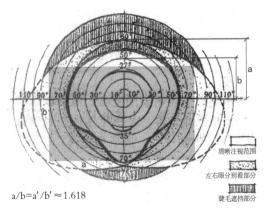

a/b=a′/b′≈1.618

图 5-8　视野图

（资料来源：根据相关资料自绘）

球，要么抬头仰脖，两种生理上的受力最终都会转化为相应的心理力象。完形心理学指出，人类心理上总是有一种追求平衡的惯性以缓解视看中的紧张情绪，而对整体形象的追求也导致所谓的"完形压强"。45°角以上的物像无论从生理还是心理方面都超出了平衡和整体的视看限度，超出了人的掌控范围，再"对照"先验结构的"象"层面和潜意识遗传的诸如飞禽袭击、巨石滚落、主从落差等等可以想象的原型记忆（过去经验），敬畏、崇高之感便会油然而生，构成与"力度—崇高"相呼应的"生理—心理"关系。巴特农神庙广场与建筑（包括台阶）在整体上均保持45°左右仰角的空间关系（希腊广场一般进深22～24米，且符合看清人物面部表情的空间尺度，而神庙建筑高度一般为20～22米）。建筑45°仰角在人、物尺度关系上往往就是衡量情感上的优美与崇高的一个相对的限度。几千年来，无论是西方的神庙广场还是中国的传统院落，乃至山地古镇的建筑街道，都处处可见类似的这种空间限度（图5-9）。即或到了今天，随着道路的扩宽和建筑的增高，在可能的情况下，依然通过步行路沿与门面、道路中线与裙楼等维系着这样的空间尺度关系（图5-10）。不过，在45°以内，人们仍然可以从视看对象的人、物之间悬殊的比例关系，通过移情的作用，感受到物像的巨大（图5-11）。

60°视角在纵向会产生明显的透视变形，有千钧压顶、寄人篱下的心理感受。但却是把握物像水平理想尺度的一个限度。水平视角在理论上为垂直视角的二倍。按照视野图，保持物像不变形，有最佳水平视角和垂直视角的注视中心就在60°视锥范围内，此时，理想仰角为27°～30°，理想的水平视角为54°～60°。这也是设计过程中物像主立面中主体部分的水平限度。

从审美心理上看，自然的尺度感意味着形式平易可人，偏重于实用与理智；迷人的尺度感，是由优美的形式造成的，其特点是温馨可亲；撼人的尺度感，来自壮美或狞厉的形式，其原有的巨大性或超越人的精致度，被看作是超越自然的姿态，实际上是以超常的尺度象征某种神秘的能量，从而引发人们的宗教感和敬畏感。实际设计构思过程中，对任何物象的观赏都要考虑远观、中观、近观三个方面的要求：近观环境主要在于加强艺术主体的表现，

图5-9 具有最佳封闭、安全感的街道、庭院
（资料来源：自拍整理）

图 5-10　现代商业街面与建筑裙楼的仰角关系
（资料来源：作者自拍）

图 5-11　由比例参照出的宏大崇高
（资料来源：周济安供稿）

中观环境侧重于艺术整体组合构成的控制及其图底关系，远观环境则要考虑艺术整体与整个山水地貌的总体环境关系（图5-12）。为了全面地对视觉环境加以权衡，按照物象高度H与视距D之比分别为D=2H、3H、5H作为近、中、远三个控制限定。理论上，H/D为1/5（垂直视角11°20′，水平视角23°40′）是观察物象与环境的总体关系尺度；H/D为1/4（垂直视角14°，水平视角28°）是观察物象轮廓的尺度；H/D为1/3（垂直视角18°，水平视角36°）是观察物象整体的尺度；H/D为1/2（垂直视角27°，水平视角54°）是观察物象主体的尺度；H/D为1（垂直视角45°，水平视角90°）是观察物象局部、细部的尺度，且这时水平视角较大，需在动态中观察。总之，在不同的控制范围，对空间艺术及环境景观有不同的要求。

至于山地形态，更要相应地考虑平视、仰视和俯视的效果。古人云"千尺为势，百尺为形"，"千尺为势"系指利于远观的大的走势——山形龙脉走势，山中盆地、坝子走势，河流湖岸，水的走势。"千尺"约为现代尺度330米左右，通常情况下人的视角为6度。是人眼最敏感的黄斑视域，也是当代建筑外部空间设计及景观设计避免空间艺术美学效果降低，出现空旷感的极限视角。大而远的空间重在气势，即艺术构筑物的整体关系以及整体与大山大水的环境关系，注重气势的生成与贯通。在视觉环境中注意定点、定位、定向，开阔视野，疏通视线，以求得最佳的视觉通廊和景观效果。"百尺为形"，百尺合33米左右，利于近察建筑、雕塑、广场、开阔地等。这个尺度也正是当代的建筑外部空间设计所公认的近观视距的限制标准，也是看清人的面目表情和建筑细部的限制尺度。现在影、剧院设计和建筑装饰设计也按此限制进行。古代的形与势都有自己的尺度感和平衡范围，否则就会相互冲突，影响整体与局部的构成关系。

远观势，近察形。对地貌特征应全面掌握。山地、丘陵选择与平地的结合部；平原选择河水弯抱或汇交水湾处。风水学划分常以山南、水北为阳地，山北、水南为阴地，地域、地段的环境气场性质，多由上述山、水关系定性。风水形势说还认为"盖形者势之积，势者形之崇"，"势为

图 5-12　雕塑的远、中、近观
（资料来源：作者自拍）

形之大者，形为势之小者。"，"聚巧形而展势"。[96]形、势要呼应，还有另一含意，空间艺术物像应与
地势地貌相谐调，对美的景物做好"借景"，反之"障景"布局，"趋吉避煞"。对形与势的关系，应该
"以形造势"，讲究气韵生动，富于变化，"以势制形"强调秩序和谐，照应统一。中国传统城市大多纵

图5-13 阆中古城的山水格局
（资料来源：作者自拍）

横接地铺列，只要看看建筑轮廓的高低起伏，自然山水的律动变化，或登高临下横观纵览，形与势的辩证便会一览无遗，让人体味无穷（图5-13）。

2. 黄金分割

美的根本是秩序、比例与限度。我们固有的比例感来自生物需求——为了在复杂的空间环境中生存，我们与其他有机体都有这种需求——尤其是来自判断距离和形状（当它们由于眼睛的构造按远近比例缩小或受到透视法歪曲时）的需求。自古希腊哲学家普罗泰戈拉提出"人是万物的尺度"，模度便以人体各部分相互间的一系列比例关系延伸到人与物、物与物之间的相互比例关系中。正如古希腊古罗马依人体比例创造了一系列具有标志作用的建筑柱式，文艺复兴时期的帕奇奥尼认为最美的建筑图形应当取法人体比例，其著作《神奇的比例》前承欧几里德中外比，后启18世纪的黄金分割。20世纪50年代初在意大利米兰召开的有众多学者、数学家、美学家、艺术家和建筑师参加的"神圣比例大会"首次为有史以来在艺术中提出的有关比例和数学的问题建立了根据，"原则，不是武断的简化，而是精细研究的结论，它们将成为一个学说的支柱。"[47]勒·柯布西耶一生沉浸在数学、比例、和谐中，寻求自然中的规律和生活中的规则。他将人的躯体视为自然秩序的一种范式，认为躯体是自然的根本性比例——黄金分割的真实体现。"它使坏的变得困难，使好的变得容易"，爱因斯坦曾经如此评价勒·柯布西耶基于黄金分割和人体尺度的和谐的尺寸系列的模度理论（图5-14）。[34]对模度的明智运用能够导向某种数学性的情感抒发。

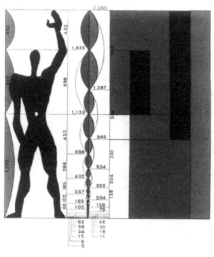

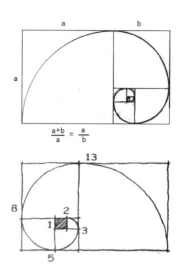

图 5-14 勒·柯布西耶基于黄金分割和人体尺度的和谐的模度
资料来源：[瑞士]W·博奥席耶.勒·柯布西耶全集·第5卷.牛燕芳，程超译.北京：中国建筑工业出版社，2005，7：19.

图 5-15 黄金比例与斐波纳契整数数列
（资料来源：作者自绘）

黄金分割的含义是整体与较大部分之比等于较大部分与较小部分之比，确切的关系式极其解为（a+b）/a=a/b≈1.618（其中：a＞b），或者反过来为0.618（用 ϕ 表示），其意义在于规定并统一了整体与部分以及部分与部分之间的一种特殊且唯一的比例关系。由欧洲中世纪的斐波纳契整数数列[a（n）=a（n-1）+a（n-2），n≥3]每前后两数之比（1/2，2/3，3/5，5/8，8/13，13/21……）正好可以无限趋近黄金比例（图5-15）。中国古代画家所总结的面部比例的"三庭五眼"、人体上下身以肚脐为界的5：8等皆接近于 ϕ。与此相应，远隔千里的希腊人将人的面部沿纵向分成八等分，五官位于

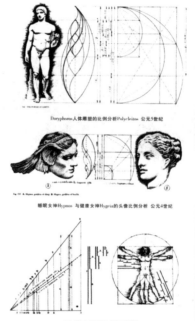

图 5-16 人体中的黄金比例
资料来源：左图：刘育东.建筑的涵意.天津：百花文艺出版社，2006，1.右图：http://image.baidu.com

下方的五等分内，从眉到额是另外三等分，并以此作为面部的理想审美标准。尽管 ϕ 作为一个无理数本身并无肯定的"底线"，但这一几何比例被认为是创作赏心悦目的艺术作品的关键，千古以来一直是一条神秘的规律，一个既理想又朦胧的状态，犹如蒙娜丽莎的微笑（图5-16）。最近，美国加州大学和加拿大多伦多大学的心理学家计算出了最美面孔的黄金比例：眼睛与嘴之间距离为脸长的36%（西方女性）或33%（东方女性），两眼之间的距离应占脸宽的46%（西方女性）或42%（东方女性）。无论古今，这些比例都围绕在黄金分割比值左右。[97]

达·芬奇说过："上帝具有的至高无上智能引导着他选择这些天体运行规律，这些规律与主观主

图 5-17　鹦鹉螺螺旋线
（资料来源：作者自拍）

义的、形而上学的论点最为接近。"[98]自然界的各种动、植物形态也表现出向ϕ趋近的斐波纳契数列（图5-17）。在贝壳、植物以及人和动物的躯体乃至后来发现的DNA结构中，螺旋形状无疑是众多迥异的事物中共同的因素。西奥多·库克在《生命的曲线》一书中曾经说道："我并不要求你们相信，各种有机和无机现象中相似的曲线形态的出现是'有意识设计'的一种证明。我仅仅指出，它表明了一种由普遍规律的运作所强加的共同的进程。事实上，与其说我关注的是各种起源或原因，不如说是各种关系或相似之处。"不同事物的异质同构性由此可见一斑。生命形式中普遍存在着偏离数学模型的因素，也正是这样的差异才构成了生命的特征。鹦鹉螺是活体生物，因此不可能用简单的数学概念准确地描述。也许正因为如此，反而在我们心里激发起形式美感，因为，我们认识到鹦鹉螺正在接近准确的轨道，其中记录了它为达到理想状态所作的努力，并且表明努力过程中所发生的误差越来越小。于是，论文再次想到"无限级数"的概念：每一代都完善一点，尽管永远也达不到特定环境中特定生物的完美形态。自然界中对完美的稍稍背离是受力不均的结果。所以，美在现实世界中就意味着对统一的"稍微偏离"或者"适度表达"。实际上，早在古希腊人们就认识到了差异问题，即活生生的艺术和理想的准确性之间的差异，有机美和简单数学之间的差异。希腊人正是通过帕特农神庙的线条和柱子非常小心地偏离出数学的准确性，从而为现世和后世留下了统一与多样并置、互补的最高审美原则。无论是艺术还是自然界，美的一个重要因素就在于微妙的变异。这里有必要强调一点，或许正是数理中无法穷尽的关于"美"的无理数（如圆周率π、黄金分割ϕ等）"先天地"注定了这个"微妙的变异"。

由视野图我们知道，120°视锥范围内为注视范围，此时的上仰角为60°（由于上睫毛的遮挡，实为50°），下仰角为70°，左右各60°。而在60°视锥的视觉中心范围内，在仰角边沿50°以下，仰角40°以上的40°～45°范围，是既满足清晰度，又最引人注目视觉焦点，加上接近边沿，而边沿界限往往因其两边的不同性质或对比（清晰与模糊）同样成为关注的重点，这些都决定了该位置为观者最感兴趣和目光聚集的趣味中心，若视看对象高为H，则趣味中心大约在2/3H处，接近黄金比。另外，由动视野范围可以看出，在满足最佳观赏仰角30°（实为26°36'）前提下的最大矩形视眶的高宽比为（30+70）/160，同样接近黄金比。美国北卡罗来纳州达勒姆的杜克大学的机械工程学教授阿德里安·贝让认为，人眼能够以更快的速度解读以黄金比例为特征的图像。换言之，也就是说类似黄金比例的图形使视觉器官扫描图像并传输给大脑的过程变得更加容易。[99]另一方面，巧合的是，27度最佳观赏仰角实际上还意味着观赏物像（高度为1个单位）、观赏视线（长度为√5个单位）与观赏距离（2个单位）之间的黄金比值[（√5+1）/2]关系。美国心理学家、得克萨斯州大学（奥斯丁分校）心理学教授朗洛伊丝所做的一项经验研究似乎在相当程度上证实了希腊人关于美的观念。试验表明，人们视觉上普遍认为的人脸的美，实际上是一种平均状态，它集合了人的诸多特征而具有某种普遍性，这说明美与审美具有中庸的统一性。在日常生活中，我们的审美判断受制于文化的熏陶和影响。不同的文化境况决定了不同的审美观。美学上的一句谚语"趣味无争辩"，说的是个人审美偏爱的合理性。一般美学理论主张，审美观念的形成完全是一个社会化的过程，是一种社会习得的过程，美与不美的观念不是与生俱来的，但朗洛伊丝的实验和观察证明，无论实验者使用的是白人或黑人图像，或成人或儿童的图像，3~6个月的婴儿都体现出一个明显的倾向，那就是成人通常认为美的人像，对婴儿也具有同样的吸引力。诚然，朗洛伊丝教授的研究并非就是无懈可击的定论，尚有不少问题值得进一步探究。但是，这里已经透露出某种共同的先验结构在审美过程中的作用与影响。

站在数化的角度，空间艺术就是对瞬息万变、不可量化的心理、情感空间的量化和固化。正因为如此，其量化、固化有多种表现方式和多样的呈现。这就好比数学中的多样求和，其中每一项都是和的一部分，都能从特有的方面代表和，这说明多样与统一（和）具有某种程度的等价。形而上的数理既然能够先于经验，事实在一定程度上真实地再现和反映宇宙秩序，那么反过来，当然也能够在一定程度上真实地反映人的内心世界。至今为止，它是人类与天地自然和人自身打交道的唯一可靠的工具。然而，"一定程度"也说明它的有限性。随着不可量度的量或者超乎想象的诸如无理数、虚数、复数等在物理学中的地位的进一步提高以及数理理论的进一步发展，相信还会有更多的发现甚至颠覆性的结果。

5.3.2.2 "图"与力象

早在蛮荒时代，中国的河图洛书就以数字化的图形奇妙地对应着天象和地形。一般认为河图为体而中有用，洛书为用而中有体；河图主常，洛书主变；河图重合，洛书重分；河图外方而内圆，洛书外圆而内方，方圆相藏，阴阳相抱，相互为用，不可分割；"河图"录下的是宇宙气旋的旋臂；"洛书"反映的是气在大地上运行的S形、8字形轨迹。汉代刘歆认为："河图洛书相为经纬。"[100]几千年来，依此图形推演的八卦的"先天为体，后天为用"成为中国城市形态和社会伦理建设的指导性原则。不仅如此，在悠久广阔的民间习俗和感觉吉祥的图案中，也广用云卷、如意、万字、回文等，都是天、地最利于人的曲线，是对"曲屈有情"，"曲则生吉"的感知和认同。但就视觉而言，所有这些都不外乎是直线、曲线、圆、三角形、矩形等少数几个基本形的不同组合与变体。无论从欣赏还是创造的角度，人们都无一例外地在"完形"基础上首先抽象出基本形，进而依据视看惯性和形式法则想象、构筑形体，编排空间，并在心理力象引导下融入情感，树立精神，形成思想。空间艺术就是建立这些基本形及其变体在空间中的相互关系，而几乎所有的设计创意都始于空间想象和相应的、基于基本形的平面草图（图5-18）。

1. 基本图形及其空间力象

所谓图形，乃是一种组织或结构，它伴随着人们的视觉心理活动，是理解事物的基本要素。成形性是视觉的重要特性，它遵循形式的连贯性及其在视觉中的反映。人们在复杂的环境中其注意力会集中在对象的几条简单大线（边沿或虚幻的视觉线）和简单的几何形体，因为其力感强，形象简明突出。尽管视点不同引起视网膜图像变化，但大脑对物质形式、形状的感受仍保持恒定，大脑通过补充和校正，不仅使其"图形化"（简单化），而且能够在"完形压强"的作用下以对象的部分表达心中的整体。

自然界本无纯粹的几何的"图形"，只有空间和体积。它们一旦进入视觉系统，便通过视网膜转化为平面的图像，而"图形"是对视网膜所成之像的不断抽象和完形，并在漫长的视看过程中外化为

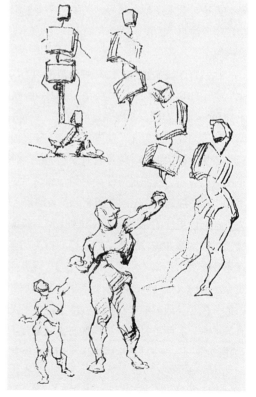

图 5-18 伯里曼的几何人体
资料来源：[美]佐治·伯里曼.人体与绘画.润棠译.北京：人民美术出版社，1974：9.

经验认知和内化为先验结构，它包括诸如透视原理等一整套平面——空间对应关系。图形的层叠、遮挡不仅不会造成形的缺失，反而意味着前后、上下、左右等空间关系。由于理解的顺序控制人的视觉，平面的刺激可以转化为空间的立体。不可否认，从图形上的深度可以感受到文化的广泛影响，人类早期的艺术就不在意空间的客观表达，也不用西方画面构成的深度暗示，他们按照自己特有的先验图式观念而不是视网膜映像经验作为绘画的依据，他们作画完全是本着他们所想而不是他们所看。如中国《考工记》的周王城图以及古埃及园林平面图（图3-12、图3-27）。同样地，图形、背景关系也是由大脑选择、组织起来的。在这个场合下是图形，可到另一个场合也许便成了背景。有时候图象和背景似乎波动于两个完全同等的可能性中。太极图是表达图象、背景相互依赖的典型。大脑一旦从刺激中接收到某个特性，就会朝前推进一步，把这一特性加以夸张，推向比实际更深、更广的范围。同时看两个图形，较弱的一个图形的感觉会被歪曲了来维持对较强图形的夸张。

作为一种脱离实像的"假象"，图形表现出"象"的虚拟性特点，即依据经验、规律，虚构暂不存在之"象"，此"象"可以超越具体时空域界，超出现实范围，以有限囊括无限，具有艺术的创造特点。建筑、雕塑语言中的"体形"、"体量"、"结构"、"形式"、"趋势"、进退、收放、交错、重迭等术语实际上都是去掉形象自身质料以及周边具体景观环境等表面现象后的抽象的图形——空间表达，人们正是通过这类术语揭示并确定了空间艺术形式美的关系。勒·柯布西耶认为，艺术家"感知和洞悉自然，并且在其自己的著作中解释它"，这一过程的关键在于"既存在于人类中也存在于自然规律中的几何学精神"。[46]"势"本质上是随空间而变化的能量，其作用范围可以用"场"来描述。日本弘一博士所做的感觉生理学试验表明：当人看到正方形的图形时，视网膜上发生的微波电流分布图就像磁铁吸引铁屑那样从正方形的一个尖角向邻角呈弧线扩张并连接着。它科学地表明了物理的形体和感觉之间有着某种联系，这种联系属于生理心理范畴，被称为知觉场。[101]对人而言，"势"是体制（人及其机能）物化的形式，因为对每个人而言，形式本身都带着产生某种情绪的信息。人的各种感觉官能诸如视觉、听觉、触觉、味觉、嗅觉以至于运动觉等，是完全可以随具体的人当时的心理状况乃至本人平时的生活经验彼此打通和移借的，这就是形成通感现象的心理基础。所谓"通感"是指人们在感知客观事物时的感觉移动或感官相通，又称为"感觉移借"。近代心理学研究发现，人们的几种感觉是能够相互转化、沟通的。例如随着音频的逐渐升高，声音越尖细，达到一定程度时，耳朵开始发痒，继而感到疼痛。于是，听觉转为痛觉。人们看到支承的柱子，似乎身体上就感到了那不堪负担的压力等。这些现象就是通感的效应。

尽管对于脑在感觉过程中能量转换的情况还处于探索阶段，但人们已能确切了解到脑细胞从眼睛接收或输出信号的活动是一种电化过程。有证据表明，感觉、记忆、精神幻觉都是由脑细胞中电——化学活动的信息引起的。当今对感觉的研究已经从强调刺激的构造转向强调脑本身的结构。也就是说，是大脑设法将一个模式强加给刺激，原先存在的一种精神范畴决定了刺激将如何被感觉。

其实物理学的力学原理与人类的知觉系统十分类似，它们都在不断寻求一个简单、稳定的状态。阿恩海姆在《中心的力量》一书中指出："几何学的陈述是源于空间中可测量的距离、比例和方向的建构。而另一方面，直觉的陈述则基于视觉力的作用方式，这些力是一切视觉经验的构成要素，它们是我们所看见的形状与颜色的不可分割的一个方面。可以简便地将这些力视为神经系统——尤其是视觉刺激所投射的大脑皮层区域——操作的力之构型的知觉反映。"[102]"那种推动我们自己的情感和表现的力，与那些作用于整个宇宙的普遍性的力，实际上是同一种力。"[103]动机心理学家把人类的动机解释为由有机体内的不稳定引起的恢复稳定状态的活动。每一个心理活动都趋向于一种最简单、最平衡和最规则的组织状态，生命有机体一直在无序的不平衡中寻求有序的平衡，但同时又抗衡着无序的绝对平衡——死亡。作为一个耗散系统，生命的一个突出特征体现在它总是通过不断地吸取和耗散新的能量来对抗、阻止热力学第二定律——熵的增加。艺术则唤起个体的觉悟和冲动去阻止整个自然和社

会普遍的熵的增加。所谓平衡，在生命过程中
实际上仅仅是一种动态的和相对的力的平衡，
视觉平衡就是大脑皮层中的生理力追求平衡状
态时所生成的。因此，审美体验中的力是一种
"具有倾向性的张力"，这种"具有倾向性的张
力"并不是一种真实存在的物理力及由此引起
的运动，而是人们在知觉某种特定对象时所感
知到的"力"，即心理的"力"，其"着力点"
总是导向物我、内外的平衡（图5-19）。

　　柏拉图在《蒂迈欧篇》中将一切存在事物
的基本构成要素归结为五种规则的立体形，柯
布西耶在《走向新建筑》一书中认为，建筑师
应该注意的是构成建筑自身的平面、墙面和形
体，并在调整它们的相互关系中，创造纯净与
美的形式。他在书中所述的"建筑是对光线下
的形体的卓越而正确的处理……立方体、圆
锥、圆球、圆柱和金字塔形是光线给予优越性
的伟大的原始形式……它们是造型艺术之本"。
人们愿意将几何学图形看成是自然之最基本简
单法则的显现，而一切复杂性都可以归结到这
些简单法则上来。通常，视觉定向及其把握始
于对易于理解的简单图形的处理。造型的基本
要素是点、线、面、体。二维平面中的直线、

图 5-19　不同的空间力象的平衡
（资料来源：自拍整理）

圆、三角形、矩形以及三维立体中的球体、柱体、块体、锥体等可以说是造型基本要素中的基本图形，
然而，这种简约的原型几何模式若要具有生命的魅力，就必须具备诸如虚实、明暗、有无、凹凸等正
负、阴阳关系，仅靠平面、立体的这些概念，并不能说明空间艺术，与其相关联的还包括相应的空间
力象——物与物、物与人之间由量和力引起的心理联系，即由松弛——紧张关系所引起的正、负量感。
它们的均衡与否、重心的偏正以及位置的前后等都能引起不同的心理反应，表现出不同的心理力象。

　　试验表明，人们对不同对象的判断是受其形状支配的，而不同的形状又有心理力象引起的不同
"表情"（表5-3）。

各种基本形及其力象和"表情"　　　　　　　　　　　　　　　　　　　　　　表5-3

基本图形		力象和"表情"
直线：直线代表果断、坚定、有力，由于单纯所以是强力的、严格而冷漠的，具有男性感。细直线则因敏锐、神经质而稍带女性特征	水平线	向左右扩展。表示安定和宁静。大量使用则肃穆庄严
	垂直线	进取、超越，象征崇高的事物；表示上升的力、严肃、端正而有希望。大量重复则有悠闲感
	斜线	是动的，有不安定感，但让人感到有变化

基本图形		力象和"表情"
面：可以是点的集聚，线的集合，或者是立体的切断，总之起分隔作用	圆	给人以平衡感、控制力，一种掌握全部生活的力量
	椭圆形	因为有两个中心，令眼睛移动，不得安静
	三角形	若底边很大则富于安定感，给予不动的感觉。正三角形最为集中，顶点朝下极不安定
	四边形	端正，特别是正方形，与严格相反，有不舒畅感
	多边形	有丰富感，边的数量越多，曲线性越强
	垂直面	具有严肃、紧张感等，是意志的表现
	水平面	使人感到安静、稳定、扩展
	斜面	是动的，不安定。在空间中给予强烈的刺激
体：一般说来，直面限定的空间形状表情严肃，曲面限定的空间形状表情生动	立方体	代表完整性，因其尺寸都是相等的，给观者一种肯定感。是非常规则的形态，看上去没有方向性，缺少动感。是一种静态，肯定的形式，端庄而且稳定。由它变化出的各种直方体就具有了明确的方向性
	球体	球体以及半球形穹隆顶，代表端正、完满，有强烈的向心性和高度集中性。由它可演出半球及各种不同的球冠形。卵形或椭球形则具有优雅的动感
	柱体	具有中心轴线呈水平向心形式，沿轴线有生长的趋势。由它发展出的形体可以有各种棱柱
空间体：一般说来，直面限定的空间形状表情严肃，曲面限定的空间形状表情生动	直方体空间	若空间的高、宽、深相等，则具有匀质的围合性和一种向心的指向感，给人以严谨、庄重、静态的感觉。窄而高的空间使人产生上升感，因为四面转角对称、清晰，所以又具有稳定感，利用它可以获得崇高、雄伟自豪的艺术感染力。水平的矩形空间由于长边的方向性较强，所以给人以舒展感；沿长轴方向有使人向前的感觉，可以造成一种无限深远的气氛，并诱导人们产生一种期待和寻求的情绪；沿短轴方向有朝侧向展延的感觉，能够造成一种开敞、阔大的气氛，但处理不当也能产生压抑感
	圆柱形空间	四周距离轴心均等，有高度的向心性。给人一种团聚的感觉。如航空港登机楼中心大厅，基督教圆形拱顶
	球形空间	各部分都匀质地围绕着空间中心，令人产生强烈的封闭感和空间压缩感，有内聚之收敛性

其他几何图形		表情
曲线：曲线代表优雅、轻快、闲适、宁静；曲线的中断产生激动和紧张、斗争、幽默。根据长度、粗度、形状的不同，常给人以柔软、流动、温和的印象	螺旋线	象征升腾、超然，摆脱尘世俗务
	几何性曲线	理性的，有单纯、明快、充实感，往往用来表示速度感和秩序感
	自由曲线	奔放、复杂、富于流动感。通过处理手法，既可成为优雅的形、也可以成为杂乱的形
曲面：有温和、柔软、流动的表情	几何性曲面	理性的、规则的。根据面中含有直线或曲线的数量不同而具有各种表情
	自由曲面	奔放，具有丰富的表情。通过处理手法可以产生有趣的变化
体	锥体	当锥体正置时，具有稳定感和向上的运动感。倒置时则最不稳定，具有危险感。当然，也有轻盈活泼和富于动感的一面。锥体有很强的方向性
	三角形体	具有稳定性（特别是它的大面着地时）和方向性。由于构成的面较少，构成的边又富于变化，故给人以活泼丰富的感觉
空间体	三角形空间	有强烈的方向性。围成空间的面越少，视觉的水平转换越强烈，也就越容易产生突变感。从角端向对面看去有扩张感。反之，有急剧的收缩感
	角锥形空间	各斜面具有向顶端延伸并逐渐消失的特气，从而使空间具有上升感和更强烈的庇护感，如教堂的尖顶
	环形、弧形或螺旋形空间	有明显的流动指向性、期待感和不安全感

资料来源：根据相关资料整理

　　外部形体的力象是凭借几何形体的虚实和凹凸关系、各种几何体的空间组合及其相互渗透并靠视点运动来认知的。外部形体无论多么复杂，都是由这些基本的几何形体组合变化而成。古罗马万神庙是半球体、圆柱体和方块体等基本图形组合的一个范例。圆形正殿是神庙的精华，其直径和高度都是43.43米，近似一个球形。殿内壁面分为两大部分：上部覆盖了一个巨大的半球形穹隆，穹隆由下至上密排了5层作凹陷线脚的方形藻井，下大上小，逐排收缩，增加了整个穹面的深远感，并随弧度呈现一定的节奏；穹隆下的墙面又以黄金分割比例作了两层檐部的线脚划分。穹顶的正中央开有一个直径8.23米的圆洞，作为室内唯一的光线来源。通过这个采光口，可以看到大自然阴晴雨雪的变化，阳光也通过它呈束状照到殿堂内。随着太阳方位角的转换，光线也产生明暗、强弱和方向上的变化。底层壁龛中的神像也依次呈现出明亮和晦暗的交替，增添了万神庙"天堂"般的意境，祈奉的人们犹如身处苍穹，与天国的众神产生神秘的感应。在艺术处理上，它尺度恢宏、造型完美、比例和谐，十分成功地表现了建筑壮丽雄浑之美。万神庙尽管巨大，却没有古埃及神庙那种沉闷的压抑感，它是空灵的、向上的、健康的，它的艺术主题通过单纯有力的空间、适度的细部装饰以及完整明晰的结构体系得以烘托（图5-20）。

　　力象所反映的象征意义和情感意味，就隐含在图形的形式因素之中，均衡带来的是心理的宁静愉

图 5-20 罗马万神庙

（资料来源：左图：刘育东．建筑的含义．天津：百花文艺出版社．2006，1．右图：作者自拍、自绘．）

悦，非均衡带来的是心理的俯仰敬畏。所以，从这个角度看，任何形式因素都具有审美的表现性，或者用贝尔的话来说，都带有特定的"意味"。对形式因素的自觉与强调，一定程度上说是现代艺术的标志。国际风格就是以直线、直角、公式为表征的追求简洁实效和标准化的机器时代的产物。

创造性思维都是通过"（意）象"来进行的。这里的"象"非具体事物留在头脑中的印象，而是通过知觉的选择所生成的基于事物共性或代表内心情感的朦胧意象，它在构思过程中首先转化为既具体又抽象、既清晰又模糊的简单"图形"，依据心理力象，在想象空间中，被编排，被重新组合。图形在这里具有多重功能，隐含多种意义。不仅如此，有机生命本身及其形状还体现出生物的多样性特点，它们避免采取直线和直角。居住在城市里的人之所以出来遁入大自然，要的就是复杂多变、丰富多彩。

2. 简单与复杂的辩证

事物的发展变化总是由简单到复杂再到更高层面的简单，如此周而复始，其感知是一种从各个层面观察到的平面形象的综合，并从知觉经验中推演出物体空间的综合视觉表象。贝聿铭的美国国家美术馆东馆，建筑平面根据地段特征分两个三角形构成，顶部由一个巨型三角形天窗将二者联系起来。建筑内其他部分的划分也都以三角形为母题，空间相互穿插迭合，丰富而不乱，充满和谐的韵味（图5-21）。扎哈·哈迪德致力于寻求建筑的动态构成，通过用体块的化整为零、叠加、倾斜等手法来突破建筑设计的常规的界面法则，从而体现出她所幻想的梦幻般的动态效果。可以毫不夸张地说哈迪德的建筑是一种绘画性建筑，她将绘画与建筑进行了抽象化的糅合，其建筑"草图"本身就是一幅完整的抽象绘画（图5-22）。

空间艺术从形式到审美充满了对立统一，其整合、取舍、选择等取决于设计者、观赏者的"眼光"——视点、视角或者说"完形"的对象。密斯的"少即是多"、文丘里的"少即烦恼"等都有其合理的内核。显然，过犹不及，任何过度的简约都会导致贫乏单调，任何过度的复杂也会显得堆砌烦琐。"少"与"多"常常是互补和互动的，在丰富中往往需要凝练的综合，而在明晰中也需要丰富加以补充（图5-23）。在实际构思设计中，"少"和"多"之间存在一个"度"，这需要设计师通过对具体环境以及所服务的对象等因素有了充分的了解之后，才能有一个适当的把握。不同时代和不同艺术家的作品，其中蕴含的张力的大小各不相同，而且，形体的简化程度和张力的大小成反比。形体越是简化、有序，张力越小；反之，越是复杂、无序，张力越大。此外，图形之间因空间距离还存在相互干涉。按事物的近相吸远相斥原则，可以观察分析形体之间的亲近性、相对独立性和分离性。以两个物象a、b（其中a>b，D为间距）为例：当D≤（a+b）/2时具有亲近性；D=2a时具有相对独立性；D>2a时彼此分离（图5-24）。当多数物象处于一个视觉力场中，由于力象作用出现平衡点（力能聚集、内向）与中转点（力能外射、相斥），就物象统一性来说，平衡点与中转点的向量，前者相向，后者向背。空间艺术处理中应该强化相向性，改造向背性。另一方面，城市空间的大小、形状对于精神感觉的影响很大，这可以从绝对大小（以人体为尺度）和相对大小（限定空间的面的高宽与距离的比例关系）两个方面予以分析。宏大的空间使人感到渺小，觉得不可控制，因而产生崇高、敬仰的感情。低矮的空间有宁静、亲切的感觉，但处理不好也可能造成压抑、郁闷的感觉。单一的空间主要引起主体视线的运动，

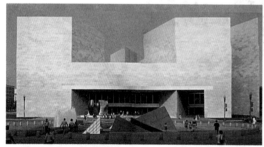

图5-22　扎哈・哈迪德的抽象建筑画

（资料来源：《大师系列》丛书编辑部编辑.扎哈・哈迪德的作品与思想.北京：中国电力出版社，2005，7.）

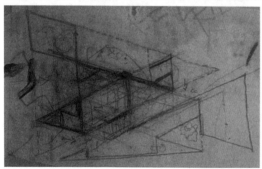

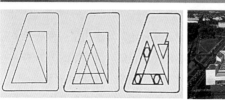

图5-21　美国国家美术馆东馆——贝聿铭

资料来源：黄建敏.贝聿铭的艺术世界.北京：中国计划出版社，1996，10：81.

图5-23　少与多的辩证

（资料来源：http//www.nipic.com）

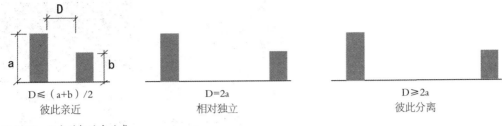

图 5-24　距离引起的亲疏感
（资料来源：作者自绘）

而多数的空间组合则除了造成视线运动之外，更有亲身经历的运动，因而能造成节奏、序列等更丰富的时间变化。

　　观察物象，视觉上产生运动和方向，构成力感与动感，在心理诱导方向上产生力度，形成视线并在中心——边沿效应中构成注视中心等；视觉中的秩序、视觉诱导、线条等都具有方向性，同一个空间、同一个物象，由于长短、高低、宽窄、线条方向、中心（重心）偏移等的不同都会导致不同的力的趋势和不同的方向感；视野中有动静感觉，视线是动的，视点是静的，两者之间孕育着物象诸因素的构成，形成一个有机的整体；根据力能性，形体的间距、疏密、对称与否等，都可通过视觉的恰当处理，取得协调……以上这些都是视觉力能性的反映。能够引发丰富的心理力象。物象所产生的分散与凝聚，都是心理力在一定范围内相互关系与矛盾变化的结果。

　　空间形状与限定空间的实体形状有关，周围的限定面的形状都会影响空间形状。其中，地形地貌的形状因直接影响行为和观看等体验方式而起着明显的主导作用，而同一空间的其他各相关限定面的形状、比例，对于空间形状的决定则起着辅助作用。这就带来两种创造空间形态的思路：一个是从限定面的形状出发决定空间形状；另一个是从空间形状出发决定相关的限定面。前者注重实体形状，后者则着眼于空间形状。欲掌握前者的创造规律，还必须了解限定面的基本类型及其表情（表5-4）。

地形地貌的空间力象及其"表情"　　　　　　　　　表 5-4

地形地貌		空间表情	
地形地貌是人类全部空间活动的基础。任何空间限定要素都要与其相结合。它既有起伏、波动之力，亦有平静、和缓之势	平地	使人感到轻松、自由、安全，若在视觉上缺乏空间的垂直限制则容易产生旷野恐怖	
	高低起伏 若起伏平缓将给人以美的享受和轻松感；陡峭崎岖则易造成兴奋和恣纵的感受	凸起	有隆起、腾达之势，使人兴奋（如天坛的圜丘、故宫太和殿基座等）
		凹陷	有降落、隐蔽之势，围合性很强（如越战纪念碑、洛克菲勒总部大厦前的普罗米修斯广场）
	台地	有开阔的视野，富于层次，容易构成笔直正交的轴线和引人注目的透视线。由视平线的各种高度及视距的变化又极易带来屏障的不悦目感	
	斜地	具有动态特征（明确的运动导向、强烈的流动感），并能限制和封闭空间。越陡越高，外空间感越强。反之，也有令人不舒服和不安定感	
	架空	与支撑相结合构成横断，有苍临、探海之势。达到一定高度、其下部就具有了天覆的限定效果	

资料来源：根据相关资料整理

空间无形且不可测定，必须经限定才能显形，故空间形态的创造离不开实体形态。但是，空虚不仅仅是立体的附属物，它还有其自身的意义，如林璎的越战纪念碑、亨利·摩尔雕塑中的孔洞、卡博的透明材料空间构成等。而且，宽窄、高低等空间量以及它们的断续、曲折、节奏等都会引起各种不同的空间知觉，如过窄的空间会引起闭锁恐怖感，反之则引起广场恐惧症。那么，空间的宽与窄竟该如何定量呢？在重视空间实用性的当今社会中，广度多由空间行为的良好程度来决定，而对于与行为空间较少直接关系但涉及心理空间的高度则常常被忽视。对于精神性空间来说，广度和高度是相对的，并非完全以人体为尺度。哥特式与文艺复兴时期的巨大空间，是根据所谓"神的尺度"建造的，这些大墙面、大天棚通过无数凹凸的雕刻装饰，能产生应巨大的空间规模，酝酿出虚无缥缈的气氛。不过，在极小的空间中也可以看到与狭窄相反、实现自由的精神世界扩展的例子，我国南方传统的私家花园那紧迫却又丰富的空间变化就是如此，它能够凭借如门窗等各种符号假借出一个想象空间，或者于曲径通幽处给予更多的空间暗示（图5-25）。从创造的角度来讲，空间的实体与虚空都是城市空间艺术

图 5-25 假门窗及曲径对空间的暗示
（资料来源：作者自拍）

的对象，因为立体形态被感知的是实体本身，是正形，所以创造方法是从有限的形体向无限作发展组合；空间形态被感知的主要是实体间的相互作用，所以创造方法是从无限空间到有限空间的界定。这就造成了创造空间形态的两个方面：正形（实体）和负形（空虚）。正形和负形自然是不可分割的有机整体，这也体现了空间形态的本质——"有之以为利，无之以为用"。正形为"利"负形为"用"，两者相辅相成为一个整体。立体形态与空间形态的差别，如表5-5所示：

立体形态与空间形态的差别　　　　　　　　　　　　　　　　　　　　　　表 5-5

立体形态	空间形态
三次元（凸状）	三次元（凹）
城市实体（占有空间）	城市空间（包围空间）
实在的映像	运动的虚像
靠视觉和触觉从外部直接感知	靠视觉和运动从内部关系中间接认知
创作方法是从有限向有限或无限作组合	创作方法是从无限向有限界定

资料来源：根据相关资料整理

图 5-26　表现运动的方式

资料来源：欧阳英. 西方美术史图像手册·雕塑卷. 杭州：中国美术学院出版社，2003，6.

视觉心理力的机制，在于引导人们的注意，传递、转移外界信息，在移步换景中能够完整地理解客观物象。图形、意象是一个力的系统，奇妙的张力是城市空间艺术的特征，每一次解决方案都是对立面的平衡。"运动"本来并不是艺术最适合表现的题材，但却可以通过将运动转化体偏离了正常的位置时所蕴含巨大张力的姿势来表现其运动的趋势。有两种表现方式来展现空间艺术的运动感：其一是从内容上不去描写事件的高潮，而是略为提前，让观众自己去完成和补充整个动作，以此获得运动感。这种方法叫作"诱发紧张"，与格式塔心理学理论一致，知觉会组织起最佳形式来保持与素材的一致。其二是模糊物体尤其是物体轮廓的边沿，或者让几个运动的过程在一个形象上表现出来。这是一种不动之中的"动"，即"具有倾向性的张力"（图5-26）。正是这种不动之动的"张力"，才是表现性的基础、艺术的生命、审美体验的前提。这种情感体验之所以特殊是因为，审美不仅仅是对于对象的物理特征的把握，它还是对形成于大脑中的相应的力能活动的一种心埋体验。

虽然艺术作品本身几乎没有提供与眼睛的关系，但成功的作品引出关系，并使这些关系成为空间、光以及观赏者的视觉场的一种功能。作品要求观赏者用自己的头脑来补充、完善作品本身并不具备的复杂的东西并领会和体验散发于其中的"人类情感"。即使在抽象艺术中，那些古老的主题仍然不衰：无论是在蒙德里安那里表现出来的古典主义的冷峻，还是康定斯基早期浪漫主义的欢悦，都有着许多人性的流露。"所有建筑都主张对人类心灵的影响，而不仅仅是为人体服务。"[104]世上的一切事物都是质料和形式（即几何性）相结合构成的。没有脱离形式的物质，也没有脱离物质的形式。空间艺术形态在心理上意味着图形的变化和趋势以及由此引起的心理作用和情感反映。

辩证地利用"少"与"多"、主与从、虚与实以及协调与对比，是城市空间艺术设计的重要原则。大小空间的穿插组合，地形的有机变化以及造型要素的合理运用等直接影响着人的视觉体验。汪裕雄在《审美意象学》一书中认为合理地调节与强化视觉环境反映了人对环境的心理平衡的诉求。事实上，环境张力的紧张可以刺激和激励有序而生活平庸的人；环境张力的松弛可以缓解和安抚无序且生活忙碌的人。在城市空间艺术设计中追求视觉美感，其目的在于迎合人们多元的精神需求，建立起文化与环境对话的信道。往往，标志性的城市空间、建筑和雕塑能够以简略特殊的形象，代表整个城市。中国传统城市就常常以（城）门、塔、阁、碑、坊作为城市标志，未入其境，先阅其景，起到视觉诱导作用。

尽管简洁的几何图形不是自然中的事物，但它们却始于自然的启发。作为人类抽象的结果，它能够帮助人类能够按照自己的理想和愿望塑造空间，建构城市。

5.3.2.3　"色"与情绪

外界物体除了那些客观的主要特性如质量、体积、形状、数量等，还有某些"人为"的从属特性如颜色、声音、味道、温度等。这些从属特性虽然也是物体的一部分，但是人们对之却可以有不同的

"解读"，进行不同的想象并用来表征各自不同的文化。一个时代的艺术如何对待色彩，在很大程度上也反映着当时的文化。眼睛对光与色的感受是按自然方式进行的，即由外到内。对线条和形状则先是根据观看者早已掌握的观念加以比较，也就是说，是从眼睛向外投射出来的，与感受光与色的过程相反，但这并不等于对光的感受就是纯粹客观的。

色彩是看得见的能量，光是能量之源，没有光，便没有一切。从远古的太阳崇拜到现代都市的灯火阑珊，光和色一直以来在人类生活中都是至关重要的因素。来自外界的一切视觉形象，都是通过色彩和明暗关系来反映的。色彩的感觉是一般美感中最大众化的形式，视觉的第一印象乃是色彩的感觉。现代色彩的生理、心理实验结果表明，色彩不但能引起人们大小、轻重、冷暖、伸缩、进退、远近等心理物理感觉，而且还必然伴随着心理精神活动，唤起人们各种不同的情感联想。空间艺术的前提首先应该是光线的存在，城市空间的收放变化、城市建筑的材质肌理、城市雕塑的微妙起伏……所有这些视觉因素都离不开挂光投影，即或是不需要光色的音乐，通过听觉最终在头脑中形成的也是与光色记忆相关联的空间想象。

1. 基本色及其性格联想

一切色彩感觉是客观物质（包括光和物体）与人的视觉器官交互作用的结果，是主观和客观碰撞的反应。视觉——空间感、色感早在人类的前身就已具备，而其意义却是伴随生命意识在人类漫长的文明过程中形成。原始人用矿物颜料和植物染料涂抹纹身，以色彩斑斓的动物羽毛、兽皮和染以颜色的石珠、兽牙、贝壳装饰自己，这些原始的色彩装饰行为无不具有原始氏族图腾符号、血缘标记、除邪祛病和吸引异性等意义。环境的明暗、颜色的冷暖作为精神象征无疑也深深植根于早年的巫术礼仪并反映在图腾禁忌中（包括建筑、雕塑在内的原始人类创造毫无例外地被赋予各种颜色），它们能够明显地影响甚至左右人的情绪。《周礼·考工记》提出"画缋之事杂五色"，建构了阴阳五行、五色的时空一体结构：在五行、五色时空关系中，东方为木性，直高，肝部；太阳始升于此，万物随之生茂，在时为春，在卦为震，在星象称"青龙"，其色为青。南方为火性，尖形，心目；在时为夏，在卦为离，在星象称"朱雀"，其色为赤。西方为金性，圆形，肺部；太阳退降于此，草木凋零，万物肃杀，在时为秋，在卦为兑，在星象称"白虎"，其色为白。北方为水性，波曲，肾都，在时为冬，在卦为坎，在星象称"玄武"，其色为黑。土居中宫，方平，脾胃；能调节金、木、水、火之不足，节制诸类之盛，其色为黄。地土与天体对应，地谓黄，天谓玄（黑），天地玄黄，乾坤交合。阴阳五行、五色的时空一体结构是对五色的方位和时间的统杂与彰明，体现了艺术以自然时空为本体的宇宙观念。五色在这里按照五行相生的顺时针旋转方向相交，包含着依照四时循环秩序、因时取势、随类赋彩、随机应变的协同观念。五行相生相克（图5-27），而相生与相克，并非绝对，又有辩证关系。相生，被生者受益，生者受耗。相克，视性质和程度而有损有益。金克木，木若旺，适当克，木可成材；火克金，适当克，金可成器。城市景观在色彩上如果红白相间，红不宜过多，白宜为主。在"车水马龙"、人流多的地段，建筑物墙角、花坛转角、栏杆等不宜尖锐，尖为火，水火不兼容；建筑的形与色应避免形、色相克，如高大尖顶的楼房属"火"形，应避免黑色的"水"性……

人类虽然种族不同、肤色有别，但是具有共同的生理机制和情感反映。根据实验心理学研究，人们在色彩心理方面的共同的感应主要体现在冷暖、轻重、强弱、软硬、明快与忧郁、兴奋与沉静、华丽与朴素、舒适与疲劳、积极与消极等方

图5-27　五行生克图
（资料来源：作者自绘）

面。歌德认为一切色彩都位于黄色与蓝色之间，他把黄、橙、红色划为积极主动的色彩，把青、蓝、蓝紫色划为消极被动的色彩，绿与紫色划为中性色彩。积极主动的色彩具有生命力和进取性，消极被动的色彩表现平安、温柔、向往的色彩。色彩的积极与消极主要与色相有关，同时又与纯度和明度有关，高明度、高纯度的颜色具有积极感，低明度、低纯度的颜色具有消极感。

色彩也是由最单纯的"质"——红黄蓝（若是光源色，则为红绿蓝）合成。色彩能够唤起各种情绪，表达感情，甚至影响我们正常的心理感受。有证据表明，我们对色彩的感觉在一些可测量的生理、心理反应中都能测到一定的强度（表5-6）。不仅如此，不同的色调也能产生不同的心理联想（表5-7）。

几种主要颜色的心理联想 表 5-6

颜色	心理联想	其他性质
红	代表血腥、雄性、庄严、神圣、强烈、温暖、热情、兴奋、活泼，是太阳、血与火的色彩。联系着力量、地位、坚韧喜庆、幸福、希望、吉利等概念，具有青春活力，十分引人注目。然而过于暴露，容易冲动，过分刺激，因此又象征野蛮、恐怖、卑俗和危险。红色环境中的人心跳、呼吸加快，血压升高。 粉红色是温柔的颜色，代表健康、梦想、幸福和含蓄，温和而中庸。如果说红色代表爱情和狂热，那么粉红色则意味着"似水柔情"，是爱情和温馨的交织	红色虽没有黄色那么明亮，但它的波长最长，知觉度高，红色加黄具有温暖感，加青时其色性转冷。红色在青绿色背景上好像燃烧的火焰，在淡紫色背景上似乎有死灰复燃之感。红色与黑、白相配，强烈明快；红色与其补色青绿色相配，最能发挥它的活力。 红色往往能够构筑庄严宏大的氛围，并与蓝天碧海形成明显的冷暖、动静对比
橙	光感明度比红色高的暖色，象征美满、幸福，代表兴奋、活跃、欢快、喜悦、华美、富丽，是非常具有活力的色彩。它常使人联想到秋天的丰硕果实和美味食品，是最易引起食欲的色彩。 橙色在我国古时称朱色，是高贵富有的象征。 佛教僧侣袈裟亦是橙色	橙色与黑、白、褐色相配，色调明快，易于协调。橙色混合白取得高明度的米黄色，柔和温馨，是室内装饰最常用的色。橙色富有南国情调，因此比较适合作皮肤黑而具有个性的人的服装色彩。由于橙色醒目突出，是常用的信号、标志色
黄	阳光的象征，代表光明、希望、高贵、至尊。鲜明欢快，给人以辉煌、灿烂柔和、崇高、神秘、威严超然的感觉。相反，黄色也象征下流、猜疑、野心、险恶，是色情的代名词。淡黄色使人感到和平温柔；金黄色象征高贵庄严。 中国尚黄，在方位中代表中央，是古代帝皇的专用色。象征权威与尊严与至高无上。在古代罗马，黄色也被当作高贵的颜色，象征光明和未来。基督教徒视黄色为出卖耶稣的叛徒犹大的服色，因此，黄色也是罪恶、背叛、狡诈的象征。 黄色和橙色是金秋时节的色彩，象征丰收的喜悦和欢快	比红色明亮但纯度次于红色，黄色如果不干净，混合起来会有刺眼、病态、厌恶的感觉。黄色在所有色相中为最富有光辉的明色，但又是色性最不稳定的色彩，如果黄中少许加入黑、蓝、紫等色时，就立即失去了本来的光辉。黄色在白色背景上由于明度接近，色彩同化而显得暧昧；唯黄色在深暗的色调背景上，最能表现一种辉煌欢快的情调

续表

颜色	心理联想	其他性质
绿	被喻为生命之色，象征和平、青春、理想、安逸、新鲜、安全、宁静，代表生命、生机，充满和谐与安宁，给人以极大的慰藉。 带有黄光的绿色是初春的色彩，更具生气，充满活力，象征着青春少年的朝气；青绿色是海洋的色彩，是深远、沉着、智能的象征；当明亮的绿色被灰色所暗化，难免产生悲伤衰退之感	绿色是大度的，它不与红花争宠，它不像黄色那么炫耀，蓝色那么深沉，白色那么冷峻，它只是平凡而随和。由于绿色具有消除视觉疲劳和安全可靠之功能，在色彩调节方面具有十分重要的意义。是"有弹性的"色彩，传达了能量与平衡两种品质，这表现在其蓝、黄两种组成成分中
蓝	能使人联想到无边无际的天空和海洋，象征广阔、幽深、浪漫、遥远、高深、博爱和法律的尊严，带有沉静、理智、大方、冷淡、神秘莫测的感情。我国古代蓝色代表东方，表示仁善、神圣和不朽。 在西方，蓝色是贵族的色彩，意味名门血统。蓝色又具有寂寞、悲伤、冷酷的意义。蓝色的音乐为悲伤的音乐。 碧蓝色是富有青春气息的服色，表现沉静、朴素、大方的性格。 深蓝色（海军蓝）是极为普遍而又常用的色彩，极易与其他性格的色彩相协调，具有稳重柔和的魅力	蓝色在黄色背景下显得非常深谙，并失去了光泽；如果将蓝色掺和白色，提高到与黄接近时，黄色背景上的蓝色具有冷色之感。蓝色在黑色背景上会发挥其明亮和纯粹的未来象征，在深褐色的背景上，将恢复生气感。 常用来营造思考的环境
紫	具有高贵、优雅、神秘、华丽、娇丽的性格。给人以神秘的幻觉。紫色是象征虔诚的色彩，但当紫色加黑暗化时，又象征蒙昧和迷信。 紫与黄互补色配合，强烈而刺激，具有神秘感。偏红光的紫罗兰色非常高贵典雅	在环境中，是空间和距离逐渐增加时出现的色彩。紫是红与蓝的组合，有各种色相，可冷可暖，由其组成成分的趋势而定。 纯紫色与其他色很难搭配
黑	代表黑暗、寂寞、苦难、恐怖、罪恶、灭亡、神秘莫测。 黑色又具有庄重、肃穆、高贵、超俗、渊博、沉静的意义。 黑色本身是消极的中性色彩，可是它与其他鲜明色彩相配，鲜明之色将充分发挥其性格与活力。 基督徒着黑色衣服	在中国古代哲学中，"玄"即"黑"，为众色之首。古有"天玄地黄"之说，天上黑色为尊，地下黄色为贵。因此天之色"玄"当有派生一切色彩并为高于一切色彩之主色。 道家"尚黑"的思想对中国早期的绘画如彩陶纹锦、战国的帛画和漆画以及中国绘画都具有深远的影响

颜色	心理联想	其他性质
白	最明亮的颜色，象征纯洁、光明、神圣，具有轻快、朴素、清洁、卫生的性格。白色在西方象征爱情的纯洁。 各种色彩掺白提高明度成浅色调时，都具有高雅、柔和、抒情、甜美的情调。大面积的白色容易产生空虚、单调、凄凉、虚无、飘忽的感觉。 白色在西方和西藏代表纯洁，在汉文化中则代表死亡	白色明度最高，能与具有强烈个性的色彩相配
灰	属无彩色，是黑白的中间色，浅灰色的性格类似白色，深灰色的性格接近黑色。代表沉着、平静，但也可能导致冷酷。 纯净的中灰色稳定而雅致，表现出谦恭、和平、中庸、温顺和模棱两可的性格。任何有彩色掺和灰色成含灰调时都能变得含蓄和文静	能与任何有彩色相合作。常常用作背景，以衬托出各种色彩的性格与情调
金属色	色彩中最为高贵华丽的色，给人以富丽堂皇之感，象征权力和富有。金色华丽，银色高雅。 金色是古代帝王的奢侈装饰，象征帝王至高无上的尊严和权威。金色也是佛教的色彩，象征佛法的光辉以及超世脱俗的境界	主要指金色和银色。金属色也称光泽色。金属色能与所有色彩协调配合，并能增添色彩之辉煌。金色偏暖，银色偏冷 金色是最具反光的颜色，具有强烈的视觉引导作用，即或是阴晦天气，也比其他环境色明亮突出。埃及的金字塔、方尖碑，中国皇城的黄瓦大屋顶等，皆是利用了金色的这一特质

资料来源：根据相关资料整理

色调的心理联想 表5-7

色调	心理联想
鲜色调	艳丽、华美、生动、活跃、欢快、外向、兴奋、悦目、刺激、自由、激情
亮色调	青春、鲜明、光辉、华丽、欢快、爽朗、清澈、甜蜜、新鲜、女性化
浅色调	清朗、欢愉、简洁、成熟、妩媚、柔弱
淡色调	明媚、清澈、轻柔、成熟、透明、浪漫
深色调	沉着、生动、高尚、干练、深邃、古风
暗色调	稳重、刚毅、干练、质朴、坚强、沉着、充实、男性化
浊色调	朦胧、宁静、沉着、质朴、稳定、柔弱
灰色调	质朴、柔弱、内向、消极、成熟、平淡、含蓄
暖色调	温暖、活力、喜悦、甜熟、热情、积极、活泼、华美
冷色调	寒冷、消极、沉着、深远、理智、幽情、寂寞、素净

资料来源：根据相关资料整理

色彩人格化的移情，暗示着它具有不同的性格和表现力。色彩联想是模糊的、多元的心理活动，其因果关系十分复杂，所以色彩常常具有多重性格，任何色彩的表现性都既有其积极的一面，也有其消极的一面。色彩还与社会文化、习俗、宗教有密切关系，文化传统确定色彩的象征意义。如紫禁城的屋面为大面积的黄琉璃瓦，以象征五行居中的土，又用五行相生中火生土的思想，大面积的把墙壁、油饰做成赤色，以便中央土的循环生化；由于五行相克中木克土，因而故宫外朝中轴线上很少用绿色油饰，也不种树木，以防木的色彩克土。但在宫后苑及万岁山做了以木为主的御园，因这样做符合北方为水，水生木的道理。此外，北京城的艺术构思还体现在色彩的分布及其相互关系上：紫禁城华贵的金黄色琉璃瓦在沉实的暗红墙面和纯净的白色石台石栏的衬托下闪闪发光，散在四周的坛庙色彩与其遥相呼应；而周围的大片民居则以灰色调作为宫殿区的陪衬，它们又全都统一在绿树之中，呈现出图案式的美丽。不同的城市有着各自独特的整体色调，如巴黎的灰色，旧金山的白色……旨在维护这种独特色调的政策也不鲜见，如在耶路撒冷，法律规定城市周边所有现代建筑都必须以耶路撒冷石作为贴面，由此产生出一种自然的色彩，在黎明和日落时，这种石头给城市披上了一层金色的光芒。人对色彩和形状的反应与个性情绪有关。情绪乐观的人一般容易对色彩起反应，而心情忧郁的人则容易对形状起反应。对色彩反应占优势的人易受刺激，反应敏感，情绪不稳，易于外露，性格开放；而对形状反应占优势者则大都性格内向，自控能力强，处事稳重，不轻易动感情。前者为感情型，后者为理智型。

　　总而言之，色彩超出了简单的信息与素材范围，与人们的联想分不开，在心理上关联到感情与情绪。尽管人们可以通过波长和亮度，从物理上确定一种颜色的色相和明度，但是对知觉经验来讲，并不存在这样客观的恒定标准。色彩配合如同音乐谱曲，七个音符可以谱写各种动听的曲调。同样地，红、橙、黄、绿、青、蓝、紫七种颜色可以构成各种色调。然而并不是所有的声音和色彩的配合都会给人以美的享受，没有节奏旋律的声音只能是噪声，没有统一调子的色彩只能是视觉感官的刺激。色彩配合的美感取决于是否明快，既不过分刺激又不过分暧昧，过分刺激的颜色容易使人产生视觉上的疲劳和心理上的紧张烦躁；过分暧昧的配色由于过分接近、模糊不清以致分不出颜色的差别，同样也容易产生视觉疲劳和心理上的不满足，感到乏味无趣。因此，对比与调和、变化与统一是色彩关系的基本法则。

　　2. 形色合一

　　色彩的性格和表现力既具有时代性、民族性、社会性和功能性，又必须与形态相结合，对形、色的把握能力还因观察者所受教育、文化熏陶的不同而异。在色与形的关系问题上，立体主义画家看重形，而把色彩降低为附属性的表现符号；印象主义画家则强调色彩的魅力，他们画"看到"的色彩而不是"固有"的色彩；野兽派将色彩从视网膜映像中解放出来，开始用于变化的形体中表现人的情绪；而抽象表现主义摒弃任何必要的形象，直接用色彩表现纯粹的、抽象和主观的情绪；视幻艺术家甚至将色彩从感情品质中解脱出来，也不受文化的限制和影响，直接付诸知觉思维。阿恩海姆在《艺术视知觉》一书中将形状比作富有气魄的男性，色彩比作富有诱惑力的女性。在视觉艺术中，形与色实际上是一体两面，色依附于形，形由不同的色来区分，形、色是不可分割的整体，色彩的语言表达离不开具体的形，哪怕是抽象的几何形。

　　颜色的色相、明暗、深浅在视觉上往往会引起形体自身以及形体与形体相互间的扩张与收缩、离散与凝聚、前进与后退。当各种不同波长的光同时通过水晶体时，聚集点并不完全在视网膜的一个平面上，因此在视网膜上的影像的清晰度就有一定差别。长波长的暖色影像在视网膜上形成的影像模糊不清，因此具有一种扩散性；短波长的冷色影像相对较清晰，具有某种收缩性。色彩的膨胀、收缩感不仅与波长有关，而且还与明度有关。明度大则体积膨胀，明度小则体积收缩，其膨胀收缩范围约为物理体积的±4%。法国国旗最早是由面积完全相等的红、白、蓝三色组成，但始终感觉三色的面积并不相等，在召集有关色彩专家进行专门研究后，最终按色彩的膨胀、收缩比重新调整了满足视觉相等感觉的三色面积比例。另外，眼睛在同一距离观察不同波长的色彩时，波长长的暖色如红、橙等色，在视网膜上形成内侧映像；波长短的冷色如蓝、紫等色在视网膜上形成外侧映像。因此，在色彩心理上，往往暖色近、冷色远。据统计，在色彩的进退量中，进退的心理距离为物理距离的±6.5%。其中红色为进色，进退量为+4.5%，蓝色为退色，其进退量为-2.0%。暖色形体前进与冷色形体后退的性质构成了绘画透视的又一条基本规律。形体透视的近大远小和色彩透视的近暖远冷是绘画的两条最基本的法则。

　　物像周边的环境是色彩感觉最具影响力的参考框架，同一色彩放在不同的环境中会有不同的明暗、鲜灰变化乃至色相的变化。至于光线、黑白灰三者，在空间艺术中的反映也比比皆是，其中最突出的反映是明暗关系、虚实变化、阴影分配等，阴影能够帮助我们感受体积、强度、质感和形状。无论哪一方面的变化，都会影响和改变构筑物的情调，同时，由于所处环境、气候不同以及时间的变迁，构筑物的光（亦包括色）就有很大的随意性。在设计中如何更好地把握主要环节，则是建筑师、艺术家需要研究的症结。

　　色与形还有着性格上的对应关系。色彩学家通过对色与形性格的理性分析，力求找出它们之间的性格对应关系，使色与形取得更为完美的结合，并最大限度地调动色与形的潜在艺术感染力。约翰斯·伊顿认为，红、黄、蓝三原色与正方形、正三角形、圆形形状的三种形状相对应。正方形的特征是四个内角都为直角，四边相等，象征安定、正直、明确，红色符合正方形所具有的性格；正三角形的三条边围绕着三个60°内角，象征思虑、积极、激烈，黄色符合正三角形所具有的性格；圆形象征温和、圆滑、轻快、富有运动性，蓝色符合圆所具有的性格。橙、绿、紫等二次色在形态上为正方形、正三角形、圆形的折中，各带有两个基本形态混合而成的特征，橙为梯形，绿为圆弧三角形，紫为椭圆形。康定斯基认为，色彩与角度的性格具有一定的对应关系。

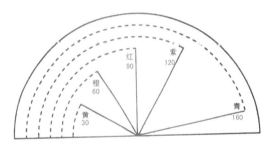

图 5-28　色彩与角度的对应关系
（资料来源：作者自绘）

钝角为冷，锐角为暖，角度的刺激和色彩的冷暖与感情的关系相一致（图5-28）。

　　色彩的伸缩、进退、冷暖感、黑白灰不同深浅，以及色彩的重量感、体积感、距离感，对于城市建筑、雕塑的尺度比例、明暗关系、色块大小、材料的组织都有密切的关系。和谐是色彩美永恒的主题，协调和利用光线、色彩、材质感等，可以塑造极具魅力的空间性格，优化城市环境，升华独特的城市意象。

　　秩序、等级及其象征是世界上的普遍现象，它们在人与人和人与物的关系中体现为一种可知觉到的心理力象，一种式与势的统一。空间艺术需要想象，需要大脑右半球来描写整体外形轮廓，需要大脑左半球来鉴定细节和内部因素，两个半球互为补充，艺术符号是共同作用的结果。尽管它们的协调机制如何还有待进一步的探索，尽管我们明知有建基于知觉而又不同于知觉的直觉的存在，而科学家和哲学家对如此重要但又理解模糊的能力至今未能做出令人信服的解释，但不管怎样，笔者相信随着人类的不断进化，将来的脑科学能够解决这些神秘的问题。艺术的美妙在于诱发丰富的想象和幻觉，留给人们更多、更持久的审美回味。只有当我们能够主动扬弃预先建立的空间与时间框架，用不带任何偏见的眼睛和心灵去挖掘新的知觉经验时，我们才会有所突破，有所超越。在"象"的"式—势"中介层面，现代绘画通过主观重构拒绝透视，探求纯粹形式和表现情感，现代建筑拒绝传统，追求适于运动心理的空间组合与"异形"，现代雕塑拒绝人物写真，追求表现情感的夸张、变形和抽象，其目的都试图在对立、冲突中寻求心灵的平衡、和谐与慰藉。人居环境空间艺术作为文化现象始终在破与立的交替中发生和发展，规矩和界限也在不断地补充、变更和扩展，艺术创造的关键是"象"的突破和惯性意识的超越。各美其美、美在似与不似之间等现象都说明"象"作为先验结构所具有的调适性和包容性。而正是这种因应变化的综合能力使得人类能够领先其他物种，发现并创造美。

5.4 空间艺术的意、象、形三位一体

　　《周易》的"观物取象"、"立象尽意"表明了形、象、意三者层层递进的关系，然而，时代的局限注定《周易》只能把关注点聚焦于由天到地到人、外感内化的形—象—意过程。随着人类的自觉、自主，由人到天、内感外化的能动意识逐渐显现和成熟，意—象—形的能动建构极大地促进了人居环境空间艺术。简单地说"意"就是表现什么？是空间艺术的目的；"象"就是如何表现，是空间艺术的关键；而"形"则是"象"（审美）作用下"意"的对象化，是空间艺术的实现。通过对知觉思维的"象"的重新定位和分析研究，不仅要在形和意之间搭建一座桥梁，而且，更着重强调"象"的先验图式性质，将其提升到人居环境空间艺术体验与创造的意、象、形三位一体中的一极

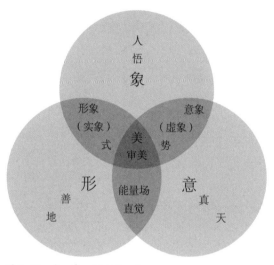

图5-29 意、象、形三位一体
（资料来源：作者自绘）

（图5-29）。从认识论的角度看，"象"作为先验图式、间接经验，是概念得以建立、思想得以产生的直接来源，是想象的前提条件。从方法论的角度看，象又是思想得以显形、文得以载道的"装载车间"。并且，对"象"的能动改造又在最终的客观形象方面创造出"看山不是山"、"看水不是水"的"陌生"的空间艺术形式。形无"式"则乱，意无"势"则散。人类的理智和情感借"式"与"势"的关联在"象"的环节得以对接。

　　情感（势）源出于本能的同情，表现为感同身受的移情行为，并通过理智抽象为文化符号。人类的情感是社会文化现象，已深深根植于大脑。研究表明，大脑后内侧的皮质区域对于维持知觉以及构筑自我同样发挥作用。正是由于知觉、情感产生于同一系统，因此我们能够通过自己的感受传递他人的感受，从而理解他人。不仅情感如此，我们对事物的看法也如此。阿奎那将理智对事物的观念看成事物和理智之间的一种比例中项，洛克也认为："理智并不能直接知晓事物，而是要通过观念——它所持有的对事物的观念的介入。因而，只有当我们的观念和现实的事物相一致时，我们的知识才是真实的。"[34]

　　第4章详细分析过洛克的经验（观念）和康德—皮亚杰的先验结构，并认为先验本质上就是经验的内化、物化和观念化。显然，情感（势）和观念（式）均来自于知觉思维的"象"，意—

象—形三位一体正是哲学上的理智——情感、观念（先验结构）——事物三位一体在空间艺术上的折射。

朗格认为艺术创造的关键在于抽象形式：首先要使形式离开现实（形象），赋予它"他性"，"自我丰足"。其次，使形式具有可塑性，其实质就要使形式不是一种确切的概念，而是可想象、能表现或使人能体味情感之物（建立式—势关联）。最后，使形式"透明"（通过式——势关联表现普遍的人类情感），"透明性"是艺术的最高特性。艺术最终所要表达的是人类情感。而表达的途径或者说关键在于由形中之式通过透明性（式—势关联）生成"他性"（意象、意境），最终产生普遍的情感共鸣。艺术如果只是单纯地表现个人情感就很难解释，也很难引起广泛共鸣，因此它表现的是人类普遍情感，但也脱离不了个人情感的借助，实际上也是共性与个性的统一。克罗齐认为"艺术即直觉"，"直觉即表现"，但这并不是艺术的完成，还需借助可感的有形之物使其呈现——这就是形象。当然这种形象并不是静止、呆板的符号，而是与情感紧密地结合在一起，呈现出生命的表象，如波浪线的流动感，虚实互生的空间感等。归根结底，艺术本质上就是情感与形式的关系问题。

美国心理学家麦金指出："视觉思维借助三种视觉意象进行：其一是人们看到的；其二是我们用心灵之窗所想象的；其三则是我们的构绘，随意画成的东西或绘画作品。"而且，"虽然视觉思维可能主要出现在看的前前后后，或者仅仅出现在想象中，或者大量出现在使用铅笔和纸的时候，但是有经验的视觉思维者却能灵活地利用所有这三种意象，他们会发现观看、想象和构绘之间存在着相互作用"。[129]在此之前，清人郑板桥对于画竹也提出过类似的三个阶段："眼中之竹"、"胸中之竹"、"手中之竹"，似乎正好应对着论文的意、象、形。"胸中之竹"即主观的情感、想象、想法等，它影响、指导甚至决定着艺术家的创作，"眼中之竹"既是构思前的观察，取景，又是意中之幻像在视神经系统中的编排与重组，也就是"成象"的过程；"笔下之竹"则是"构型"，即运用技巧手法进行具体创作、实施的过程。"观物取象"、"象天法地"等是通过知觉思维的筛选与传递，使人得以体认外部的"形"所蕴含、承载的规矩与法度；而形随意生、意到笔到、以形写神等，则是内心世界的认知、情感与意志通过艺术的方式向"形"的投射、转移和附加。"胸中之竹并不是眼中之竹也"，"手中之竹又不是胸中之竹也"。说明空间艺术的意、象、形三者既相互联系，又相互区别。

一个空间形态，从来就不光是一个立面，它是外部形态与内部形式的有机综合。对一个复杂的空间，人必须一再浏览，必须从各个方面走近它，绕着它看；进入内部，在那有条不紊的内部空间里穿行，在变化的距离中看到变化的景物，才能洞察它那真正的丰富性及深邃的启示。这种复杂的和变化着的感受、这种感受中所体验到的秩序——起承转合、休止、对比、高潮以及包括这些在内的时间因素——乃是空间美的特殊属性。空间审美的另一个特征是"物我神遇"。石涛在《画谱》中说"予脱胎于山川也，搜尽奇峰打草稿也，山川与予神遇而迹化也，所以终归之于大涤也。"神遇的交点在"生活之大端"："山川万物之具体，有反有正，有偏有侧，有聚有散，有近有远，有内有外，有虚有实，有断有连，有层次，有剥落，有丰致，有缥缈，此生活之大端也。"，石涛称其为"乾坤之理"，是"山川之质"，这就是生活经验与自然山川的交汇点。

事物的统一性是建立在多重性、多向性、多元性等各种因素的相互依存、相互补充，达到新的更高层次之上的，是在重选、并行、综合交融的基础上组成一个完整的、无限的系统。所以，不能把传统与现代、科学与艺术、自然与人工截然分开，有意识地把异类组合在一起，就可以产生新的形式、多重性含义。就像科学发展中出现的"模糊数学"一样，事物的模糊处、交界处往往会引起人们更多的关心，表现在空间创造上，建筑的空间、雕塑的体形不再封闭，而是空间相互穿插、渗透，体形相互交迭、组合，没有明显的界限和固定的规则，是多元的、多层次的模糊性空间。现代艺术开创者塞尚一生致力于研究空间、光与物质三者之间的关系。他采用了同莫奈相反的方式作画，即去除了时间这个变数。他画上的世界没有时间，绘出的种种形体都存在于一种普适的光照下，并去掉了以往绘画中一向得到表现的光的投射角。在《静物苹果篮子》以及其他许多静物中，塞尚所要寻找和表现的是各种要素（指绘画的各个对象）之间的相互关系。塞尚摒弃一张画中只有一个视点的做法，将诸多视点引入同一张画面。塞尚感兴趣的并非照描景物，而是揭示人对世界的视觉感知是由相互交织的面的构成。为了保持整体统一同时又不破坏单个物体的特征，他调整那些圆形，使之变形、放松或打破轮廓线，从而在物体之间建立起空间的紧密关系，并且把它们当成色块统一起来；塞尚让物体偏出垂直线，弄扁并歪曲盘子、瓶子等圆形的透视，错动了桌布

图5-30 《静物苹果篮子》——塞尚
资料来源：[美]H·H·阿森纳.西方现代艺术史.天津：邹德侬等译.天津人民美术出版社.

下桌子的边缘……这样，在保持真正面貌的幻觉的同时把静物从原来的环境中转移到绘画形式的新环境里来了。在这个新环境里，不是物体，而是物体间的相互关系成为有意义的视觉体验——多视点的并置、出于视觉平衡需要的物体的错裂、抛弃透视的色块组合。而最最根本的还在于绘画的平面本质及其对虚幻的美的创造（图5-30）。[105]这里的"虚象"、"虚幻"是依据本体的"真"来创构的，虽不存在却合乎存在的情理或存在的可能性。"虚象"虽然是虚拟的，但却由实触发的。艺术中的"虚"并非是"假"，而是虚中有实，实中有虚，虚实相生，共同体现更为真切的人类情感和更为广阔的生命时空本体，从而留给人们更多的想象空间和美好憧憬。

在观赏和创造空间艺术作品时，有两个方面需要特别注意：其一，当你毫无成见地感受它时，你的知觉告诉了你什么？这涉及作品的形式感，"象"的数理、图形和色彩等空间关系。其二，作品涉及的问题是什么？这首先是作者的意图与目的，其次是观者再创造过程中所生发的意象或意境。从知觉心理的角度讲，人总是以自己直接或间接的生活经验作为联想、想象、幻想的基础，使那些无直接功利关系、看似多余的物（艺术品），成为丰富自己精神生活的对象，成为自己乐于欣赏的对象。人人都能不同程度地感知、体验、欣赏到美，但这并不意味着人人都能创造美，它还需要敏感的美感直觉（先天）、富于想象的成象能力（先验）以及娴熟的表现技法（经验）。建筑师、艺术家卓越的个人能力和融个性与共性于一体的"式——势"关联至为重要，而意、象、形三位一体作为人对天地及自身的"悟"的艺术表达机制，是城市空间艺术审美、创造的有效的途径和方法。

5.5 小结

理清空间艺术审美与创造中的意、象、形及其相互关系是艺术审美与建构的关键。针对中国传统哲学"得象忘形"、"得意忘象"所造成的形、意分离、形不达意等弊端，本书秉持心物辩证的认识论观点，视形而下的器和形而上的道同等重要，尤其在空间艺术领域，"形"和"意"统一不可分割，而连接"形"和"意"的纽带就是知觉思维的"象"，也正是由于"象"的"非主非客"状态，

使得意、象、形三者相互关联，成为人居环境空间艺术的三位一体，而形神如何兼备，文又如何载道，这些问题都只能在"象"的层面得到解答。如果说本书第3章有关山地城市、建筑、雕塑的早期案例是空间艺术思维与建构的一般规律性总结，那么，近、现代随着心理学研究的崛起和深入，有关数、图、色的"式—势"关联可以说就是因应时代变迁的人居环境空间艺术审美与建构的进一步深化和细化。

第6章
人居环境空间艺术的建构与山地实践

让我看看你的城市，
我就能说出这个城市居民在文化上追求什么。

——伊利尔·萨里宁

艺术不是生理的长相，但却是一个民族精神的长相。不同地域、不同民族的精神生活与精神面貌，往往通过空间艺术表现出来。研究空间艺术的建构机制，找出一些带规律性的东西来，将使我们在创作时更多一些自觉性。

6.1 人居环境空间艺术的建构逻辑

正如本书所强调的，广义的人居环境空间美学是科学与艺术的结合，而这种结合不仅仅限于操作层面，还有着审美思维和审美情感上的共性。科学研究的过程实际上也是对客体审美的过程，在审美方法上同样是意、象、形三位一体。人类文化无论是以象征性符号还是以抽象性符号表达，均离不开符号，离不开符号创建过程中的审美观照，区别在于符号的"形"、"意"及其关系不同。科学的抽象性符号建立在符号与符号的"同质"关系上，其形式、内容不带任何情感表现；而艺术的象征性符号建立在符号与所指的"同构"关系上，其形式、内容以及"同构"关系本身充满了情感表现。前者与所指的关系是确定的，而后者具有一定的任意性。尽管如此，正如艺术品位的高低离不开人类理性，科学真理的范围和程度以及科学符号的结构形式同样需要艺术的审美，两者都需要人类知觉的"悟"。

方法既是对实践的总结，也是对认识的展开。为了进一步理清空间艺术的建构思路、方法及其过程，也为了更有效地说明科学与艺术在建构方法上的相似甚至相通之处，本书循着科学巨匠和艺术大师的足迹，以相互对照的实例为据给予讨论。人居环境空间艺术的意、象、形三位一体决定了有如图6-1所示的三种类型六种组合。

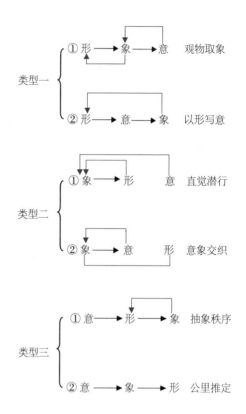

图 6-1 人居环境空间艺术逻辑建构的三种类型六种组合

（资料来源：作者自绘）

6.1.1 类型一："观物取象"、"以形写意"的建构逻辑

6.1.1.1 "观物取象"的建构逻辑

这是一个普遍、一般的师法自然，外来刺激经知觉的先验结构同化获取经验后，由外向内抽象概括的审美体验、发现和再创作过程。其发现体现在"观物"过程中对美的秩序、规律通过知觉思维的"悟"转化为"象"，进而上升为概念的"意"；其再创造在于将这些被认知的秩序、规律通过"象"的式—势关联融汇观者各自的情感和智能，从而建构、创造出新的空间艺术形象。

1. 科学方面

"观物取象，立象尽意"是一切科学研究的基本态度和基本方法。最明显莫过于天文方面。地心说最直观的观察来自太阳、月球"围绕"大地的交替出没（观物）。为了解释天体的视差现象（由于运动致距离远近不一而发生的明暗变化），托勒密假设太阳和行星各自绕着一个叫"本轮"的圆的圆心做匀速圆周运动，而"本轮"的中心又在另一个叫"均轮"的大圆上环绕地球做匀速运动（立象）。就我们这个星系而言，地心说（尽意）弘扬了人的主体精神，早在托勒密之前几百年的亚里士多德就对日心说给予过充分的肯定。然而，托勒密地心说中的本轮均轮体系存在几何学及数学演算上的烦琐，显得过于复杂。通过对地球自转的观察（再次观物）和重新认识，哥白尼所提出的日心说却有着比地心说更为简洁、和谐的数学美，也更富秩序感（再次立象）。日心说把地球和其他行星统一起来，具有无与伦比的对称性和一致性（再次尽意）。哥白尼认为，一个科学理论的成立必须符合两个条件：一是这个理论必须能够比较完满地解释自然现象，即符合观测事实；二是这个理论必须符合毕达哥拉斯关于天体运动是匀速圆周运动的美学原则。其中，第二个条件甚至比第一个条件重要，因为观测事实由于测量技术或手段可能不够精确或出现偏差，而第二个条件是一个不可动摇的科学美学原则。日心说可以说是时隔千年对太阳系颠覆性的再次"观物取象，立象尽意"。其实，站在更为宏观的角度，按今天霍金依据红移现象和爱因斯坦相对论所构建的大爆炸理论，宇宙中的所有星球都可以被看作是宇宙的中心，其周围的星球都在远离自己而去。

此外，应对数理的河图洛书，应对中国天象地形的先天、后天八卦，均是古人"观物取象，立象尽意"，对天地自然审美观照的结果。今天的科学在言不尽意时，也常常借助直观的图形，通过形—象—意的过程引导人们理解其深邃的思想。如史蒂芬·霍金的《时间简史》插图本就用了大量插图来形象地描述科学概念和理论。

2. 艺术方面

同样地，艺术欣赏、再创作也毫不例外地首先始于对外在的形的观照。与建筑大师贝聿铭相互欣赏、密切合作的雕塑大师亨利·摩尔的许多作品造型简洁流畅，极富生命的律动（图6-2）。我们今天能够欣赏到亨利·摩尔的众多不同形态的作品，得益于亨利·摩尔的创造往往一开始就聚焦于形体，这些形体的泥塑小稿在他的手掌上被不厌其烦地反复把玩和改变，在不断地转动、扭曲、翻滚中发生着多样的变化，形式、主题就是在这些"随机"的变化中生成的（图6-3）。这里的关键是：把玩、改变过程中的构思、创造行为往往发生在无意识状态下，一旦形体变化中的某个瞬间触动知觉的"象"并"调谐"到所需的意象，那么这个瞬间便以成熟的小稿形式"凝固"下来。当然，以后根据相应的

图6-2 亨利·摩尔作品
（资料来源：HENRY MOORE.Crescent Books, New York/Avene, New Jersey.）

图6-3 创作中的亨利·摩尔
（资料来源：HENRY MOORE.Crescent Books, New York/Avene, New Jersey.）

环境，其尺度、比例、体量、重心等还会作适当的调整。摩尔毫不掩饰他对贝壳、顽石、骨骼等自然形态的敏感与专注，他认为正是这些结构关系向我们显现了大自然美的和谐与秩序。在雕塑上留下孔洞虽然并非摩尔首创，但摩尔无疑是把这项带有超现实主义意味的技术运用得最为成功的雕塑家。孔洞的运用打破了"雕塑是被空间所包围着的实体"这样一个西方传统雕塑的固有概念，让雕塑与空间融为一体，使空间成为实体的一部分，并在实与虚的并置、交错、转换中向我们证明雕塑不仅以实体表现空间，它本身就是空间。摩尔有意识地将自然风景与雕塑作为一个整体来构思，致力于环境雕塑的探索。正是由于对环境雕塑的成功实践才确立了摩尔在现代雕塑上的独特地位。此外，摩尔还将色彩引入到他的雕塑中，他考虑到了阳光及其方向因素。那些打磨得光滑圆润的青铜雕塑在阳光的照耀下熠熠闪光，尤其是在秋天的森林和原野上，迸发出强烈的动人心魂的美。他的那些白色、红色和绿色大理石雕像，其材料的质地和色彩也都是因地制宜、与周围环境和谐呼应的。

严格地说，形态不仅仅只是观察、思考的结果，而且也是思考的工具。观察事物的形态这个行为的本身，不仅仅是单纯的被动接受，也是去选择并进行组合的主动行为。

6.1.1.2 "以形写意"的建构逻辑

这里又分两种情况：一种情况是自外向内的行为观察必须经由知觉的"象"的解析方能生"意"，无知觉介入则无所谓外在的形，更谈不上"立象尽意"，故，此时的认知、建构逻辑不成立。另一种情况是，建构过程中知觉以直觉的形式超越已有的"象"，在直达意景、意境的同时不断完善并最终完成对已有的"象"的解构和对新的"象"的重构，进而构筑新的"形"。

1. 科学方面

很明显，德国化学家凯库勒发现苯分子结构的过程是一个典型的潜意识梦境下以形写意，最后再对知觉的"象"进行解构、重构的过程。凯库勒学生时代从建筑系转到化学系，建筑学基础决定了他对建筑美的敏感以及对于建筑物的结构形式的熟悉。28岁时凯库勒便提出了具有对称美形式的碳氢化合物酒精的分子结构式（C_2H_6O），为有机化学结构理论的建立奠定了基础。可是碳链结构模型对于芳香类化合物却不适用，因为六个碳原子和六个氢原子不可能以任何一种合理的对称方式排列在一条直线上。1865年的一个晚上，面对这个久久未能攻克的难题，凯库勒思绪万千，在睡意朦胧中，他觉得苯的原子排着队在他的眼前跳起舞来，在火焰里来回穿梭跳跃，一会儿弯曲，一会儿翻卷，突然，排头的原子一下子咬住了排尾的原子的尾巴，形成了一个圆圈，并且不停地旋转起来，受梦启发，凯库勒创造出了苯分子的六角环状结构表示形式（图6-4）。这里的"环状"是"形"，而"六角环状"则是"意"介入下的"象"的重构。凯库勒在有机化学结构理论研究中所取得的成就，与其具有建筑的形式美、结构美的审美知觉和意识分不开。由此可见，自然科学家具备一定的形象思维和美学修养，对于其科学研究是很有帮助的。

2. 艺术方面

行动绘画创始人、抽象表现主义画家波洛克作画过程不受任何意识逻辑和已知事实的约束，而是脱离理智使自己处于一种潜意识状态之中，让思绪和联想在笔和纸之间毫无阻碍地任意流淌，类似于超现实主义的"下意识书写"（automatic writing）。作品一旦完成，那些密布画面、纵横扭曲的线条网络便传达出一种不受拘束的活力，那随心所欲的运动感，无限的时空波动，加之其巨大的画幅及混合颜料的物理特性，给人以强烈的视觉冲击（图6-5）。波洛克的绘画过程本身成为作品的重要组成部分，是对某种无意识、非理性的形象的刻意把握。

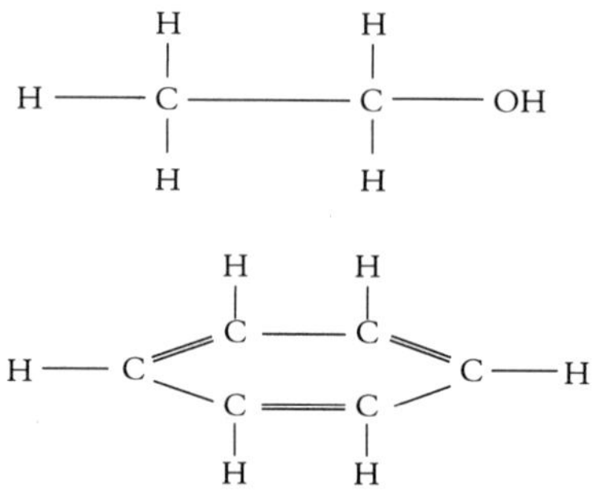

图 6-4　酒精和苯的分子结构式
（资料来源：作者自绘）

图 6-5　波洛克作画情景及其作品《春天的节奏：第 30 号》
（资料来源：杨志疆：当代艺术视野中的建筑．南京：东南大学出版社，2003，5.）

抽象表现主义的下意识书写和行动绘画直接影响了美国当代著名的建筑师弗兰克·盖里，盖里善于用艺术家的眼光从事建筑设计，并且还发展出了一种不仅具有典型的现代特征，而且还可以表现自己独特性的风格。对盖里来说，形式是最重要的，他把草图的构思阶段看成是一个寻找形式的过程，他不断地尝试着将艺术中的某些理念和手法运用于自己的建筑设计之中，为人们创造一个梦幻般的、极端自信甚至带有扩张性的奇异形态。为此，盖里将行动绘画中的潜意识过程自觉地融入他的草图设计阶段，他的草图往往由一些连贯的、不间断的光滑曲线构成，常给人以杂乱无章的感觉，似乎只是一些任意的乱画而已，但这却是他特有的一种绘图方式（图 6-6）。凭借直觉，他成功地将意识和无意识结合起来，将基于初步方案及当地环境的概略规划和自动构思指引下的半自动的涂抹、书写结合起来。毕尔巴鄂—古根海姆博物馆被誉为 20 世纪最伟大的建筑成就之一，从其建筑外观的

图 6-6　古根海姆博物馆及其设计草图——弗兰克·盖里
（资料来源：杨志疆著．当代艺术视野中的建筑．南京：东南大学出版社，2003，5.）

形态特征就可以看出一种下意识的直觉在设计中的运用。这是一个充满了戏剧性冲突的、无法言说的、任意的、具有绘画性和雕塑性的作品。虽然受功能、结构、经济等属性的限制，建筑不能像绘画那样可以"为所欲为"，但这却并不影响艺术行为对其构思理念的启发性作用。

6.1.2　类型二："直觉潜行"、"意象交织"的建构逻辑

6.1.2.1　"直觉潜行"的建构逻辑

这是依据先验的结构图式，结合已有经验，先外化出符合形式法则的形象，在形象的生成过程中逐渐灌注作者情感价值的过程，是一个没有先决条件和外推力的、伴随审美直觉的自发的过程。由于我们自身也是一种客观存在，宇宙法则内置于我们，无论我们知觉与否，它同样以潜意识的方式作用于我们的思想和行为。由于强力意识的"遮蔽"，直觉的出现往往是瞬时的和偶然的，需要敏感能力的

激发。

1. 科学方面

类似于德国化学家凯库勒发现苯分子结构的过程，难点在于潜意识梦境中的"圆环"究竟是"形"还是"象"。无论东西方，都把"形"看作是一种客观实在，而"象"则带有主观过滤、筛选的意味。但不管怎么说，这个客观实在的"形"必须是人们可认知的，从这个角度看，"圆环"似乎明显地与经验的"形"相关联。但另一方面，由于"观物取象"的缘故，它又与潜意识梦境中的"象"发生关系，"圆"本身具有"象"的"完形"。按照第4章"先验即经验"的逻辑结论，这里不妨将潜意识梦境中的"圆环"既看作经验的"形"又看作验的"象"，它们都是行为观察经验已有先验结构"同化"后的外化和内化。由此可见，空间艺术意象形浑然一体、不可分割的建构内涵。

2. 艺术方面

"直觉潜行"建构逻辑在空间艺术上的表现除了前面的"下意识书写"，还更多表现在我国传统国画的水墨山水、泼墨写意以及空间艺术的创意、构思草图上，这里不再一一叙述。

6.1.2.2 "意象交织"的建构逻辑

这是一个依据已有先验结构图式先打腹稿，经过想象构思，最终在意象主导下回归形的过程。由于"意"与"象"的胶着，"意"的主观能动完全有可能以逻辑推理的方式促成新的"象"的形成，进而构筑具有独创性的空间艺术形象。其基本原理同上，都是由"象"出发思考"形"，区别在于前者通过直觉直接付诸客观的"形"，"意"在建构过程中只是起着次要的、间接的作用；而后者则更多"象"和"意"的交织，"意"起着更为直接的作用。

1. 科学方面

在科学史上，许多科学家十分注重理性认识与美感直觉的统一。正是凭着对宇宙的美感直觉和科学探索，奥地利杰出的理论物理学家薛定锷通过与经典力学的类比，求得了电子波动方程：

$$\frac{\partial^2 \varphi}{\partial x^2} + \frac{\partial^2 \varphi}{\partial y^2} + \frac{\partial^2 \varphi}{\partial z^2} + \frac{8\pi^2 m}{h^2}(E-V)\varphi = 0$$

在这个方程中m（电子质量）、E（总能量）、V（势能）体现了电子的微粒性，而函数ψ则体现了电子的波动性，方程把电子的波粒二象性奇妙、完美地统一起来。用这个方程可以完美地解释微观粒子的运动，就像用牛顿方程解释宏观物体的运动一样。这里的关键是：在薛定锷方程的建立过程中，数学美的作用也显而易见。算符在数学中本来并不代表数值，而只是某种运算符号（象）。但薛定锷却首先提出力学量算符化问题。也是用算符来表示不同集合的量之间的某种对应关系（意）。这样，物理学中的量子化问题就转变为数学中的求解本征值问题。量子力学的成果，充分体现了数学美巨大的能动作用。作为人的思维创造物的数学形式（象），竟然可以先于经验事实（形）存在。波尔对数学美有过这样的描述："数学符号与数学定义，是以普通语言的简单逻辑应用为基础的。因此，数学不应被看成以经验的积累为基础的一个特殊的分支，而应被看成普通语言的精确化，它用表示关系的适当工具补充了普通语言，对于这些关系来说，通常的字句表达是不准确的或太纠缠的。"[106]

随着科学的进步，人们发现本来是毫无关联的数学世界与物理世界竟是如此的吻合，物理学中的每一项重大发现几乎都与数学有关，这或许就是数学美的魅力所在。

2. 艺术方面

意象是人的一种"主观体验"，这种体验主要是以视觉的形式来表现。阿瑞提把意象定位于"人的自发性和独创性的流露"。[107]中国艺术向来以意象表现见长，情景交融、方圆相济、柔中含刚、拙中藏巧，追求万物内在精神之灵。在以形写神、神形兼备的艺术构思、创作过程中，神思、神情往往是表现的重点。中国传统的城市建筑、雕塑大都力求突出空间的秩序和形体的完整，并隐含多重象征意义。齐康先生说过："建筑具有艺术的表现，在社会里，在历史中，在文化上，大都以艺术的表现和再现来达到作者情感上的表达。"[108]齐康先生并认为建筑的艺术表现性就是一个创作主体情感的外化过程，是一种精神表现的升华，这些都同表现主义建筑的艺术主张不谋而合。齐康先生注重建筑与环境空间的相互关系以及建筑自身的形体表现，其作品明显带有灵动性和强烈的意象性。"海螺塔"通过艺术塑形，将自然环境、人造建筑以及建筑师强烈的内心感受有效地链接在一起，升华出顶天立地、自强不息的生命大写意（图6-7）。

　　意象生成，是"人们心灵的一种普遍的功能"，但在现实中，每个人的"神思"或灵感的活跃程度、意象生成的质量都是极不相同的。阿瑞提在经过实验和研究后指出，意象与过去的知觉相关，是对记忆痕迹的加工润饰，它来自"这个人的内在品质以及过去与当前的经验"[107]。这说明，丰富的意象既来自我们对古今中外空间艺术的认识，更来自我们对哲学和美学的思考，以及对一切大自然的和非自然物体的观察和感悟……一个设计师的素质、修养，和对一切外来刺激的敏感性，将对其创造能力起到决定性的作用。并且，对于同一个主题，每一位设计师的空间概念、个人空间体验和感悟、运用的具体题材及其编排手法上均不尽相同。罗丹的《巴尔扎克》整整塑造了七年，他一直在寻找、等待他心目中虽其貌不扬但充满气场的巴尔扎克意象。雕像完工时的巴尔扎克身披宽袖长袍，双手迭合在胸前，昂着硕大的脑袋，额纹紧皱，两眼注视着前方，目光中带着深深的思考……可是，罗丹的学生们无不惊叹于那双生动、完美的双手，之后，罗丹毫不犹豫地抹掉太过生动以至于十分抢眼的手部，将其隐于长袍中，他要的是雕像浑厚简洁、超凡脱俗的整体意象、硕大且充满智能的头部以及富含寓意的面部而不是喧宾夺主的双手（图6-8）。可惜，罗丹的想法和行为当时并没有得到人们的理解，作为委托方的法国作家协会也因此拒不接受这座塑像。然而，罗丹坚信，人们终有一天会认识这座塑像的价值。巴尔扎克雕像"完美的双手"在一般的雕塑师手中可能不仅不会被砍掉，甚至还会为造成这样美妙绝伦的双手而自我陶醉，然而在罗丹看来，这双手尽管很美，但这种局部的美使整体显得黯然失色，夺取了整个作品的生命力……今天，每当人们站在这座雕像前，无不为罗丹的独具匠心而由衷地敬佩。

图 6-7　海螺塔——齐康
（资料来源：杨志疆.当代艺术视野中的建筑.南京：东南大学出版社，2003，5.）

图 6-8　《巴尔扎克》——罗丹
（资料来源：作者自拍）

6.1.3 类型三："抽象秩序"、"公理推定"的建构逻辑

6.1.3.1 "抽象秩序"的建构逻辑

这是一个潜意识起主导作用先挣脱知觉的"象"，由概念的"意"直接进入经验的"形"的艺术直觉过程，是极其主观且能动发挥巨大反作用的过程。"意"通常必须在知觉的前提下方能回归"形"，但由于"过去经验"、潜在的意象的缘故，"意"以直觉、灵感的方式越过一般的成象过程，领悟、创造出新的"形"。在空间艺术体验与创造过程中，直觉具有跨越先验结构锁定之"象"，重构或创建生成新的"象"的原创能力。所以，我们不妨认为直觉是无意识的主客合一，尽管其运行机制中含有不被我们所知觉的宇宙法则，但直觉的最终结果却是能够被我们知觉的新的"象"。

1. 科学方面

牛顿曾经坦言，绝对时空不同于实际时空，它是对实际时空的概括与抽象。事实证明牛顿力学在有限的现实时空范围内依然是有效的、理想的和美的模型。其拥有犹如感官具有归纳、完形功能的有限性，人们全仗着这种有限，才得以直接体验到宇宙的和谐与秩序。牛顿、爱因斯坦都相信上帝——宇宙法则的存在（意），并相继通过形而上的数理逻辑（象）演化出各自不同参照系下的物理学方程（形）。爱因斯坦坚信："我们能够用纯粹数学的构造（象）来发现概念（意）以及把这些概念联系起来的定律（形），这些概念和定律是理解自然现象的钥匙。经验可以提示合适的数学概念，但是数学概念无论如何都不能从经验中推导出来。当然，经验始终是数学构造的物理效用的唯一判据，但是这种创造的原理却存在于数学之中。因此，在某种意义上，我认为，像古代人所梦想的，纯粹思维能够把握现实，这种看法是正确的。"[109]他还认为物理世界的结构反映在人们的思维中，人们据此创造出一些思维构造物——物理学定律。而这些定律都能由寻求数学上最简单的概念和它们之间的关系这一原则来得到。爱因斯坦本人的科学研究，就是从优美的数学形式中得到启发的。"理论科学家在探索理论时，就不得不愈来愈听从纯粹数学的、形式的考虑，因为实验家的物理经验不能把他提高到最抽象的领域去。"[109]数学的形式美——简单、统一、唯一——成为物理理论价值大小，也即是反映客观世界真实程度的一个重要标志。

实际上，宇宙法则的简单性也是一种客观事实。正确的概念体系必须使这种简单性的主观方面和客观方面保持一致。思维经济原则之所以成为科学研究的一条重要美学原则就是因为自然界本身的结构遵循着最优化原则。爱因斯坦相对论的研究起点，恰恰是从他发现牛顿力学和麦克斯韦方程组的不尽完美开始的，牛顿力学和麦克斯韦方程组都是特定情况下具有最简单形式的特殊解。"特定"、"特殊"注定其具有某种不对称因素。那么，特定的"绝对空间"和"绝对时间"的假设是否"绝对"必要？逻辑上能不能从更为原始的假设前提演绎得出呢？这就是爱因斯坦狭义相对论所思考的问题。爱因斯坦的相对论始于大胆的怀疑和想象，他认为想象比知识更重要。相对论在协变（物理定律从一个惯性系转移到另一个惯性系的洛伦兹变换下保持不变）基础上不仅将引力和电磁力联系起来，揭示了质量与能量的统一，而且从尽可能少的公理出发，通过逻辑演绎，概括了更多的物理学定律（牛顿力学只是其中的一个特解）。虽然相对论的假说十分抽象，离现实经验也很远，且还存在着与微观量子力学的统一问题，但是相对于牛顿力学来说却更加接近科学美学的审美理想。

杰出科学家的美感直觉，往往使他们可以超越感觉经验，直接把握自然界的内在和谐与秩序，尽管由于其天才的思维、想象因"突兀"和超出当时自然科学发展水平而不被一般人所理解。

2. 艺术方面

抽象艺术是指不造成具体物象联想的艺术，其含义被确定在两个明确的层面上："一是指从自然现象出发加以简约或抽取富有表现特征的因素，形成简单的、极其概括的形象，以致使人们无法辩证具

体的物象；二是指一种几何的构成，这种构成并不以自然物象为基础。"[110]抽象艺术是西方现代艺术的核心形态，着重研究的是艺术的自律性问题。在抽象艺术中，色彩和线条被激活成为一种自由的元素，不再现物体的形，而是创造自己的形，纯形式本身成为艺术的意义之所在。康定斯基认为美术的作用在于唤起宇宙的"基本韵律"以及这些韵律对内心状态的虽模糊但可以想象的关系。康定斯基最早奠定了抽象艺术的理论基础，他十分强调艺术家的"主体精神"，认为艺术家应该表现深邃和微妙的心灵世界。在具体实践中，他极其重视形式的重要性，并试图用音乐的意向来建构抽象的形式表达。蒙德里安认为艺术中存在着固定的法则，即事物内在的秩序，"这些法则控制并指出结构因素的运用，构图的运用，以及它们之间继承性相互关系的运用。"[54]他在绘画中努力寻求一种元素之间相互平衡的法则，他用直角相交的水平线和垂直线建构起基本的骨架，摒弃一切对称，用正方形和矩形以及三原色（红、黄、蓝）和无彩色系（黑、白、灰）来构筑起一种具有清晰性和规则性的纯粹的造型艺术，以反映宇宙存在的客观法则。这一艺术思想对现代建筑形成之初的设计观念起到了很重要的作用，它使得空间成为可以进行几何化演变的立体构成。换句话说，艺术形式直接转化成为建筑结构。荷兰建筑师里特维尔德的施罗德住宅、R·迈耶的史密斯住宅是蒙德里安抽象绘画的一种直接的建筑解读，其意义在于打破了方盒子型的静止空间。建筑的界面已不再是简单的墙体围合，通过几何化的逻辑处理，界面成了一个与功能既相互协调又保持一定自由度的建筑语素（图6-9）。

罗马尼亚雕塑家布朗库西具有哲学家的思维，他坚信艺术就是"生命"和"喜悦"（意），他从原始和民间雕刻中吸取营养，打破并超越现实表象，试图在对形的抽象直观把握中展现事物内在的本质——简洁、整体。他关注自然的理想化形式，追求造型的极度单纯化，同时又能把真实的本性表达出来，以接近事物的本质。他

图 6-9　蒙得里安的构成、里特维尔德的施罗德住宅、迈耶的史密斯住宅
（资料来源：杨志疆.当代艺术视野中的建筑.南京：东南大学出版社，2003，5.）

不厌其烦地选择少许主题，以不同材质去创作、显示他对这个世界的意象。他在雕塑中建立了一种新的节奏，一种充满内在活力的单纯性和一种象征示意的深度。他的单纯的抽象形，始终介于原始生命意象与形而上的秩序之间，蕴含着活跃的生机和深邃的哲学意味：向上奋飞的《飞鸟》简化成一个如同拉长了的惊叹号，使之富于空虚永恒的意境；拔地而起的《无限柱》连接着天与地，将生命的物质能量推向无尽的精神空间；《吻之门》让人类的爱超越历史仇恨……（图6-10）。他善于利用雕塑材料的特性，透过磨光的精致处理，使其像水一样的清澈，无限纯净，造成一种朦胧的意境。布朗库西的雕刻作品给人最大的启发有两点：一是追求作品的原创性；二是作品简洁，充满了生命的力量和秩序。

在极度抽象的形式中又有深层的隐喻，这或许就是布朗库西的作品最让人着迷的要素。

由对生命、情感及其相应的抽象形式等宇宙秩序（意）的坚信到通过点、线、面、体构型元素的形式推敲（形），最后总结出新的形式关系规律（象）是抽象艺术的典型特征。

6.1.3.2 "公理推定"建构逻辑

可以说，这也是最为一般、普遍的空间艺术建构逻辑。这一过程往往遵循某些"基本原则"、意象或意图，在此前提下进入理论研究或艺术构思，循象构型，最后得出结论或形式表现。

1. 科学方面

茫茫宇宙中所有自然规律不仅具有科学的真，而且具有艺术的美，这两者统一在规律的纯朴、简洁、和谐与秩序中。英国化学家纽兰兹受音乐中音阶的启发，率先提出按原子量增加的次序来排列元素，第八个元素的化学性质同第一个元素的化学性质相

图 6-10　布朗库西作品

（资料来源：欧阳英.西方美术史图像手册·雕塑卷.杭州：中国美术学院出版社，2003 年 6 月.）

似，他称其为"八音律"。这实际上是把"循环"这种传统的"先验图式"作为理解元素的关键。后来的门捷列夫在发现元素周期律过程中不但运用了归纳法，而且运用了在数学中广泛运用的公理化法，这样就使得周期律中渗透着一种数学美的光辉。他在运用归纳逻辑时，实际上引入了两条公理：其一，处于同一类的各元素化学性质应基本相似；其二，同一周期内的各元素随着元子量的增加，其金属性依次减弱，非金属性逐渐增加。因此元素周期律实际是一个公理系统。门捷列夫周期律中，"类"和"周期"这两条公理恰好符合上述数学美的形式要求。周期律的基本依据就是原子量，如果原子量测定不准，元素就会被排错位置，从而使类的完美性受到破坏。按当时测定的技术水平，要想准确测定元素的元子量是很不容易的。这样，当时实验测定的元素原子量的"真"，就和周期表的美发生了矛盾。门捷列夫在美和"真"的冲突中，从维护周期表的完美性出发，制定了一个"真"必须服从美的科学美学原则（"意"）。这就是说，当"真"的原则和美的原则发生冲突时，美学原则是更高层次的主导原则。其次，门捷列夫根据这一原则以及"循环"的"八音律"图式（"象"），相继改正了铍、铀、铟、钍、铈等元素的原子量及其在元素周期表的位置，最后得到更为完善的化学元素周期表（"形"）。门捷列夫周期律的美，不但体现在它能演绎出当时已知的大多数元素的化学性质，而且还体现在它可以预言未知的元素的化学性质，这就为在现实世界中找寻这些元素指出了一条正确的探索路径。根据这个科学美学原则，门捷列夫先后预言了15个未知元素，推测出了它们的化学性质，且后来都一一得到了实验的证实，这充分显示了门捷列夫周期律内在的美。这是一个由公理（意）到八音律、周期律的富于美感的"象"到原子量的计算、预测（而非实测）再到化学元素周期表的"形象"的探索过程。

图 6-11　长沙《青年毛泽东》像——黎明
（资料来源：广州美院雕塑系教师谢立文供稿）

2. 艺术方面

为创建橘子洲红色经典的人文历史景观，受长沙市人民政府委托，广州美术学院院长黎明主创了《青年毛泽东像》（图6-11）。

雕像的总体构思将毛泽东意象为一座巍峨的高山，其巨大的肩膀担当起民族解放的历史重任。雕像横亘于橘子洲头，与背景的河西岳麓山遥相呼应。雕像高32米、长83米，进深41米，头部高度19米，分别寓意1925年，32岁的毛泽东成为职业革命家，并于橘子洲头发出"问苍茫大地，谁主沉浮"的时代叩问，以及在世83岁和8341卫戍部队番号。肖像下部好似大地板块斜突，乱石崩云，惊涛裂岸，刀劈斧作，其气势恢宏伟岸，如同大河大川溶于毛泽东的胸怀。

创作初期，黎明的灵感来自对毛泽东《沁园春·长沙》这首词的体会，因而十分注重人物的情绪刻画，尤其是眉头部分，用很多小结构来表现毛泽东"指点江山，激扬文字，粪土当年万户侯"的激情，想以眉头紧锁来展现毛泽东忧国忧民的精神气质，这是对人物人格理想的一种较为外在的理解。在后来的创作中，尤其经历了十分之一稿曲折反复的修改过程，他逐渐避免了完全的照相写实，弱化了对外在情绪的表现，舍弃一切不必要的细节，从结构、骨形等大的方面经营，强化艺术表现力，客观写实与主观写意相结合，概括提炼青年毛泽东内在的精神气质——智能、自信、博大、坚定。正如雕塑家梁明成先生所分析："大雕塑与小雕塑的区别就在这里，大雕塑的造型本身就体现了人物的力量，不需要很多具体、外在的表情。大型雕塑的造型要有建筑性，在表达上需要一种很稳定的力量，不稳定就不雄伟。"[111]最后的造型整体扎实，虚实变化，写实与写意交叉，头发的"势"和脸部的"质"互为对比，骨形准，很好地把握了艺术真实与历史真实之间的度，同时也满足了大众心目中对毛泽东形象本质的集体记忆。

雕像的朝向涉及地形、日照、政治、生态、形式、视角等因素。从安置的角度讲，坐北朝南比较理想，太阳从东、西两面都能照到，但在橘子洲头的具体环境中，如果完全坐北朝南，两边城区都只能看到雕像的侧面，再加上光线的原因，为避免"阴阳脸"（光线明暗交界线正好出现在面部中心线上），根据日照和视线的综合分析，最终将其定位在南偏东38°角的位置为宜。这也顺应毛泽东"择东"的谐音。且朝向河东长沙主城区，也符合一般观看的视角。另外，从像的东面长沙主城区可以看到毛泽东的四分之三侧面、侧后、侧前的形象，随着长沙市区的逐渐南移，东南方向还能够看到比较多的正面。而且这些视点都是以河西岳麓山作为背景，随着季节的变化，还能产生如"万山红遍"、"层林尽染"的神奇效果。从西南方向，也能看到侧面、四分之三侧面、四分之三背面和正背面，伟人的轮廓与现代化城市影像叠印。

由以上分析我们不难发现，在空间艺术建构过程中，无论哪种方式，也无论顺序先后，无论是厚积薄发，还是灵感一瞬，最终都离不开意—象—形三位一体的符号建构、情感倾注过程，其中"象"更是一个十分关键但又往往容易被忽略的、绕不过去的"结"，它是形象思维和创造的关键。所谓原创性就是对应于"意"的"象"的重组和生成，进而在新的象的主导下于构形过程中完成"形"的独特创造。所谓"意到笔到"其实有一个潜在的前提，那就是"胸有成竹"——知觉思维的"象"横贯其中，作为支撑的"脊梁"。即或是对已有的象的超越也不能排除源自主客观的、重构的新的"象"的生成，并通过新的形式展现出来。透视学的建立、打破透视的"印象"和"后印象"，回归绘画"平面"本质的现代绘画，乃至立体主义对空间的解构、重构、对时间的表现以及与侠义相对论偶然对接的形体收缩（贾科梅蒂）等，皆是艺术家内、外感官形式——先验的空间、时间结构——解构与重构的结果，当然，从经验的角度看，也是不断建构、总结的结果。

接下来，就"立意—成象—构形"的一般方式，结合特殊的山地地形，进一步探讨山地城市雕塑的建构方法。需要特别指出的是，上述三种类型六种建构逻辑仅仅是意、象、形三位一体按因果顺序推演的结果，虽然也能就一般的空间艺术创作历程"对号入座"，但不可能囊括所有的创作方式、方法。尤其对于意象空间的浩瀚广阔和建构过程的错综复杂，以及更多情况下意、象、形三者互动、胶着、融汇的"无边界"状态，逻辑的先后顺序在此是无能为力的。

6.2 "立意—成象—构形"的山地城市雕塑建构方法

视觉力量不像机械力量那样可以计算，它们只能被感知。城市所呈现的是由一系列不同画面构成的变化中的景象，其中的每一幅画面都是单独的构图。山地城市空间的规划与设计，应该在理性分析基础上，结合包括地形地貌在内的形象思维，融汇生活经验与感性认识，于想象中充分协调和调动已有的和将要有的自然景观和人文景观的各种要素，"看到"所有可能的画面，并安排新的设计元素来支持、平衡和完善头脑中的一系列予以重新组织的构图，从而酝酿、创造出新的、富于意境的空间艺术形象。正如芒福德所提倡的"双重视觉"，即用实际的、科学的与想象的、幻想的双眼来观察实际事物，用心和脑来发展"科学中的艺术"与"艺术中的科学"，达成空间艺术与空间科学的完美结合，这就需要设计者"外师造化，中得心源"，既保持基本原则的一致性，又反映形象世界的多样性。"一法得道，变法万千"说明设计的基本原则是相通的，而形式的变化则是无穷的。

另外，城市雕塑设计一般都是由政府或社会群体按照公众的审美意愿和一定的程序委托给设计者，所以其设计、构思、创作通常都遵循立意——成象——构形的过程。

6.2.1 山地城市雕塑的"立意"

要塑造好的山地城市空间艺术，首先就要在立意上下功夫，而立意需要"目寄心期"，即到建设地址进行实地考察，一边用眼睛观察，一边在心里琢磨、营构，根据环境的具体条件，因地制宜地展开意匠经营，构思出胸中丘壑，然后才能进行具体的设计施工。

这里的"立意"有两层意思：其一，就是从意象空间中收束思绪，归纳思想，整理出想要表达和交流的东西，对纯粹形式美的追求和对生命意义的追问或者两者兼而有之等都是立意的内容。一个有意味的概念，可以为一种空间体验设定主题，为一个参与性的生活事件提供空间情节。有意味的概念成功的关键是：结合山地环境和历史文脉，领悟什么是真正令人遐想、动人心魄的东西，尤其当其指向艺术的超越精神时。其二，贯穿于创作过程中的、由潜意识和非理性而引发的意象生成。意、象、形的相互交织使设计者一旦进入忘我的创作状态，灵动而变化多端的意象就会在脑海里涌出，在草图上显现。刘勰在《文心雕龙》中对这种状态有过描绘，"古人云：'形在江海之上，心存魏阙之下'，神思之谓也。文之思也，其神远也，故寂然凝虑，思接千载，悄焉动容，视通万里。吟咏之间，吐纳珠玉之声，眉睫之前，卷舒风云之色。其思理之致乎！"尽管他讲的是文学创作，但在空间艺术创作时也会有类似的感受和体会。通常，意象都是朦胧、含混、模糊的，并且常常以一种猝然的、意料不到的"灵感"的方式显现出来。五代后梁荆浩的《画山水赋》（又名《山水诀》）开篇就说："凡画山水，意在笔先"，意思是说，画山水，首先要立意，然后才落笔。对于"立意"的重视，对于"意在笔先"的强调，是中国山水画的一条传统。

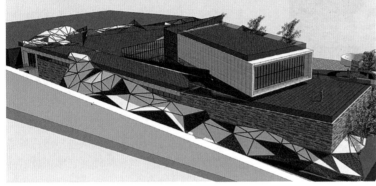

图 6-29　"折叠"的"诗人之家"博物馆
资料来源：自绘

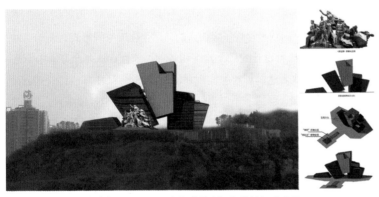

图 6-30　重庆市科普中心大型主题雕塑《丰碑》实景模拟效果图
资料来源：作者自拍

2. 方案"成象"

首先是现场实地考察调研，目的在于因应地形为"成象"寻求独特的空间表现形式和最佳的尺度、比例、体量关系和视距、视角。大山大水的环境特征和水面、江岸、大桥等宽广的视域仅仅靠传统雕塑的尺度、体量显然难以驾驭，必须是意象建筑与具象雕塑的空间整合。视距上以建筑满足远观和中观，以雕塑满足中观和近观，这里，雕塑只能是艺术综合体的一个局部。整体、稳定的三角形构图及局部建筑块体的倾斜张弛不仅给人多样统一的视觉美感，而且其变化的天际线既是对具体山形的补充与强化，又与周边单调的几何建筑形成对比。玻璃的通透和形体的镂空作为山地构筑物的视觉要素始终贯彻在造型考量中。

3. 方案"构形"

设计构思过程中的"立意"、"成象"与"构形"相互交织，富于动感、虚实相间的体、面构成，色相、色度、明度的搭配，包括各种材质的选取，远中近视距、多角度、多视点分析以及与山地实际环境空间的虚拟关联等，始终伴随着3D建模和模拟调整。意、象、形三位一体的"构形"结果如下：表现各行各业建设者的具象圆雕和"脚印"浮雕与意象建筑碑体相结合，以颜色的冷暖对比、体形的虚实错动寓意科学发展所带来的建设重庆的大好格局。具象的"建设者"与长江大桥雕塑"春、夏、秋、冬"相呼应。超大的尺度、体量以及可利用的内部空间既突破传统雕塑的局限又造就雕塑般的建筑，使其成为一座宏伟的"建设丰碑"以及主城沿岸的景观焦点。

尺度规格："意象建筑"高50~60米，"建设者"群雕高16米，"脚印"浮雕160平方米。

材质：生态陶砖、钢化玻璃、花岗石、铸铜。

图 6-31 《规划》——重庆大学建筑城规学院
资料来源：作者自拍

6.3.3 山地城市雕塑

6.3.3.1 重庆大学建筑城规学院主题雕塑《规划》设计创意（图 6-31）

该雕塑是为重庆建筑工程学院建校50周年而作。"规划"成为最基本的"立意"，关键是如何"成象"。在图纸上画弧是最常见的视觉样态，也正因为常见所以形式上流于一般，难有"陌生化"的惊奇，处于上方的手臂又如何"剪切"，构图上也存在某些无法兼顾的"死角"，包括地面画出之弧线向山地石板路转换等构形细节虽然早有腹稿，唯独整体之"象"及其"式——势"关联始终难以出奇而不得要领。一日行车途中，极偶然想象放弃自认精彩的弧形小路"划痕"，上下反转构图，向上、向天画弧，于是茅塞顿开。城市规划、建筑设计绝不仅仅是图纸上的作业，直尺、圆规所留下的痕迹中渗透着规划师、建筑的空间想象，平面的图纸、图形只不过是其空间想象的二维替代符号，建筑师、艺术家构思过程中的空间视野以及最终要呈现在城市空间中的恰恰是那些规划、设计过程中无以言表、一般人难以领会的内在的心理空间及其立体想象，而这正是规划设计和艺术创造的关键。

"立意—成象—构形"的最终结果是：

通过"手"的反转以及作为基础的支撑，向观者呈现了吸引人的、陌生化的空间形式，新的"象"指向天空，倾斜所造成的不稳定、非平衡意味着设计的多个角度和多种可能性，从多个方案中筛选、综合出最佳的"式—势"关联及其相应的形式表达是城市空间规划、设计之最终目的。总之，规划的对象是空间而不是平面。具有浪漫情怀的"向天画弧"不仅更能隐喻和象征建筑学科领域对大地、空间的物质规划和精神追求，而且也似乎也更能表达校友们对培养他们的母校和师长的真诚感谢。

6.3.3.2 红岩革命纪念馆艺术综合体（设计稿，图 6-32）

设计创意：

（1）入口广场采用中空的形式，使艺术的"火"更显真实。合理利用挡土墙设置浮雕，以拼贴的形式反映《沁园春·雪》的意境和气势。

（2）台地二级广场主题雕塑意象：

①正面状若"八"字。象征和隐喻：八年抗战；八路军。

②红色与银色的形体。象征和隐喻：连接与联合；统一战线。

③穿插于地面的钢柱。象征和隐喻：钢枪；黄桷树根的联想。

侧面观，整个造型犹如支撑着奋起向上的战士。

④广场后部的艺术造型结合了圆雕和浮雕，领袖人物仿佛从画面中走出，效果独特。八根柱头状若四张《新华日报》和四份《群众周刊》卷裹而成，其上反映当年的重大历史人物和事件。

6.3.3.3　《抗震抢险纪念碑》——汶川地震博物馆入口设计（图 6-33）

1. 视觉意象

碑体部分：倾斜、破损的石柱、板块、肆虐、流淌的山洪、风暴，合力支撑的结构、栋梁。

地面部分：震碎、裂开和陷落的地表，下沉断面残留的痕迹（纪念浮雕），互助拯救的双手（圆雕）。

2. 设计意向：自强、规划、重建（巨大的"人"字形圆规）。

山地城市雕塑与城市环境的联结或整合由表及里，既反映在表层形式各要素，如光色、形象、形体、材质、尺寸、方位等方面，又体现在性格、情调、主题、内容、审美观念等深层诸要素方面。不仅如此，成功的整合关系还在于雕塑与城市环境之间的良性互动，要求雕塑参与其所在城市环境的功能组织、空间划分和对环境尺度的调节。城市雕塑建设必须通过城市规划统揽全局，并对雕塑与环境各要素的相互关系、整合机制、整合方法等有进一步的认识和把握。

图 6-32　红岩革命纪念馆艺术综合体（设计稿）
资料来源：作者自绘

图 6-33　《抗震抢险纪念碑》——汶川地震博物馆入口设计
资料来源：作者自绘

6.4　小结

以意—象—形三位一体理论为指导，本书归纳、总结出三种类型6种组合的人居环境空间艺术建构逻辑以及"立意—成象—构形"的山地城市雕塑建构方法，并付诸山地人居环境空间艺术实践。

总的来说，山地人居环境空间艺术的作用在很大程度上与其所在山地的地域性格、文化内涵、具体环境有关，其广义上功能性的要求决定了艺术形式上的基本走向和价值取向。但在实际操作过程中，影响山地人居环境空间艺术审美与创作的因素又很复杂，在这些因素之间也并不一定完全遵循一种由此及彼的线性逻辑，各种因素之间的制约关系往往呈现出一种非线性、不确定的状态。非理性的直觉往往能够帮助我们对这些关系做出整体的形象判断，能激发我们找到创作的切入点和契机，而艺术品位和艺术质量的提升则离不开理性思维。当然，由于每个人的素养不同、理解不同、切入点不同，其空间艺术建构与体验自然也就各不相同。简言之，山地人居环境空间的艺术化建构离不开意—象—形三位一体，深入的理性分析常常能唤醒非理性的意象，而非理性的意象又往往使理性分析得以深化。

第7章　结论

哲学就是在路上。
它的追问比回答更重要，
它的每一次回答又会引出新的追问。

——雅斯贝斯

空间美学是一个宏大的论题，就表达的内容而言，它涵盖天道、地道和人道，是人的所有体验和认识的空间显现；就专业知识面而言，它集自然科学、社会科学、人文科学于一体，是一个庞大的学科群；就实现的手段而言，它是科学与艺术的有效结合。然而，有关空间美学的所有问题最终都要归结到人，于是，"人"作为空间美学的创造者和体验者成为论文的基本出发点和归宿。

7.1 空间美学真—善—悟三位一体的场所精神

作为空间的灵魂，场所精神是对天、地、人的审美，体现为真、善、悟。"悟"就是审美，是合规律性、合目的性、合情感悟性的统一。应该说，凡是具有创新的艺术形式和开先河的科学研究，都会触及实在的本性。在终极意义上，它们都是对自然的审美。

人与天地间的自然、自觉、自主三种"力"的状态注定了人类思维的三个方面：充满幻想、万物交感的神话思维，表现为宗教信仰；充满理想、形而上的玄学思维，表现为各种主义；充满理性、渴望被证伪的科学思维，表现为形上的逻辑与形下的实证相统一。对天地之仰观俯察离不开人的主观能动，远古诸神和上帝不过是自然法则的拟人化或人的生命意识、本质力量的对象化；祖先崇拜和英雄传说则是文明进程中人地关系和族群关系的行为折射；而"独立之精神，自由之思想"使人得以反观自身，通过审美融天地人于一体，透析出生命的意义。所有这些，可以说就是隐含在空间艺术的形式中的场所精神。以文（纹）教化造就了一整套符号——象征体系，人类以此来解释世界，相互交流。所谓和谐就是客体的某种秩序与我们心灵中深藏的秩序感相互协调合拍，人们正是依据和谐秩序这一基本原则来区分真假、善恶、悟痴，进而判断事物的美丑，空间艺术便是对这一判断的形象展示。"想象比知识更重要"，没有光，便没有像，也就没有想象。曾经的第欧根尼为此而呐喊："请不要挡住我的光线"，视真理之光比权威、皇帝重要。对宇宙的认识首先来自于光照下的可见物质，然而，人类并不仅仅满足于此，哲学的惊奇、科学的理性、艺术的想象促使人类用思想之光去探索隐藏在物质背后的、更为基本的"道"。事实上，正是建基在实践基础之上的理性的、形而上的思考使得内在的先验能够超越外在的经验并最终被经验所证实。

人类尚处于进化的过程中，包括习惯和定见在内的自身局限还时刻屏蔽着人自己，法国启蒙主义思想家卢梭《社会契约论》开篇一句"人生而自由，却又无往不在枷锁中"道出了这样一个深刻的事实：自由地探索与建构既是对已有束缚的抗争与超越，也是对新的束缚的直面与应战。何为"进步"？历史学家波德拉所下的定义是："人类史上若存有某种变化模式……而这变化只能朝一个方向推进，无法逆行，那么这个方向就是进步。"[113] 进步的过程实际上是一个不断逾越障碍和自埋陷阱的过程，如同所有生物一样，人类也是在尝试错误中存活至今。

7.2 空间美学意—象—形三位一体的艺术建构

美是人类通过审美以规律认识和表示的宇宙秩序。生命与宇宙在秩序上有着内在的异质同构关系，体现为物质与精神、经验与先验的内在关联与统一。笔者认为，物质是看得见的精神，精神是看不见的物质，物质与精神统一于能量及其运行法则，并表现为生命现象。生命中的先验作为生理、心理结构就是行为经验的内化（物化、观念化）。先验结构好似一个不断适应经验行为的容器，容纳、内化着每个人各不相同的经验阅历，并在先天遗传、变异与后天实践、交流过程中不断得以调适、解构和新的建构。经验与先验、物质与精神的内在关联体现在人居环境空间艺术审美思维上就是知觉的"象"的生成、发展过程。

沿着先哲"象天法地"、"立象尽意"的思路，通过"天、地、人"三位一体的本体关照和层次梳理，本书以"美是真理的光辉"为据，在传统的真—善—美认知基础上，推演出真—善—悟（广义审美）三位一体的存在方式，并提出意—象—形三位一体的空间艺术审美与建构思路。

就空间艺术而言，形神如何兼备，文（纹）又如何载道，这些问题都需要在知觉思维的"象"的层面给予分析和解答。语言的文字、音乐的音符、科学的数理、艺术的形色等首先是可感知的"像"——载道的纹（文），其次是所载之"道"，即象征的"意"。前者具体，后者抽象；前者通过感官直接进入知觉系统，后者是对知觉的意识和能动反馈，而这种能动反馈既有他激（外部刺激——综合经验）的成分，又有自激（内部知性——先验综合）的成分。"道"向"文"的"装载"是在"象"的层面得以完成，而对"道"的参悟又离不开"象"对"像"的过滤、筛选和"完形"。空间艺术的"形"和"意"统一不可分割，意的天马行空与形的千差万别统统收敛于象，在人的知觉层面得以融汇和彼此对应。相对而言，西方一以贯之的理性逻辑思维决定了其偏重于数理、形式和传移模写等相对客观的方面，而中国由先秦实践理性转化而来的伦理及超验思维则偏重于礼数、形势和"气韵"、"骨法"等相对主观的方面。前者强调规律，追求形似，后者强调超越，追求意境，其艺术分野体现在"象"的层面可归结为"式"与"势"的不同侧重与取舍。本书站在建筑学与美术学的交叉点上，结合历史的山地人居环境空间艺术现象，重点讨论了常常被忽略的、知觉思维的中介层面——"象"，在经验事实与逻辑概念之间，在人居环境空间艺术"形"和"意"之间更进一步地找到契合与交集，这就是"式—势"关联及其在数、图、色诸方面的和谐统一。以此为基础，本书归纳出三种类型6种组合的空间艺术建构逻辑以及"立意—成象—构形"的山地城市雕塑建构方法并付诸山地城市空间、建筑、雕塑的艺术实践。

虽然空间艺术思维与建构在一定条件和一范围内有一定的章法和规矩，这也是科学研究的目的，但在更为广阔的时空中，又可以说思无定式，法无定法，这是艺术创造的追求。笔者深知，本书仅仅只是山地人居环境空间美学研究中的一个角度。事实上，与美和审美的多样性相对应，山地人居环境空间艺术及其建构也绝不会拘泥于某一种或几种方式，随着审美行为的展开，还有更多不同体系、不同层面、不同视角的审美建构方法和体验渠道有待我们去思考，去体验，去挖掘。

7.3　空间美学再思考

至真、至善是我们这个世界的"大象"，是生命运动和精神追求的终极目标。在解析几何里，二维平面是三维立体的投影，同样地，三维可以是四维、n维可以是n+1维的投影。本书坚信在现象世界的背后一定还有着等待我们去进一步揭示和认识得更为高阶的宇宙空间模式。

"道不远人"，并以力、能量的形式关联着空间万物，知觉空间的过程就是审美的过程，也是人的本质形成的过程。山地人居环境空间艺术的意象就散落在那些蜿蜒曲折的山路上、高低错落的坪坝里和光怪梦幻的倒影中，要想有所体验和感受，必须把自己投入其中，必须让自己既是空间的组成部分又是它的量度。艺术是感动中的明理、体验中的觉悟，任何逻辑推论或理智诠释都不可能完全把握它，只有用心灵和情感去感知它时，它才是可信而实在的。就如不同地区、不同民族的不同文化没有绝对的先进与落后之分，艺术亦如此。

今天，生活与艺术的界限日趋模糊，不同艺术门类相互交集，其意义变得复杂而多重，对艺术的思考也在发生着变化。美术批评家、四川美术学院教授王林认为：艺术的历史本就是一个不断突破其自身定义和既有知识范畴的历史，"艺术不仅仅是感觉，而是深刻的感觉……今天我们谈论艺术，不是要给艺术一个终极判断，而是应该反过来为艺术寻找新的出发点……"[114] 事实上任何空间艺术作品必然是有形迹、可知觉的，因此，它们还只是相对的、有限的"小象"、"小美"，更为本真的"大象"、"大美"是作为道之显现的天、地、人本身所体现的美，其特点是自然而然，包含美丑高下而无心于美丑高下之分。从事件的生成角度来说，无比有，道比器更为基本。人们通过可感知的、形而下的"器"所要认识的也正是那不可感知的、形而上的"道"，从可量度的尺度、比例去近似的也正是那不可量度的美，这就好比数学的渐近线，虽无焦点，却可以无限趋近。

思维无止境，建构无止境，学无止境。不停地追问能够促使我们时刻保持清醒和冷静，即或问题可能是一个需要人类再次跨越式进化后方能给予回答的问题。20世纪德国存在主义哲学家雅斯贝斯对哲学所下的定义是："哲学就是在路上。它的追问比回答更重要，它的每一次回答又会引出新的追问。"[115] "在路上"是人的命中注定，从这个意义上说，本书的结论只能是暂时性的，还有待不断地深化与完善。

参考文献

[1] 黄光宇. 山地城市学原理 [M]. 北京：中国建筑工业出版社，2002，9：11.

[2]（德）恩斯特·卡西尔.《人论》[M]. 甘阳译. 上海：上海译文出版社，1985，12.

[3]（美）阿·热. 可怕的对称[M]. 荀坤，劳玉军译，长沙：湖南科学技术出版社，1992.

[4]（美）理查德·加纳罗，特尔玛·阿特休勒. 艺术：让人成为人[M]. 舒予译，北京：北京大学出版社，2007，1.

[5] 吴良镛. 人居环境科学导论 [M]. 北京：中国建筑工业出版社，2001，10.

[6]（美）C·亚历山大. 建筑的永恒之道[M]. 赵冰译. 北京：知识版权出版社，2002.

[7] 邹文. 2008年奥运建设的公共艺术应用 [J].

[8] 吴风. 艺术符号美学 [M]. 北京：北京广播学院出版社，2002，1：126.

[9]（美）伦纳德·史莱因. 艺术与物理学[M]. 暴永宁，吴伯泽译. 长春：吉林人民出版社，2001.

[10] 王贵祥. 东西方建筑空间 [M]. 北京：中国建筑工业出版社，1998：62-73.

[11]（美）T·H·黎黑. 心理学史——心理学思想的主要趋势[M]. 刘恩元等译. 上海：上海译文出版社，1990:418.

[12] 文聘元. 现代西方哲学的故事 [M]. 天津：百花文艺出版社，2005，7：344-346.

[13]（意）布鲁诺·赛维. 建筑空间论 [M]. 张似赞译. 北京：中国建筑工业出版社，2006，1.

[14] 李永铄. 华夏意匠（再版）[M]. 香港：广角镜出版社，1984.

[15]（日）香山寿夫. 建筑意匠十二讲 [M]. 宁晶译. 北京：中国建筑工业出版社，2006，10.

[16] 王纪武. 人居环境地域文化与城市发展关系研究. 重庆大学博士学位论文.

[17]（美）刘易斯. 芒福德. 城市发展史——起源、演变和前景（第一版）[M]. 宋俊岭，倪文彦译. 中国建筑工业出版社，2005，2.

[18] 马克思. 摩尔根（古代社会）一书摘要[M]. 北京：人民出版社，1965.

[19] 黄帝内经·素问·四气调神大论 [Z].

[20] 何新. 诸神的起源. 北京：北京工业大学出版社，2007，10.

[21] 赵恩华. 生殖崇拜文化论[M]. 北京：中国社会科学出版社，1990.

[22] 李泽厚. 美的历程[M]. 北京：天津社会科学院出版社，2001，3.

[23] 马克思恩格斯全集[M]. 第二卷，北京：人民出版社，1961.

[24] 易经·系辞[Z].

[25] 周易·乾·文言 [Z].

[26] 刘勰. 文心雕龙·原道[Z].

[27]（清）石涛. 画论·一画章[Z].

[28] 亢亮，亢羽. 风水与城市[M]. 天津：百花文艺出版社，1999，2.

[29] 梁思成. 中国雕塑史[M]. 天津：百花文艺出版社，1998，2.

[30]（美）鲁道夫·阿恩海姆. 艺术心理学新论[M]. 郭小平，瞿灿译. 北京：商务印书馆，1994.

[31]（德）马克思，恩格斯. 德意志意识形态[M]. 北京：人民出版社，1961.

[32]（英）阿诺德·汤因比著. 历史研究[M]. 刘北成，郭小凌译. 上海：上海人民出版社，2000，9.

[33] 论语·雍也[Z].

[34] 庄子[Z].

[35] 褚瑞基. 建筑历程[M]. 天津：百花文艺出版社，2005，7.

[36]（英）克利夫·芒福汀. 街道与广场[M]. 张永刚，陆卫东译. 北京：中国建筑工业出版社，2004，6.

[37] 历代名画记[Z].

[38]（明）计成. 园冶[Z].

[39] 维特鲁威. 建筑十书[M]. 高履泰译. 北京：中国建筑工业出版社，1986，6.

[40] 侯幼彬. 中国建筑美学[M]. 哈尔滨：黑龙江科学技术出版社，1997，9.

[41] 孙大章. 中国民居研究[M]. 北京：中国建筑工业出版社，2004，8.

[42]（美）迪耶·萨迪奇，海伦·琼斯. 建筑与民主[M]. 李白云，任永杰译. 上海：上海人民出版社，2006，7.

[43] 黄其洪. 海德格尔论艺术[M]. 长春：吉林美术出版社，2007，12.

[44]（宋）郭若虚. 图画见闻志//潘运告. 图画见闻志·画继[Z]. 长沙：湖南美术出版社，2000.

[45] 吴为山. 我看中国雕塑风格特质[J]. 文艺研究，2005，6.

[46]（英）理查德·帕多万. 比例——科学·哲学·建筑[M]. 周玉鹏，刘耀辉译. 北京：中国建筑工业出版社，2005，7.

[47]（瑞士）W·博奥席耶. 勒·柯布西耶全集（第五卷）[M]. 牛燕芳，程超译. 北京:中国建筑工业出版社，2005，1.

[48] 赵民. 世界著名科学家传记·技术科学家，第115页中"霍华德"条目[Z]. 北京：科学出版社，1996.

[49]（美）I·L·麦克哈格. 设计结合自然（中译本）[M]. 北京：中国建筑工业出版社，1992.

[50] 高力峰. 返回感觉之根——勒·柯布西埃的绘画与建筑[J]. 建筑师，（13）：22.

[51] 徐金荣. 勒·柯布西埃与立体主义（下）[J]. 新建筑，1995（2）.

[52] 林璎自述，[EB/OL].http://baike.baidu.com/view/516332.htm.

[53]（德）格罗皮乌斯. 1919年国立魏玛包豪斯纲领. [Z].

[54]（美）罗伯特·L·赫伯特. 现代艺术大师论艺术[C]. 林森等译. 南京：江苏美术出版社，1994.

[55] 刘滨谊. 风景景观工程体系化[M].

[56] 叶毓山. 歌乐山烈士群雕创作后记[J]//美术，1990（4）.

[57] 重庆时报[N]. 2010-10-17（第二版）.

[58] 吴良镛. 现代建筑的地区化——在中国新建筑的探索道路上[J]. 华中建筑，1998（1）.

[59] 杨志疆. 当代艺术视野中的建筑，南京：东南大学出版社，2003，5：2.

[60]（英）布莱恩·麦基. 哲学的故事[M]. 季桂保译. 上海：生活·读书·新知三联书店.

[61] 康德. 纯粹理性批判[M]. 蓝公武译. 北京：商务印书馆，1960.

[62]（瑞士）皮亚杰. 发生认识论[M]. 王宪钿译. 北京：商务印书馆，1997.

[63] 聘元. 西方哲学的故事[M]. 天津：百花文艺出版社，2000.

[64] 参考消息[N]. 2008-5-21（第13版）.

[65]（美）卡洛琳·M·布鲁默. 视觉原理[M]. 张功钤译. 北京：北京大学出版社，1987，8：76-77.

[66] 不同的文化塑造不同的大脑. 参考消息[N]. 2010-2-23（科学技术版）.

[67] 研究表明妈妈经验能遗传给孩子. 参考消息 [N]. 2009-2-5（第7版）.

[68] 老子[Z].

[69] 郭绍虞. 诗品集解，续诗品注[M]. 北京：人民文学出版社，1963.

[70] 皎然. 诗式[Z].

[71] 孔子. 论语·阳货第十七节[Z].

[72] 庄子·知北游[Z].

[73] 徐纪敏. 科学美学思想史[M]. 长沙：湖南人民出版社，1987（10）.

[74] 张积家. 普通心理学[M]. 北京：高等教育出版社，2004（8）.

[75]（美）S·阿瑞提. 创造的秘密[M]. 钱岗南译. 沈阳：辽宁人民出版社，1987，8.

[76] 人民网·强国社区·强国论坛，http://bbs1.people.com.cn/post Detail.do?id= 89582936.

[77]（意）克罗齐. 美学原理·美学纲要[M]. 北京：外国文学出版社，1983.

[78]（瑞士）费尔迪南·德·索绪尔. 普通语言学教程. 北京：商务印书馆，1980，11.

[79] 维特根斯坦. 哲学研究[M]. 北京：生活·读书·新知三联书店，1992.

[80] 卡西尔. 语言与神话[M]. 于晓等译，北京：生活·读书·新知三联书店，1988.

[81] 吴风. 艺术符号美学. 北京：北京广播学院出版社，2002，1：126.

[82] 马克思恩格斯全集（第41卷）[M]. 北京：人民出版社，2005，10.

[83] 宗白华. 意境[M]. 北京：北京大学出版社，1999，1：140.

[84] 文摘周报[N]. 2012-7-31（第十三版）.

[85]（美）苏珊·朗格. 情感与形式[M]. 刘大基，傅志强，周发祥译. 北京：中国社会科学出版社，1986.

[86] 吴庆洲. 建筑哲理·意匠与文化. 北京：中国建筑工业出版社，2005，6：10-16.

[87]（法）罗丹述，葛赛尔. 罗丹艺术论[M]. 傅雷译. 天津：天津社会科学出版社，2006，5.

[88] 王弼. 周易略例·明象[Z].

[89] 史记·封禅书[Z].

[90] 汉书·郊祀志[Z].

[91] 吴冠中. 美与丑[M].

[92] 刘勰. 文心雕龙·定势[Z].

[93] 杨清. 现代西方心理学主要派别[M]. 沈阳：辽宁人民出版社，1982.

[94] 爱因斯坦文集（第1卷）[M]. 北京：商务印书馆，1977.

[95]《大师系列》丛书编辑部. 扎哈·哈迪德的作品与思想[M]. 北京：中国电力出版社，2005，7.

[96] 亢亮、亢羽. 风水与城市[M]. 天津：百花文艺出版社，1999（2），64.

[97] 全球最美脸蛋[N]. 重庆时报. 2009-12-22（第11版）.

[98]（英）特奥多·安德烈·库克. 生命的曲线[M]. 周秋麟，陈品健，戴聪腾译. 长春：吉林人民出版社，2000，10.

[99] 人眼解读黄金比例速度更快[N]. 参考消息. 2009-12-31（科学技术版）.

[100] 刘歆. 汉书·五行志[Z].

[101] 辛华泉. 空间构成[M]. 哈尔滨：黑龙江美术出版社，1992，8：13.

[102] Rudolf Arnheim.The Power of the center. Berkeley And Los Angels. California:University of California Press，1988:3.

[103]（美）阿恩海姆. 艺术与视知觉[M]. 滕守尧等译. 四川人民出版社，1998.

[104] 约翰·罗斯金. 建筑的七盏明灯[M]. 济南：山东画报出版社，2006，9.

[105]（美）H·H·阿森纳. 西方现代艺术史[M]. 邹德侬等译. 天津：天津人民美术出版社，1986，12.

[106] 波尔. 原子物理学和人类知识论文续编[M]. 北京：商务印书馆，1978.

[107]（美）S·阿瑞提. 创造的秘密[M]. 钱岗南译. 沈阳：辽宁人民出版社，1987，8.

[108] 齐康. 意义，感觉，表现[M]. 天津：天津科学技术出版社，1998.

[109] 爱因斯坦文集（第1卷）[Z]. 北京：商务印书馆，1977.

[110] 邵大箴. 西方现代美术思潮. 成都：四川美术出版社，1990：232.

[111] 广州美术学院雕塑系系报（第11期）[J]. 2010（5）.

[112] 陈澹然. 寤语·二迁都建藩议[Z].

[113]（加拿大）隆纳·莱特. 进步简史. 达娃译. 海口：海南出版社，2009，9.

[114] 王林. 艺术不是感觉，而是深刻的感觉[J]. 四川美术学院学报，2009-10-27（第三版）.

[115] 赵鑫珊. 人—物—世界：建筑哲学和建筑美学[M]. 天津：百花文艺出版社，2004，7.

附 录

A. 作者在攻读博士学位期间发表的部分论文目录

[1] 龙宏，科学需要美感直觉，重庆大学学报（社会科学版），2002（3），P：47～48.

[2] 龙宏，传统筑居空间——"院落空间"探析，重庆建筑大学学报，2004（3），P：10～13.

[3] 王纪武，龙宏，城市中心区间交通瓶颈问题分析与对策，重庆建筑大学学报，2004（5），P：6～9.

[4] 龙宏、王纪武，基于空间途径的城市生态安全格局规划，城市规划学刊，2009（6），P：99～104.

B. 作者在攻读博士学位期间从事的部分规划、创作、研究项目

[1] 园林雕塑《背上书包的山娃》编入《雕塑精品全书》，小样作为重庆市委、市府礼品送北京中国交响乐团（2002年）.

[2] 景观雕塑《线锤》入选"中国西部行"全国巡回展（2003年）.

[3] 重庆大学A区研究生院景观雕塑《学经》设计创作（高3米，不锈钢，2003年）.

[4] 重庆大学B区主题雕塑《规划》设计创作（高6米，铸铜，不锈钢，2003年）.

[5] 凉山彝族聚居特色及文化渊源研究（2004年）.

[6] 重庆华岩寺山地艺术景观规划设计与研究（2005年）.

[7] 重庆南滨路艺术景观规划与研究（2005年）.

[8] 凉山奴隶社会博物馆改扩建规划设计与研究（2006年）.

[9] 山地景观雕塑《天问》设计创作（高4米，不锈钢，2006年）.

[10] 山地景观雕塑《崛起》设计创作（高4.5米，紫铜，2006年）.

[11]《链接——历史与现代》山门设计创作（高7米，不锈钢彩漆，花岗石，2006年）.

[12] 重庆市主城区"文化雕塑"规划专家计划书（2006年）.

[13] 重庆寸滩物流保税区主题雕塑《龙行天下》设计创作（2006年）.

[14] 重庆烈士墓广场艺术综合体形态研究（2007年）.

[15] 重庆红岩革命纪念馆艺术综合体形态研究（2007年）.

[16] 中铁二院工程集团有限责任公司《中铁峰汇国际》项目规划设计研究（2007年）.

[17] 四川达州《抗洪抢险纪念碑》设计创作（高16米，花岗石，2007年）.

[18] 重庆市万洲主城区"文化雕塑"规划研究（2008年）.

[19] 四川汶川地震博物馆入口《抗震抢险纪念碑》创作设计（2008年）.

[20] 重庆洪安《进军大西南》艺术综合体设计研究（2009年）.

[21] 重庆秀山《武陵广场》艺术综合体规划设计研究（2009年）.

[22] 贵州江口文化广场艺术景观研究（2010年）.

[23] 西昌新华广场山地建筑形态研究（2010年）.

[24] 重庆市建委主城区雕塑项目《长江脉动》设计创作（高7米，宽32米，在建）.

致　谢

美犹如光子，它弥散于宇宙，辐射在生命里，驻留在头脑中，即或退而求其次的艺术，往往也是"不着一字，尽得风流"，除了用心去悟，实难用语言描述。明知不可为而为之是不得不面对的最大难题，尤其对于那些"不可说"的形而上，遣词用句往往倍感困惑，皆因概念的错综和语词的匮乏。尽管"妙不可言，言不尽意"使得本书的撰写困难重重，诸多反复，仿如蝶蛹交替、筑茧破茧，但总算是对那些多年以来一直存在并困扰本人的问题进行了一番思考。

写作过程中深得众多师长的教诲和点拨，受益匪浅，感慨良多。首先，深深拜谢我的导师赵万民博士！幸得先生严谨治学，在传道、授业的同时循循解惑，令后学终身受益；与先生亦师亦友的求学过程中，深受其智能思想和人格魅力的影响，令后学德智长进。学无止境，先生永远是后学的导师和榜样！本书的选题、写作也得到黄天其教授、黄光宇教授、戴志中教授、徐千里教授、邢忠教授、曾卫教授、杨宇振教授、胡纹教授、龙彬教授等诸位先生悉心帮助与指教，后学铭记于心，在此致以最诚挚的谢意！学业艰辛，学友相互鼓励，感谢王纪武、黄勇、黄耘、谭少华、段炼、汪洋、戴彦、赵炜、李进等学友，你们真诚的友谊和帮助是我宝贵的财富！还要特别感谢四川美术学院郝大鹏、焦兴涛、申晓南、谢彬等同事所给予的大力支持！最后，感谢我的家人，没有父母和妻子梁英的支持，很难走到今天，因学业而疏于对女儿龙雅楠的关爱和照料，万分愧疚。无以为报，唯有不断努力，继续进取。

言难尽意，略表心迹。弟子当谨记导师赵万民博士箴言："于都市、人事之困顿中，需回归自然，修补天性。取大地、山川之营养，历练自我，提高修养，完善思维境界。"

龙　宏

二〇一二年九月一日